はじめに

Microsoft Excelは、やさしい操作性と優れた機能を兼ね備えた表計算ソフトです。

本書は、Excelを使いこなしたい方、またはVBAを使ってプログラミングを始めようとしている方を対象に、VBAの基本的な用語、記録機能を使用したマクロの作成や編集、変数や制御構造、デバッグ処理などをわかりやすく解説しています。

また、練習問題を豊富に用意しており、問題を解くことによって理解度を確認でき、着実に実力を身に付けられます。

本書は、経験豊富なインストラクターが、日頃のノウハウをもとに作成しており、講習会や授業の教材としてご利用いただくほか、自己学習の教材としても最適なテキストとなっております。

本書を通して、Excelの知識を深め、実務にいかしていただければ幸いです。

なお、基本機能の習得には、次のテキストをご利用ください。

●Excel 2019をお使いの方
「よくわかる Microsoft Excel 2019 基礎」（FPT1813）
「よくわかる Microsoft Excel 2019 応用」（FPT1814）

●Excel 2016をお使いの方
「よくわかる Microsoft Excel 2016 基礎」（FPT1526）
「よくわかる Microsoft Excel 2016 応用」（FPT1527）

●Excel 2013をお使いの方
「よくわかる Microsoft Excel 2013 基礎」（FPT1517）
「よくわかる Microsoft Excel 2013 応用」（FPT1518）

> **本書を購入される前に必ずご一読ください**
> 本書は、2019年7月現在のExcel 2019（16.0.10346.20002）、Excel 2016（16.0.4549.1000）、Excel 2013（15.0.4823.1000）に基づいて解説しています。本書発行後のWindowsやOfficeのアップデートによって機能が更新された場合には、本書の記載のとおりに操作できなくなる可能性があります。あらかじめご了承のうえ、ご購入・ご利用ください。

2019年9月16日
FOM出版

目次

練習問題・総合問題の解答は、FOM出版のホームページで提供しています。P.3「4 学習ファイルと解答の提供について」を参照してください。

本書をご利用いただく前に

本書で学習を進める前に、ご一読ください。

1 本書の記述について

操作の説明のために使用している記号には、次のような意味があります。

記述	意味	例
⬜	キーボード上のキーを示します。	Ctrl F1
⬜+⬜	複数のキーを押す操作を示します。	Ctrl + ↓ (Ctrl を押しながら ↓ を押す)
《　　》	ダイアログボックス名やタブ名、項目名など画面の表示を示します。	《マクロの記録》ダイアログボックスが表示されます。 《開発》タブを選択します。
「　　」	重要な語句や機能名、画面の表示、入力する文字列などを示します。	「マクロ」といいます。 「10」と入力します。

 学習の前に開くファイル

 知っておくべき重要な内容

 知っていると便利な内容

※ 補足的な内容や注意すべき内容

Let's Try 学習した内容の確認問題

 確認問題の答え

 問題を解くためのヒント

2019 Excel 2019の操作方法

2016 Excel 2016の操作方法

2013 Excel 2013の操作方法

2　製品名の記載について

本書では、次の名称を使用しています。

正式名称	本書で使用している名称
Windows 10	Windows 10 または Windows
Microsoft Excel 2019	Excel 2019 または Excel
Microsoft Excel 2016	Excel 2016 または Excel
Microsoft Excel 2013	Excel 2013 または Excel

3　学習環境について

本書を学習するには、次のソフトウェアが必要です。

●Excel 2019 または Excel 2016 または Excel 2013

本書を開発した環境は、次のとおりです。
・OS：Windows 10（ビルド18362.116）
・アプリケーションソフト：Microsoft Office Professional Plus 2019
　　　　　　　　　　　　　Microsoft Excel 2019（16.0.10346.20002）
・ディスプレイ：画面解像度　1024×768ピクセル
※インターネットに接続できる環境で学習することを前提に記述しています。
※環境によっては、画面の表示が異なる場合や記載の機能が操作できない場合があります。

◆画面解像度の設定
画面解像度を本書と同様に設定する方法は、次のとおりです。
①デスクトップの空き領域を右クリックします。
②《ディスプレイ設定》をクリックします。
③《ディスプレイの解像度》の 　 をクリックし、一覧から《1024×768》を選択します。
※確認メッセージが表示される場合は、《変更の維持》をクリックします。

◆ボタンの形状
ディスプレイの画面解像度やウィンドウのサイズなど、お使いの環境によって、ボタンの形状やサイズが異なる場合があります。ボタンの操作は、ポップヒントに表示されるボタン名を確認してください。
※本書に掲載しているボタンは、ディスプレイの画面解像度を「1024×768ピクセル」、ウィンドウを最大化した環境を基準にしています。

4 学習ファイルと解答の提供について

本書で使用する学習ファイルと解答は、FOM出版のホームページで提供しています。

ホームページ・アドレス

> https://www.fom.fujitsu.com/goods/

ホームページ検索用キーワード

> FOM出版

1 学習ファイル

学習ファイルはダウンロードしてご利用ください。

◆ダウンロード

学習ファイルをダウンロードする方法は、次のとおりです。

① ブラウザーを起動し、FOM出版のホームページを表示します。

※アドレスを直接入力するか、キーワードでホームページを検索します。

②《ダウンロード》をクリックします。

③《アプリケーション》の《Excel》をクリックします。

④《Excel 2019/2016/2013 マクロ/VBA FPT1910》をクリックします。

⑤「fpt1910.zip」をクリックします。

⑥ ダウンロードが完了したら、ブラウザーを終了します。

※ダウンロードしたファイルは、パソコン内のフォルダー《ダウンロード》に保存されます。

◆ダウンロードしたファイルの解凍

ダウンロードしたファイルは圧縮されているので、解凍（展開）します。

ダウンロードしたファイル「fpt1910.zip」を《ドキュメント》に解凍する方法は、次のとおりです。

① デスクトップ画面を表示します。

② タスクバーの ■ （エクスプローラー）をクリックします。

③《ダウンロード》をクリックします。

※《ダウンロード》が表示されていない場合は、《PC》をダブルクリックします。

④ ファイル「fpt1910.zip」を右クリックします。

⑤《すべて展開》をクリックします。

⑥《参照》をクリックします。

⑦《ドキュメント》をクリックします。

※《ドキュメント》が表示されていない場合は、《PC》をダブルクリックします。

⑧《フォルダーの選択》をクリックします。

⑨《ファイルを下のフォルダーに展開する》が「C:¥Users¥（ユーザー名）¥Documents」に変更されます。

⑩《完了時に展開されたファイルを表示する》を☑にします。

⑪《展開》をクリックします。

⑫ファイルが解凍され、《ドキュメント》が開かれます。

⑬フォルダー「Excel2019／2016／2013マクロVBA」が表示されていることを確認します。

※すべてのウィンドウを閉じておきましょう。

◆学習ファイルの一覧

フォルダー「Excel2019／2016／2013マクロVBA」には、学習ファイルが入っています。タスクバーの ■ （エクスプローラー）→《PC》→《ドキュメント》をクリックし、一覧からフォルダーを開いて確認してください。

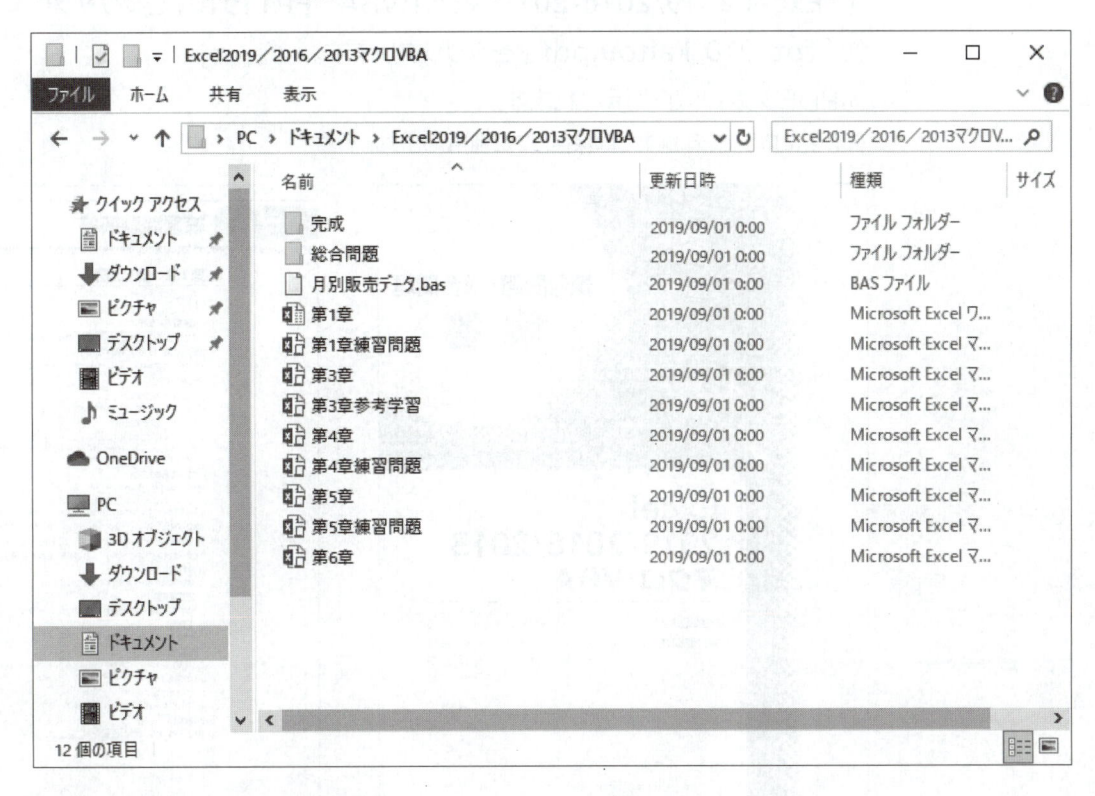

◆学習ファイルの場所

本書では、学習ファイルの場所を《ドキュメント》内のフォルダー「Excel2019／2016／2013マクロVBA」としています。《ドキュメント》以外の場所に解凍した場合は、フォルダーを読み替えてください。

◆学習ファイル利用時の注意事項

ダウンロードした学習ファイルを開く際、そのファイルが安全かどうかを確認するメッセージが表示される場合があります。学習ファイルは安全なので、《編集を有効にする》をクリックして、編集可能な状態にしてください。

| 保護ビュー　注意―インターネットから入手したファイルは、ウイルスに感染している可能性があります。編集する必要がなければ、保護ビューのままにしておくことをお勧めします。 | 編集を有効にする(E) | × |

2 練習問題・総合問題の解答

練習問題・総合問題の標準的な解答を記載したPDFファイルを提供しています。PDFファイルを表示してご利用ください。

◆PDFファイルの表示

練習問題・総合問題の解答を表示する方法は、次のとおりです。

①ブラウザーを起動し、FOM出版のホームページを表示します。

※アドレスを直接入力するか、キーワードでホームページを検索します。

②《ダウンロード》をクリックします。

③《アプリケーション》の《Excel》をクリックします。

④《Excel 2019/2016/2013 マクロ/VBA　FPT1910》をクリックします。

⑤「fpt1910_kaitou.pdf」をクリックします。

⑥PDFファイルが表示されます。

※必要に応じて、印刷または保存してご利用ください。

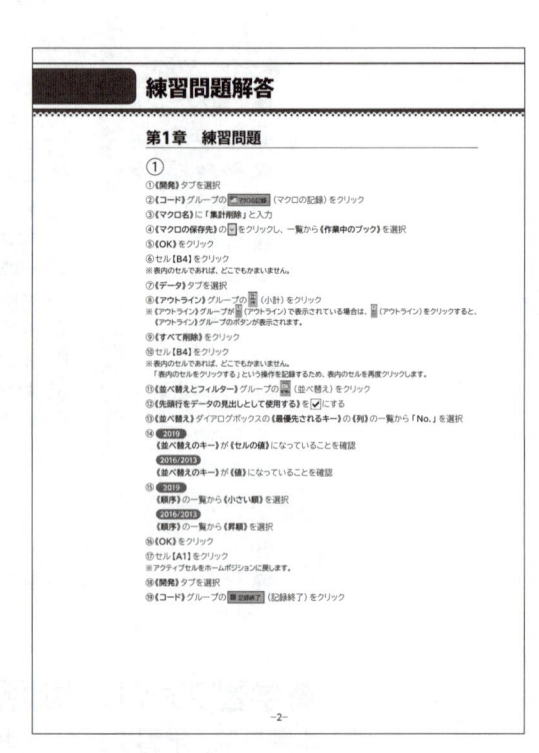

5 本書の最新情報について

本書に関する最新のQ＆A情報や訂正情報、重要なお知らせなどについては、FOM出版のホームページでご確認ください。

ホームページ・アドレス

https://www.fom.fujitsu.com/goods/

ホームページ検索用キーワード

FOM出版

第1章

マクロの作成

Step1 マクロの概要

1 マクロ

「マクロ」とは、一連の操作を記録しておき、記録した操作をまとめて実行できるようにしたものです。頻繁に発生する操作はマクロに記録しておくと、同じ操作を繰り返す必要がなく、効率的に作業できます。
マクロを使用すると、次のようなメリットがあります。

●作業時間の短縮
事務処理やデータ処理などの日常業務では、同じコマンドを頻繁に使ったり、同じ処理を何度も繰り返したりすることがあります。マクロを使用すると、このような処理を手作業で繰り返し行う必要がなくなります。

●操作ミスの防止
日常の複雑な業務を繰り返し行うことは、ミスの発生原因にもなります。マクロを使用すると、確実に操作を実行できます。

●誰でも操作可能
Excelの操作に不慣れな人でも、単純な操作で処理を実行できます。

1 手作業での集計
集計を手作業で行う場合、次のような流れになります。

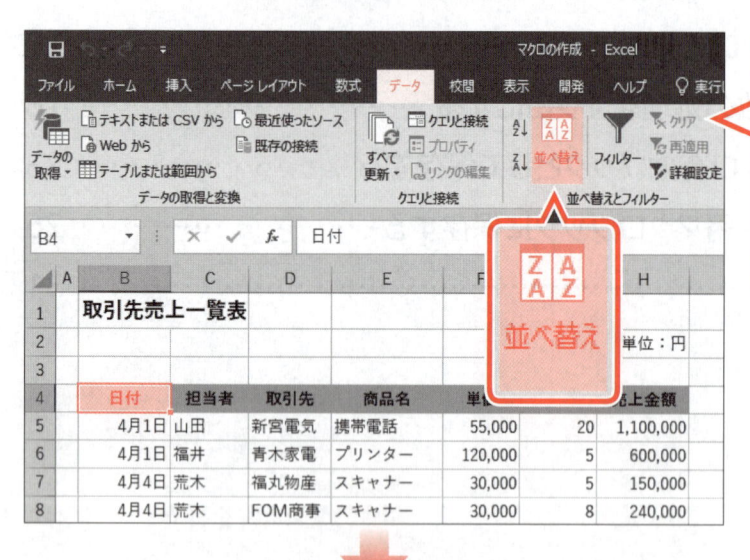

①データを並べ替える
・表内のセルをクリック
・《データ》タブを選択し、《並べ替えとフィルター》グループの （並べ替え）をクリック

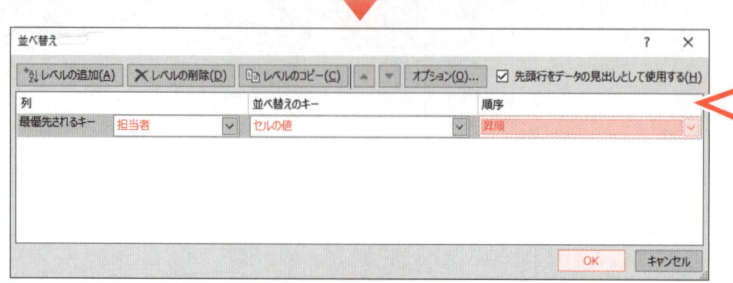

②並べ替えの条件を設定する
・《最優先されるキー》《並べ替えのキー》《順序》を選択
・《OK》をクリック

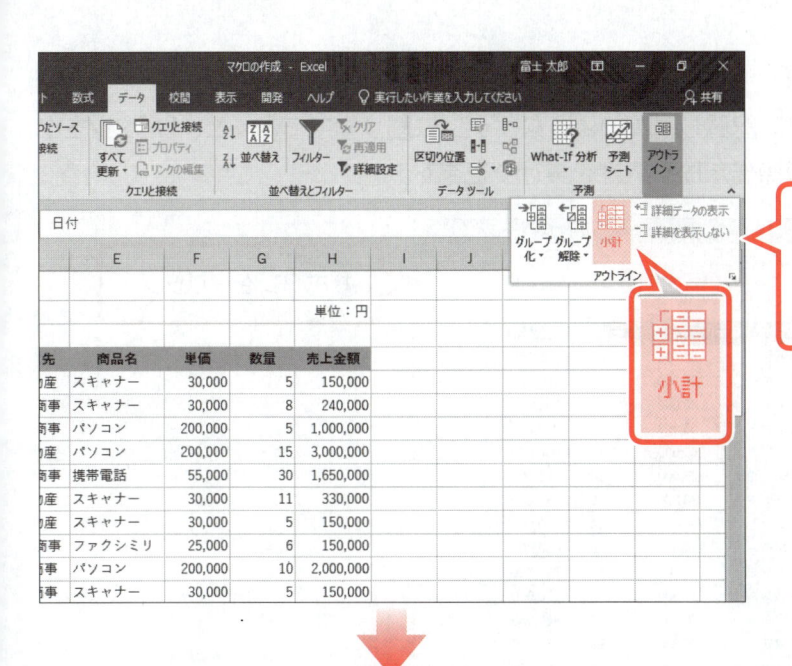

③集計を実行する
・《アウトライン》グループの （小計）をクリック

④集計方法を設定する
・《グループの基準》《集計の方法》《集計するフィールド》を選択
・《OK》をクリック

集計の設定

グループの基準(A):
担当者

集計の方法(U):
合計

集計するフィールド(D):
- □ 担当者
- □ 取引先
- □ 商品名
- □ 単価
- □ 数量
- ☑ 売上金額

☑ 現在の小計をすべて置き換える(C)
□ グループごとに改ページを挿入する(P)
☑ 集計行をデータの下に挿入する(S)

すべて削除(R)　　OK　　キャンセル

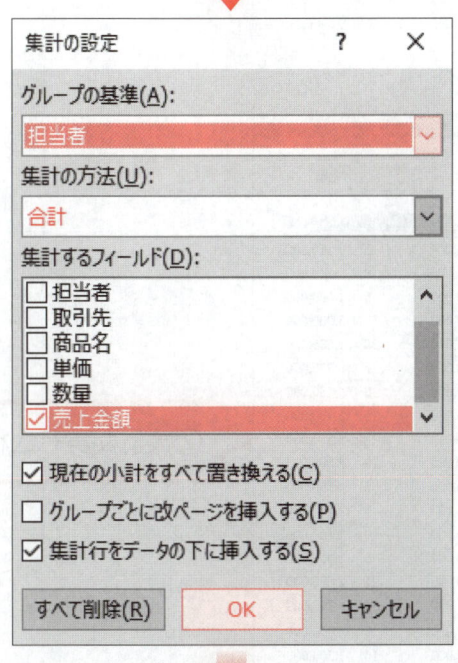

⑤集計が実行される

	A	B	C	D	E	F	G	H
1		取引先売上一覧表						
2								単位：円
3								
4		日付	担当者	取引先	商品名	単価	数量	売上金額
5		4月4日	荒木	福丸物産	スキャナー	30,000	5	150,000
6		4月4日	荒木	FOM商事	スキャナー	30,000	8	240,000
7		4月15日	荒木	FOM商事	パソコン	200,000	5	1,000,000
8		4月18日	荒木	福丸物産	パソコン	200,000	15	3,000,000
9		4月19日	荒木	FOM商事	携帯電話	55,000	30	1,650,000
10		4月19日	荒木	福丸物産	スキャナー	30,000	11	330,000
11		4月26日	荒木	福丸物産	スキャナー	30,000	5	150,000
12		4月26日	荒木	FOM商事	ファクシミリ	25,000	6	150,000
13			荒木 集計					6,670,000
14		4月4日	田村	竹芝商事	パソコン	200,000	10	2,000,000
15		4月5日	田村	竹芝商事	スキャナー	30,000	5	150,000

2 マクロでの集計

この一連の処理をマクロに記録し、次のようなボタンに割り当てておくと、**「ボタンをクリックする」**という一回の操作だけで集計を実行できます。

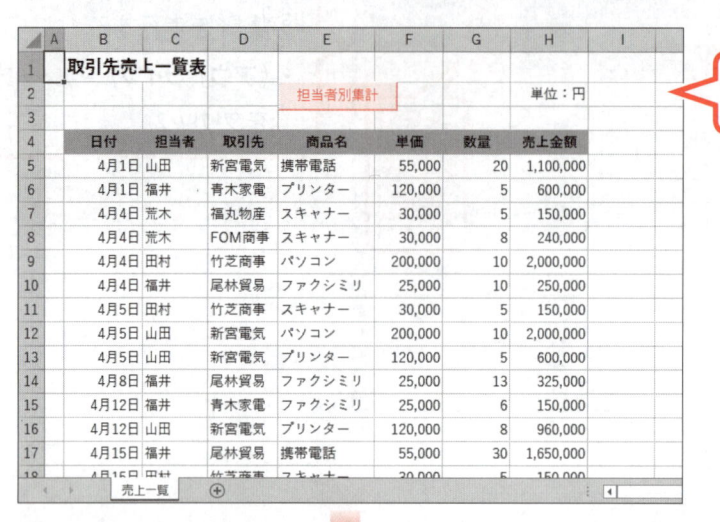

①ボタンをクリック

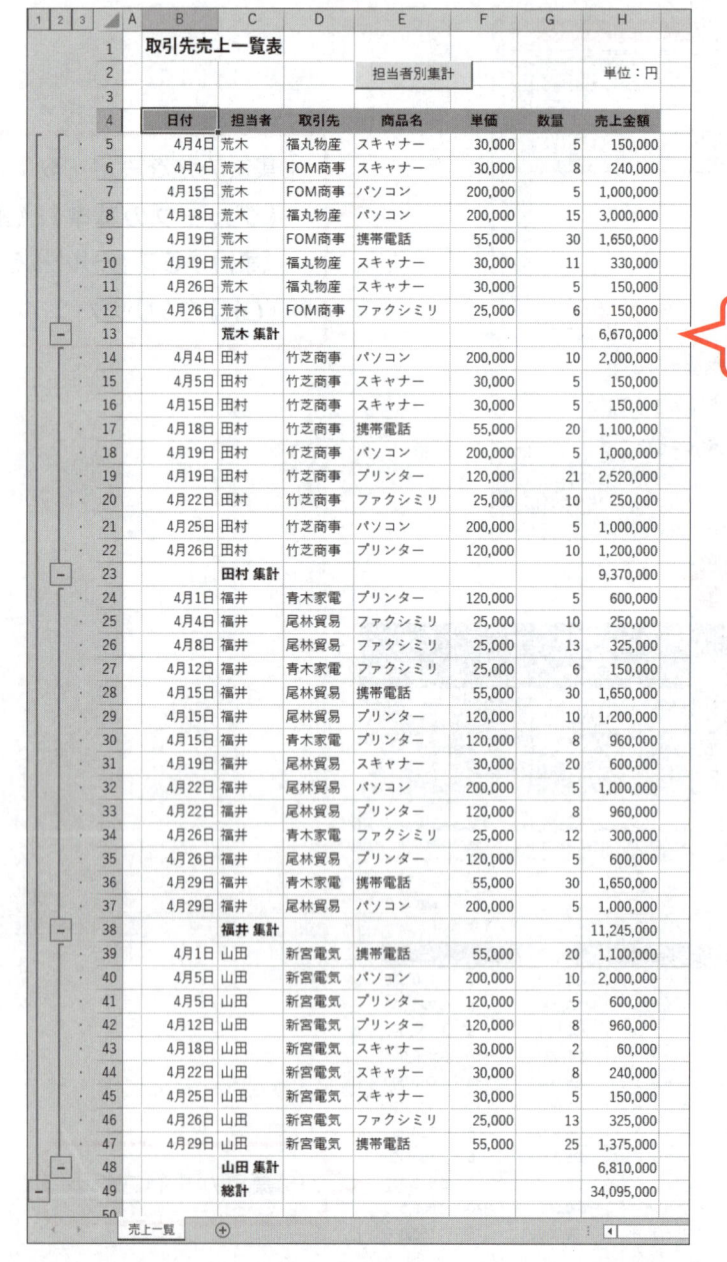

②集計が実行される

1 マクロの作成方法

マクロを作成するには、次の2つの方法があります。

●マクロの記録

Excelでマウスやキーボード操作を行うと、操作の内容が自動的にマクロに記録されます。
マクロの記録を開始してから終了するまでのすべての操作がマクロに記録されます。

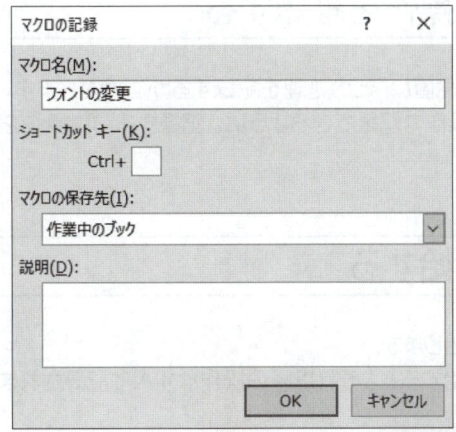

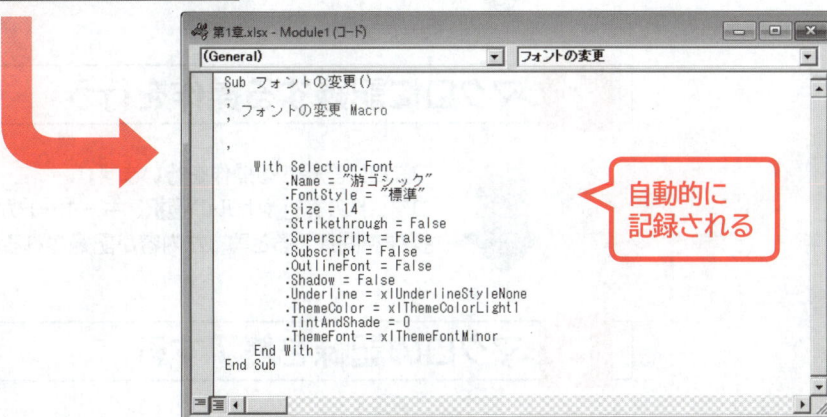

自動的に記録される

●コードの直接入力

VBEでマクロのコードを直接入力します。
自動的にマクロに記録されない処理内容や独自の関数などを作成できます。

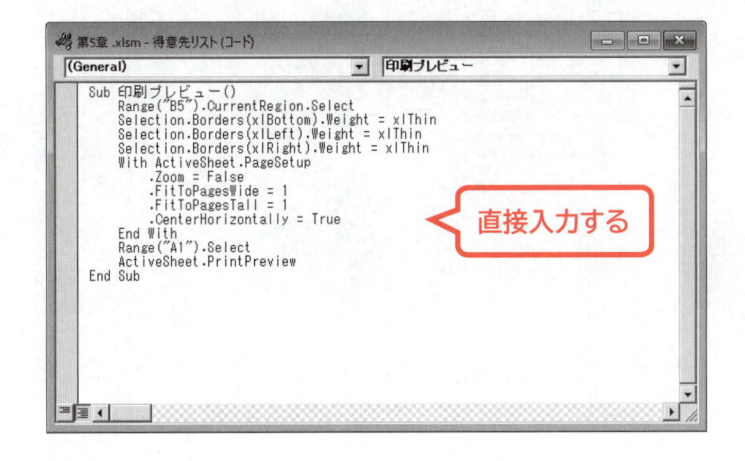

直接入力する

2 マクロの作成手順

マクロを記録する基本的な手順は、次のとおりです。

 **1 マクロを記録する準備をする**

マクロの操作に必要な《開発》タブをリボンに表示します。

 **2 マクロに記録する操作を確認する**

業務の処理内容を見直し、どの処理を記録するかを検討します。
また、ミスのない操作で記録できるように、記録する前に操作を確認します。

 **3 マクロの記録を開始する**

マクロの記録を開始します。
マクロの記録を開始すると、それ以降の操作はすべて記録されます。

 **4 マクロに記録する操作を行う**

マクロに記録する操作を行います。
コマンドの実行やセルの選択、キーボードからの入力などが記録の対象になります。
操作を間違えると誤った内容が記録されるので慎重に操作します。

5 マクロの記録を終了する

マクロの記録を終了します。

3　記録の準備

マクロに関する操作を効率よく行うためには、リボンに《**開発**》タブを表示します。
《**開発**》タブには、マクロの記録や実行、編集などに便利なボタンが用意されています。
リボンに《**開発**》タブを表示しましょう。
※Excelを起動し、空白のブックを表示しておきましょう。

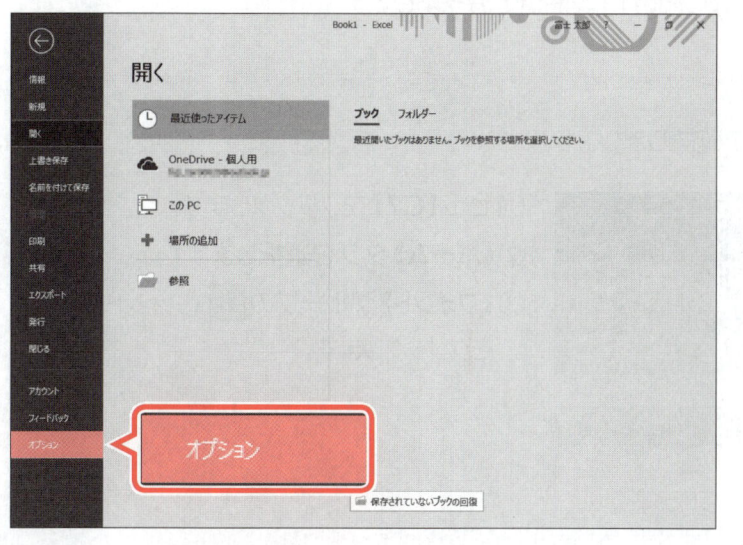

①《**ファイル**》タブを選択します。
②《**オプション**》をクリックします。

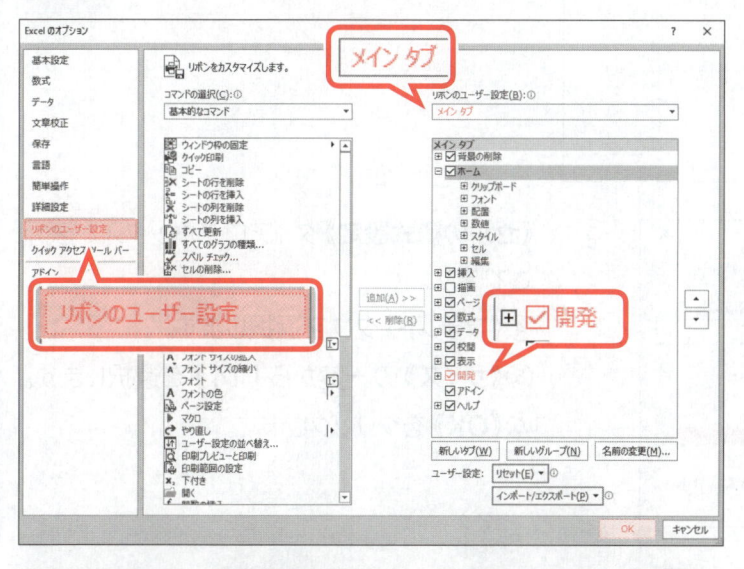

《**Excelのオプション**》ダイアログボックスが
表示されます。
③左側の一覧から《**リボンのユーザー設定**》
　を選択します。
④《**リボンのユーザー設定**》が《**メインタブ**》
　になっていることを確認します。
⑤《**開発**》を☑にします。
⑥《**OK**》をクリックします。

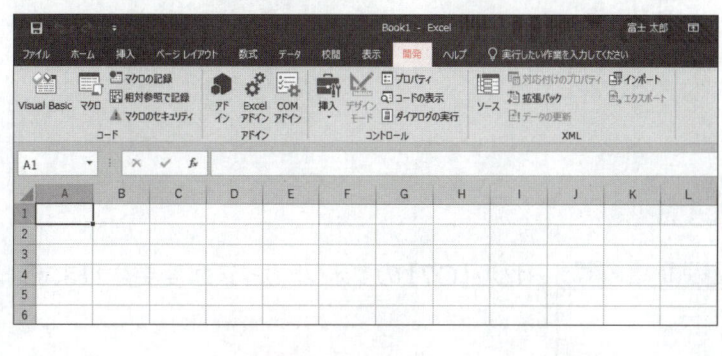

《**開発**》タブが表示されます。
⑦《**開発**》タブを選択します。
⑧マクロに関するボタンが表示されているこ
　とを確認します。

STEP UP 《開発》タブの非表示

《開発》タブは一度表示すると、常に表示されます。マクロに関する操作が終了したら《開発》タブ
を非表示にしましょう。非表示にする方法は、次のとおりです。

◆《ファイル》タブ→《オプション》→左側の一覧から《リボンのユーザー設定》を選択→《リボンの
　ユーザー設定》の▾→一覧から《メインタブ》を選択→《☐開発》

4 マクロの記録

次の操作をマクロに記録しましょう。

フォントサイズを14ポイントにする

 **File OPEN** ブック「第1章」のシート「記録の練習1」を開いておきましょう。

1 操作内容の確認

マクロとして記録する操作を確認しましょう。

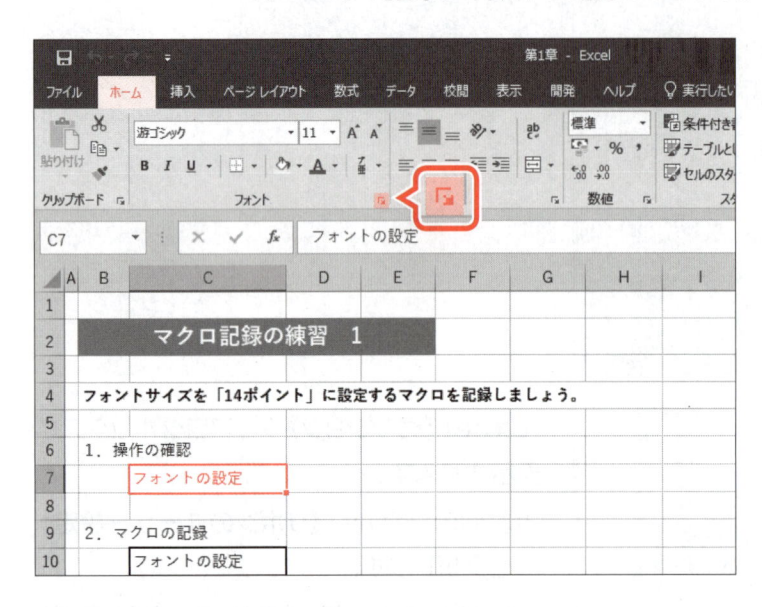

①セル【C7】をクリックします。

②《ホーム》タブを選択します。

③《フォント》グループの ◰ (フォントの設定) をクリックします。

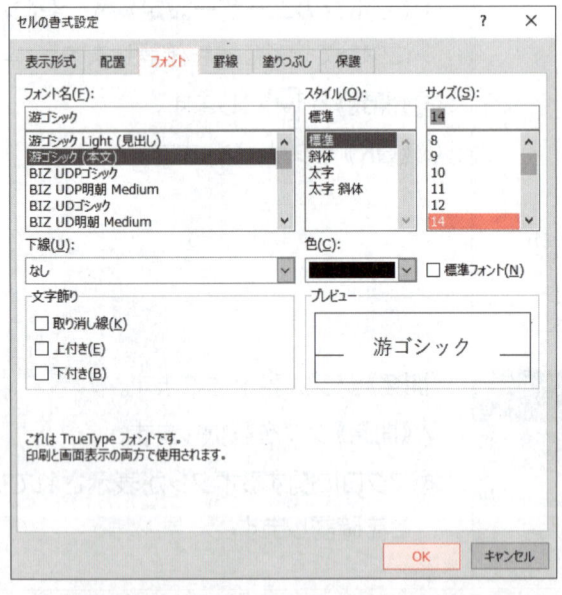

《セルの書式設定》ダイアログボックスが表示されます。

④《フォント》タブを選択します。

⑤《サイズ》の一覧から「14」を選択します。

⑥《OK》をクリックします。

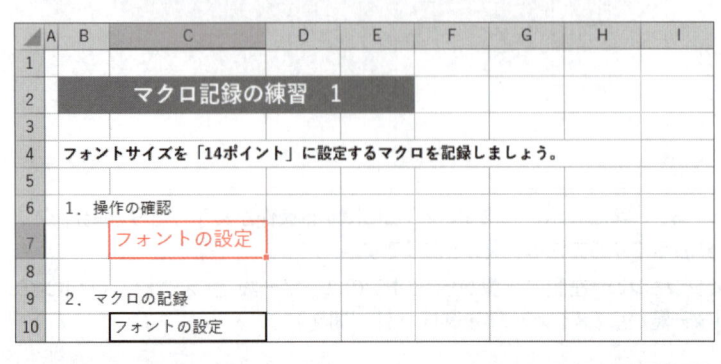

セル【C7】のフォントサイズが変更されます。

2 マクロの記録

確認した操作を「**フォントの変更**」という名前のマクロとして記録しましょう。

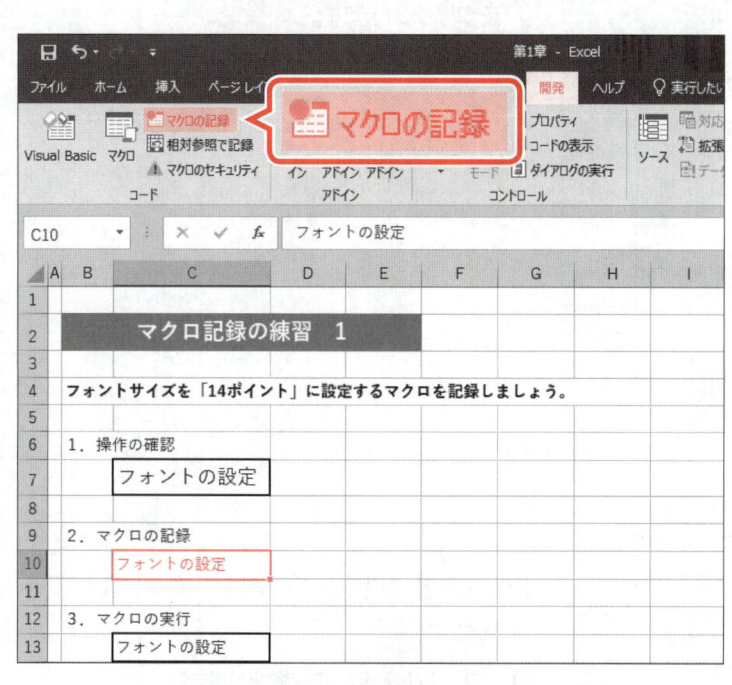

① セル【**C10**】をクリックします。

※「セル【C10】に移動する」という操作は含めないため、マクロを記録する前にセル【C10】に移動しておきます。

② 《**開発**》タブを選択します。

③ 《**コード**》グループの ![マクロの記録] （マクロの記録）をクリックします。

《**マクロの記録**》ダイアログボックスが表示されます。

④ 《**マクロ名**》に「**フォントの変更**」と入力します。

⑤ 《**マクロの保存先**》が《**作業中のブック**》になっていることを確認します。

⑥ 《**OK**》をクリックします。

マクロの記録が開始されます。

※これ以降の操作はすべて記録されます。不要な操作をしないように注意しましょう。

※マクロの記録が開始されると ![マクロの記録]（マクロの記録）が ![記録終了]（記録終了）に変わります。

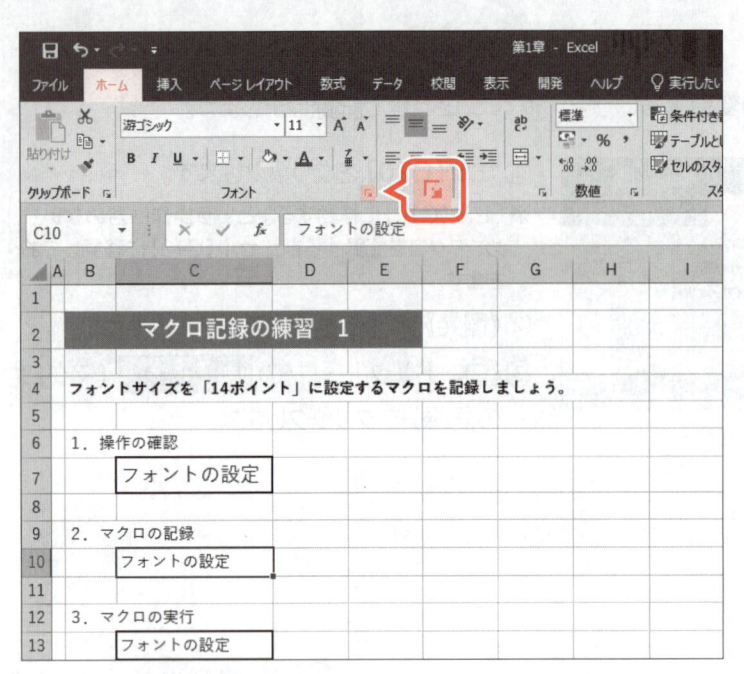

⑦《ホーム》タブを選択します。

⑧《フォント》グループの ⌐ （フォントの設定）をクリックします。

《セルの書式設定》ダイアログボックスが表示されます。

⑨《フォント》タブを選択します。

⑩《サイズ》の一覧から「14」を選択します。

⑪《OK》をクリックします。

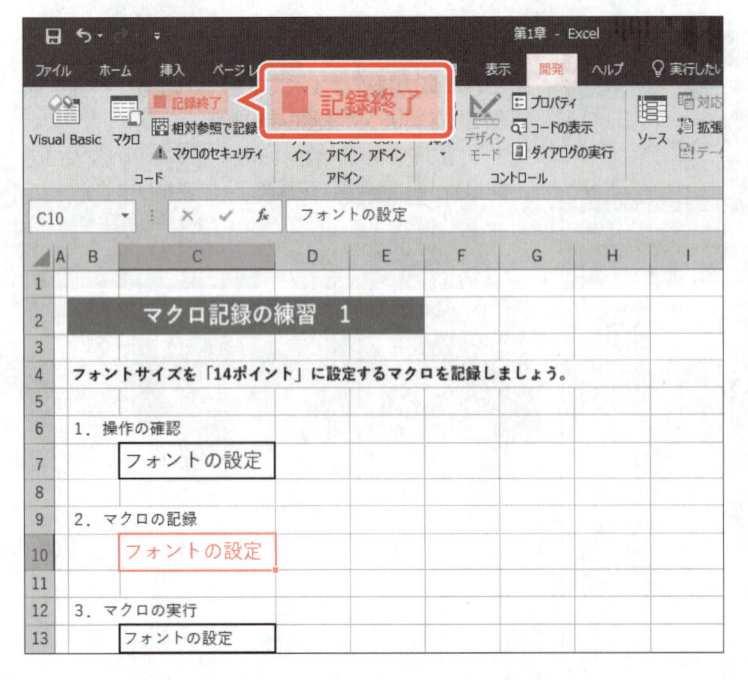

セル【C10】のフォントサイズが変更されます。
マクロの記録を終了します。

⑫《開発》タブを選択します。

⑬《コード》グループの ■記録終了 （記録終了）をクリックします。

STEP UP その他の方法
（マクロの記録開始）

◆《表示》タブ→《マクロ》グループの （マクロの表示）の マクロ →《マクロの記録》
◆ステータスバーの ▦

STEP UP その他の方法（記録終了）

◆《表示》タブ→《マクロ》グループの （マクロの表示）の マクロ →《記録終了》
◆ステータスバーの ■

 **POINT** マクロ名

マクロ名は、マクロを実行するときのキーワードになるので、わかりやすい名前を付けます。
マクロ名を付けるときの注意点は、次のとおりです。

● 先頭は文字列を使用する

● 2文字目以降は、文字列、数値、「＿（アンダースコア）」が使用できる

● スペースは使用できない

POINT マクロの保存先

作成したマクロはブックに保存します。保存先のブックには次の3種類があります。

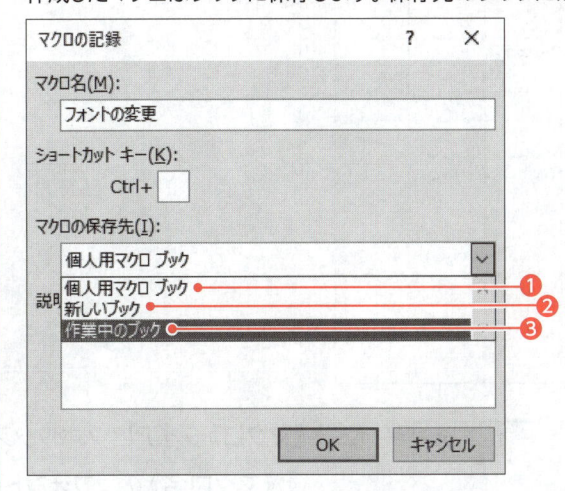

❶ 個人用マクロブック
「個人用マクロブック」とは、Excelを起動すると自動的に開かれる特殊なブックです。マクロを個人用マクロブックに保存すると、Excelのすべてのブックからマクロを利用できます。どのブックでも利用される使用頻度の高いマクロを保存すると便利です。

❷ 新しいブック
新規ブックを作成し、マクロを保存することができます。あとから修正することを考慮し、新しいブックにマクロを保存すると、既存のブックに不要なマクロが作られないので効率的です。

❸ 作業中のブック
現在使用しているブックに保存します。作成したマクロを作業中のブック内だけで使う場合に選択します。マクロを作成するときに保存先を《作業中のブック》にすると、ブック保存時にマクロも保存されます。

POINT 絶対参照と相対参照

マクロを記録するとき、アクティブセルの位置を「絶対参照」で記録するか、「相対参照」で記録するかを選択できます。初期の設定では、マクロはアクティブセルの位置を絶対参照で記録します。絶対参照で記録すると、マクロの記録中にアクティブセルを移動した場合、移動したセル番地がそのまま記録されます。相対参照で記録すると、マクロの記録中にアクティブセルをセル【A1】からセル【B2】に移動した場合、アクティブセル（セル【A1】）から「1行下、1列右」という位置関係が記録されます。
相対参照でマクロを記録する方法は、次のとおりです。

◆《開発》タブ→《コード》グループの ▨相対参照で記録（相対参照で記録）

POINT マクロの削除

作成したマクロを削除する方法は、次のとおりです。

◆《開発》タブ→《コード》グループの ▨（マクロの表示）→マクロ名を選択→《削除》

5　マクロの実行

マクロ「**フォントの変更**」を実行しましょう。

①セル【**C13**】をクリックします。

②《**開発**》タブを選択します。

③《**コード**》グループの ▥ （マクロの表示）をクリックします。

《**マクロ**》ダイアログボックスが表示されます。

④《**マクロ名**》の「**フォントの変更**」が選択されていることを確認します。

⑤《**実行**》をクリックします。

マクロが実行され、セル【**C13**】のフォントサイズが変更されます。

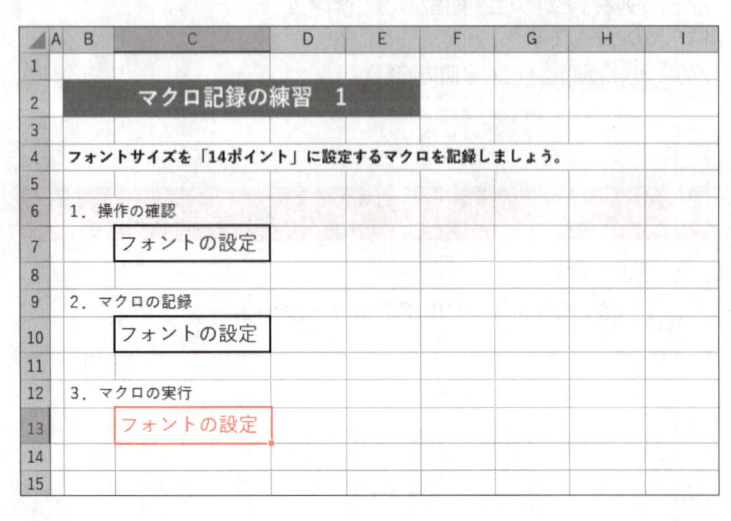

STEP UP **その他の方法（マクロの表示）**

◆《表示》タブ→《マクロ》グループの ▥ （マクロの表示）

◆ [Alt] + [F8]

Step3 複数の処理をマクロにする

1 マクロの記録

複数の処理を組み合わせたマクロを記録しましょう。

File OPEN シート「記録の練習2」に切り替えておきましょう。

1 操作内容の確認

次の操作をマクロに記録しましょう。

> 1.「支店」を基準に昇順に並べ替える
> 　①表内のセルをクリック
> 　②《データ》タブを選択
> 　③《並べ替えとフィルター》グループの 📊 （並べ替え）をクリック
> 　④《並べ替え》ダイアログボックスの《先頭行をデータの見出しとして使用する》を ☑ にする
> 　⑤《最優先されるキー》の《列》の一覧から「支店」を選択
> 　⑥《並べ替えのキー》が《セルの値》または《値》になっていることを確認
> 　⑦《順序》の一覧から《昇順》を選択
> 　⑧《OK》をクリック
> 2.「支店」ごとに「売上金額」を集計する
> 　①表内のセルをクリック
> 　②《アウトライン》グループの 📊 （小計）をクリック
> 　③《集計の設定》ダイアログボックスの《グループの基準》の ⌄ をクリックし、一覧から「支店」を選択
> 　④《集計の方法》の ⌄ をクリックし、一覧から《合計》を選択
> 　⑤《集計するフィールド》の「売上金額（円）」を ☑ にする
> 　⑥《OK》をクリック

※操作内容を実習した場合は、もとに戻しておきましょう。

2019
◆ 表内のセルをクリック→《データ》タブ→《アウトライン》グループの 📊
ボックスの《すべて削除》→《並べ替えとフィルター》グルー
出しとして使用する》→《最優先されるキー》の《「
から《セルの値》を選択→《順序》の一覧から《

2016/2013
◆ 表内のセルをクリック→《データ》タブ→《アウト
グボックスの《すべて削除》→《並べ替えとフィルタ
しとして使用する》→《最優先されるキー》の《列》(
《値》を選択→《順序》の一覧から《昇順》を選択→《

2 マクロの記録

「**集計**」という名前のマクロを記録しましょう。

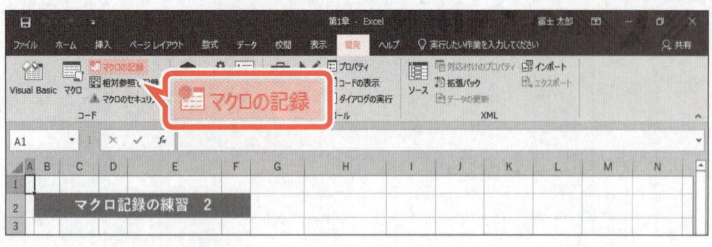

①《**開発**》タブを選択します。

②《**コード**》グループの 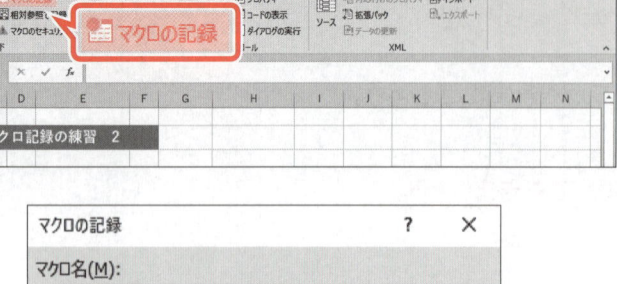（マクロの記録）をクリックします。

《**マクロの記録**》ダイアログボックスが表示されます。

③《**マクロ名**》に「**集計**」と入力します。

④《**マクロの保存先**》が《**作業中のブック**》になっていることを確認します。

⑤《**OK**》をクリックします。

マクロの記録が開始されます。

⑥セル【B8】をクリックします。

※表内のセルであれば、どこでもかまいません。

⑦《**データ**》タブを選択します。

⑧《**並べ替えとフィルター**》グループの（並べ替え）をクリックします。

《**並べ替え**》ダイアログボックスが表示されます。

⑨《**先頭行をデータの見出しとして使用する**》を✓にします。

⑩《**最優先されるキー**》の《**列**》の をクリックし、一覧から「**支店**」を選択します。

⑪ 2019

《**並べ替えのキー**》が《**セルの値**》になっていることを確認します。

2016/2013

《**並べ替えのキー**》が《**値**》になっていることを確認します。

⑫《**順序**》の をクリックし、一覧から《**昇順**》を選択します。

⑬《**OK**》をクリックします。

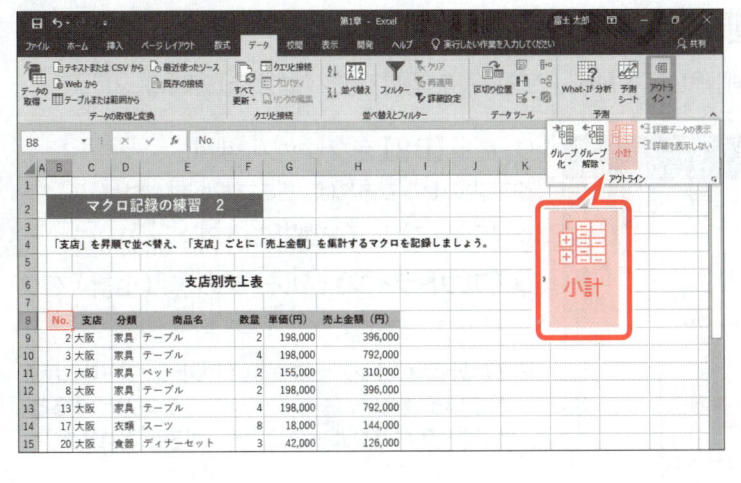

「**支店**」を基準にデータが昇順で並び替わります。

⑭ セル【B8】をクリックします。

※表内のセルであれば、どこでもかまいません。
「表内のセルをクリックする」という操作を記録するため、表内のセルを再度クリックします。

⑮《**アウトライン**》グループの ▦（小計）をクリックします。

※《アウトライン》グループが ▦（アウトライン）で表示されている場合は、▦（アウトライン）をクリックすると、《アウトライン》グループのボタンが表示されます。

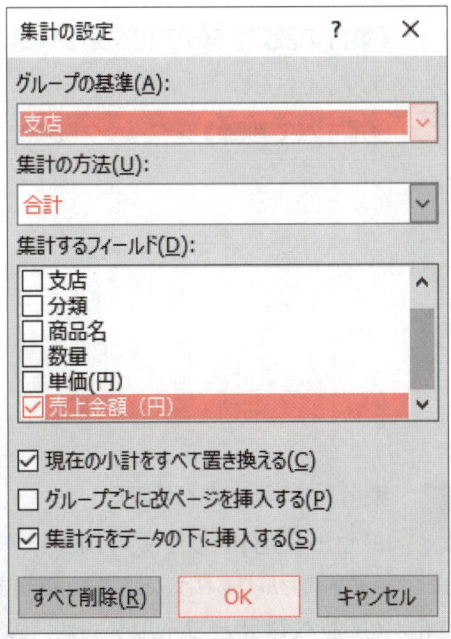

《**集計の設定**》ダイアログボックスが表示されます。

⑯《**グループの基準**》の ▽ をクリックし、一覧から「**支店**」を選択します。

⑰《**集計の方法**》が《**合計**》になっていることを確認します。

⑱《**集計するフィールド**》の「**売上金額（円）**」が ☑ になっていることを確認します。

⑲《**OK**》をクリックします。

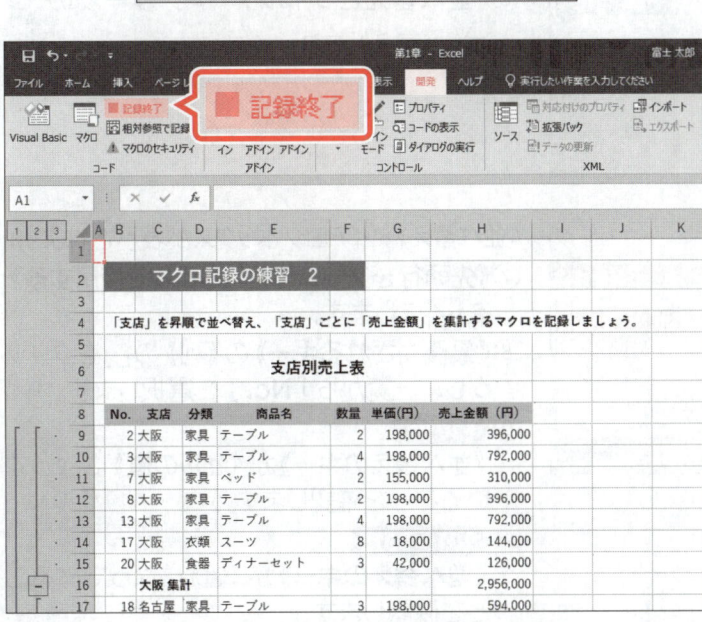

「**支店**」ごとに「**売上金額**」が集計されます。

アクティブセルをセル【A1】に移動し、マクロの記録を終了します。

⑳ セル【A1】をクリックします。

㉑《**開発**》タブを選択します。

㉒《**コード**》グループの ■記録終了（記録終了）をクリックします。

3 記録する前の状態に戻す

動作確認のため、集計行を削除して「No.」を基準に昇順で並べ替えましょう。

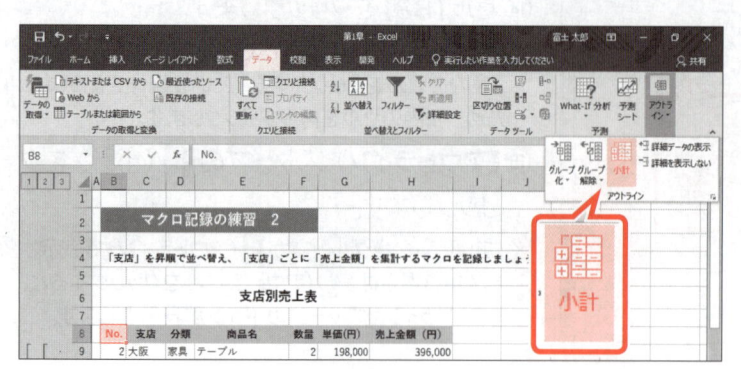

①セル【B8】をクリックします。
※表内のセルであれば、どこでもかまいません。
②《データ》タブを選択します。
③《アウトライン》グループの 　(小計) をクリックします。
※《アウトライン》グループが 　(アウトライン)で表示されている場合は、　(アウトライン)をクリックすると、《アウトライン》グループのボタンが表示されます。

《集計の設定》ダイアログボックスが表示されます。
④《すべて削除》をクリックします。

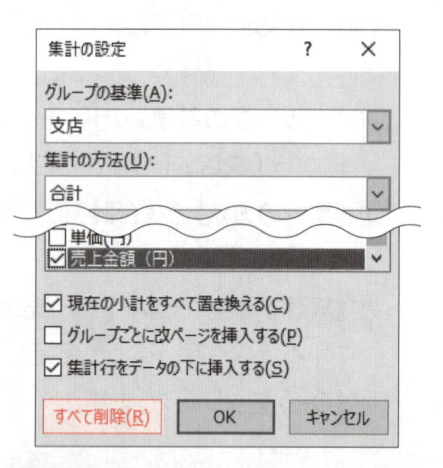

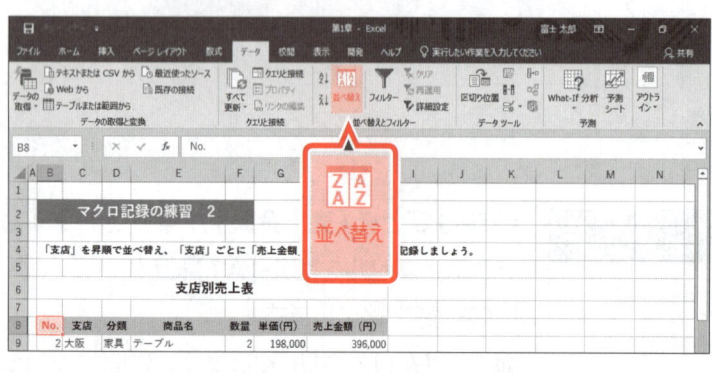

集計行が削除されます。
⑤セル【B8】をクリックします。
※表内のセルであれば、どこでもかまいません。
⑥《並べ替えとフィルター》グループの 　(並べ替え) をクリックします。

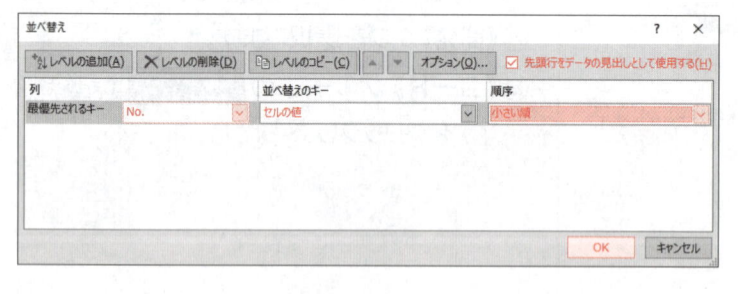

《並べ替え》ダイアログボックスが表示されます。
⑦《先頭行をデータの見出しとして使用する》を ✓ にします。
⑧《最優先されるキー》の《列》の ∨ をクリックし、一覧から「No.」を選択します。
⑨ **2019**
《並べ替えのキー》が《セルの値》になっていることを確認します。
2016/2013
《並べ替えのキー》が《値》になっていることを確認します。
⑩ **2019**
《順序》の ∨ をクリックし、一覧から《小さい順》を選択します。
2016/2013
《順序》の ∨ をクリックし、一覧から《昇順》を選択します。
⑪《OK》をクリックします。

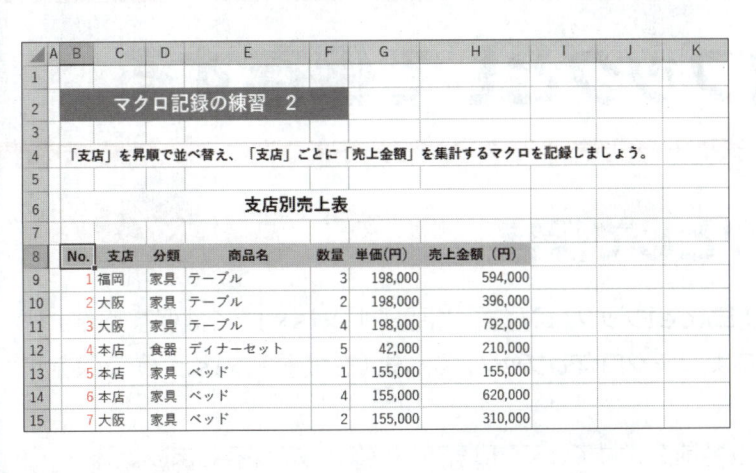

「**No.**」を基準にデータが昇順で並び替わります。

2　マクロの実行

マクロ「**集計**」を実行しましょう。

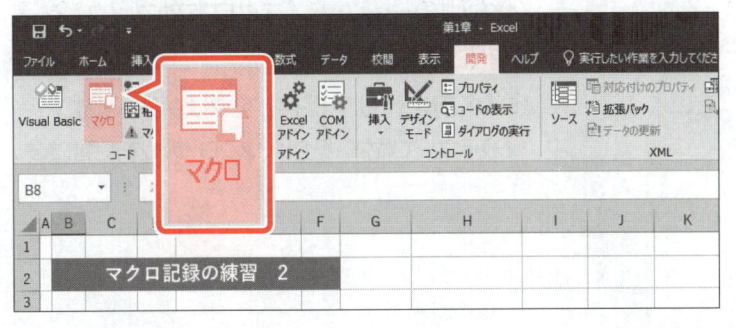

①《開発》タブを選択します。

②《コード》グループの 🗂 （マクロの表示）をクリックします。

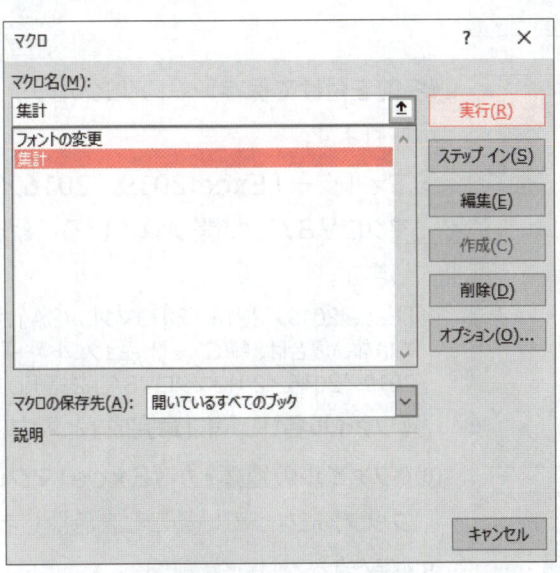

《マクロ》ダイアログボックスが表示されます。

③《マクロ名》の一覧から「**集計**」を選択します。

④《実行》をクリックします。

1 2 3	A B	C	D	E	F	G	H	I	J	K
1										
2		マクロ記録の練習　2								
3										
4	「支店」を昇順で並べ替え、「支店」ごとに「売上金額」を集計するマクロを記録しましょう。									
5										
6				支店別売上表						
7										
8	No.	支店	分類	商品名	数量	単価(円)	売上金額（円）			
9	2	大阪	家具	テーブル	2	198,000	396,000			
10	3	大阪	家具	テーブル	4	198,000	792,000			
11	7	大阪	家具	ベッド	2	155,000	310,000			
12	8	大阪	家具	テーブル	2	198,000	396,000			
13	13	大阪	家具	テーブル	4	198,000	792,000			
14	17	大阪	衣類	スーツ	8	18,000	144,000			
15	20	大阪	食器	ディナーセット	3	42,000	126,000			
16		大阪 集計					2,956,000			
17	18	名古屋	家具	テーブル	3	198,000	594,000			
18	22	名古屋	食器	ディナーセット	2	42,000	84,000			
19		名古屋 集計					678,000			

マクロが実行され、「**支店**」ごとに「**売上金額**」が集計されます。

Step4 マクロ有効ブックとして保存する

1 マクロ有効ブックとして保存

記録したマクロは、通常の「Excelブック」の形式（拡張子「.xlsx」）では保存できません。マクロを利用するためには、「**マクロ有効ブック**」の形式（拡張子「**.xlsm**」）で保存する必要があります。

ブックに「**第1章完成**」という名前を付けて、マクロ有効ブックとして保存しましょう。

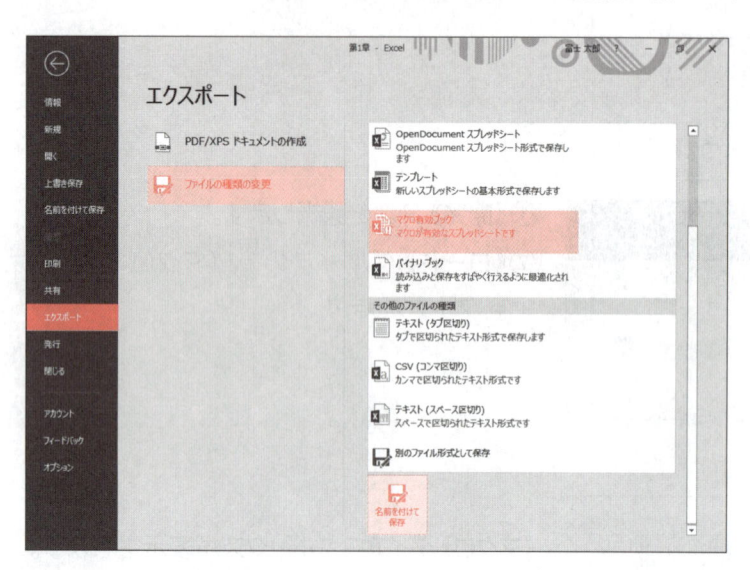

①《**ファイル**》タブを選択します。

②《**エクスポート**》をクリックします。

③《**ファイルの種類の変更**》をクリックします。

④右側の一覧から《**マクロ有効ブック**》を選択します。

⑤《**名前を付けて保存**》をクリックします。

※表示されていない場合は、スクロールして調整します。

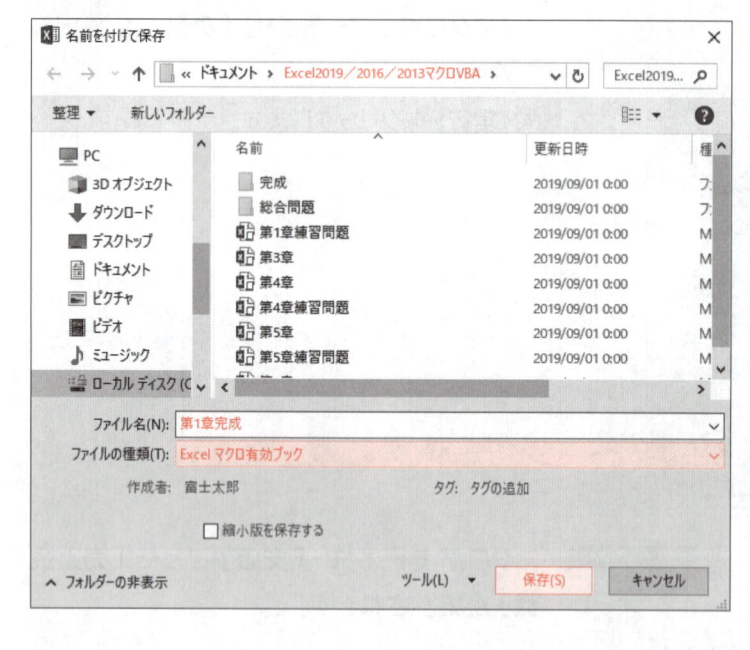

《**名前を付けて保存**》ダイアログボックスが表示されます。

⑥フォルダー「**Excel2019／2016／2013 マクロVBA**」が開かれていることを確認します。

※「Excel2019／2016／2013マクロVBA」が開かれていない場合は、《PC》→《ドキュメント》→「Excel2019／2016／2013マクロVBA」を選択します。

⑦《**ファイル名**》に「**第1章完成**」と入力します。

⑧《**ファイルの種類**》が《**Excelマクロ有効ブック**》になっていることを確認します。

⑨《**保存**》をクリックします。

ブックが保存されます。

※ブックを閉じておきましょう。

2　マクロを含むブックを開く

マクロを含むブックを開くと、マクロは無効になっています。セキュリティの警告に関するメッセージが表示されるので、ブックの発行元が信頼できることを確認してマクロを有効にします。

マクロ有効ブックとして保存したブック「**第1章完成**」を開いて、マクロを有効にしましょう。

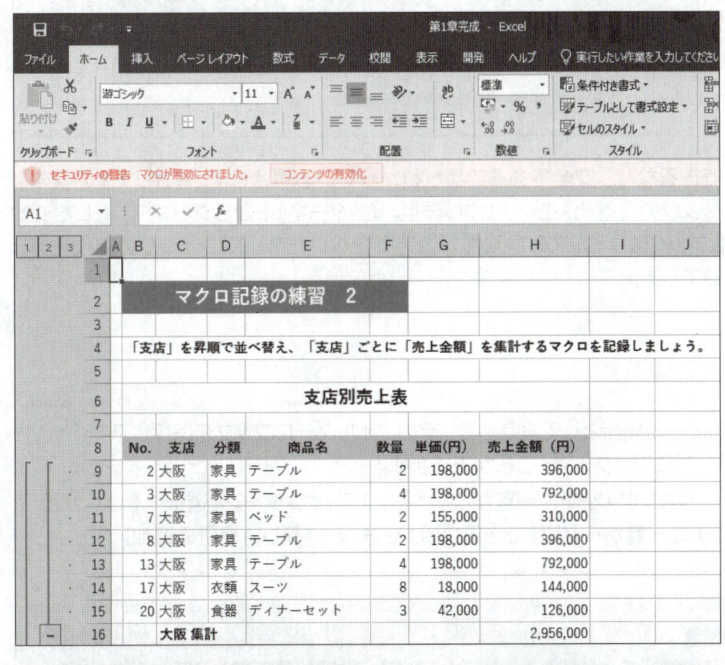

①ブック「**第1章完成**」を開きます。
②メッセージバーにセキュリティの警告が表示されていることを確認します。
③《**コンテンツの有効化**》をクリックします。

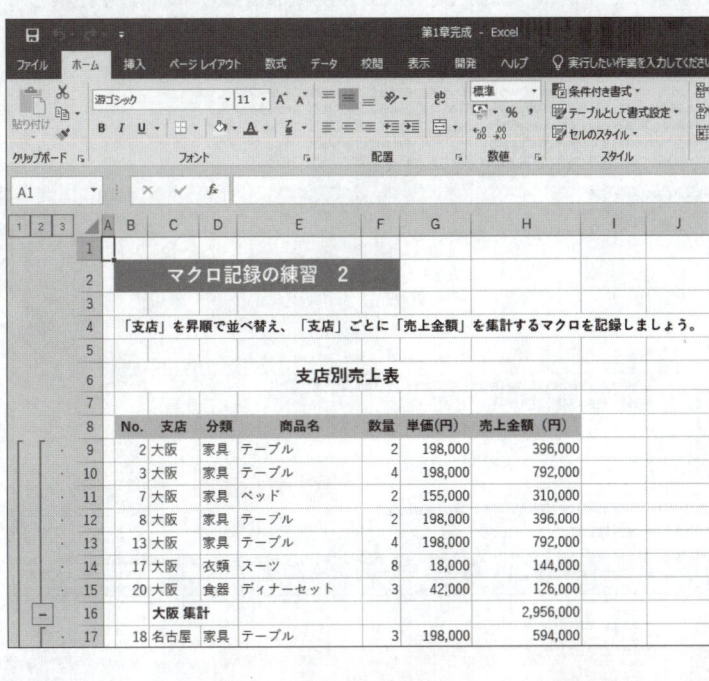

マクロが有効になります。
※ブックを閉じておきましょう。

👆 POINT　マクロ有効ブックのアイコン

マクロ有効ブックとして保存すると、アイコンが次のように変わります。拡張子を表示していなくても、アイコンの違いでマクロ有効ブックであることがわかります。

●Excelブック　　●マクロ有効ブック

STEP UP セキュリティの警告

ウイルスを含むブックを開くと、パソコンがウイルスに感染し、システムが正常に動作しなくなったり、ブックが破壊されたりすることがあります。
初期の設定では、マクロを含むブックを開くと、メッセージバーに次のようなセキュリティに関する警告が表示されます。

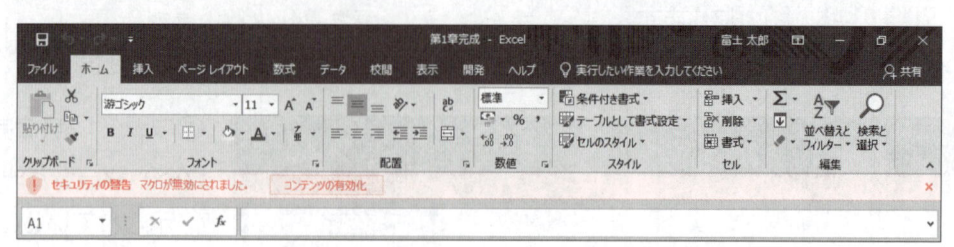

ブックの発行元が信頼できるなど、安全であることがわかっている場合は《セキュリティの警告》メッセージバーの《コンテンツの有効化》をクリックします。インターネットからダウンロードしたブックなど、作成者の不明なブックはウイルスの危険性が否定できないため、《コンテンツの有効化》をクリックしないほうがよいでしょう。

STEP UP 信頼できる場所への保存

特定のフォルダーを信頼できる場所として設定して、そのフォルダーにブックを保存しておくと、セキュリティの警告を表示せずにブックを開くことができます。

◆《ファイル》タブ→《オプション》→左側の一覧から《セキュリティセンター》を選択→《セキュリティセンターの設定》→左側の一覧から《信頼できる場所》を選択→《新しい場所の追加》

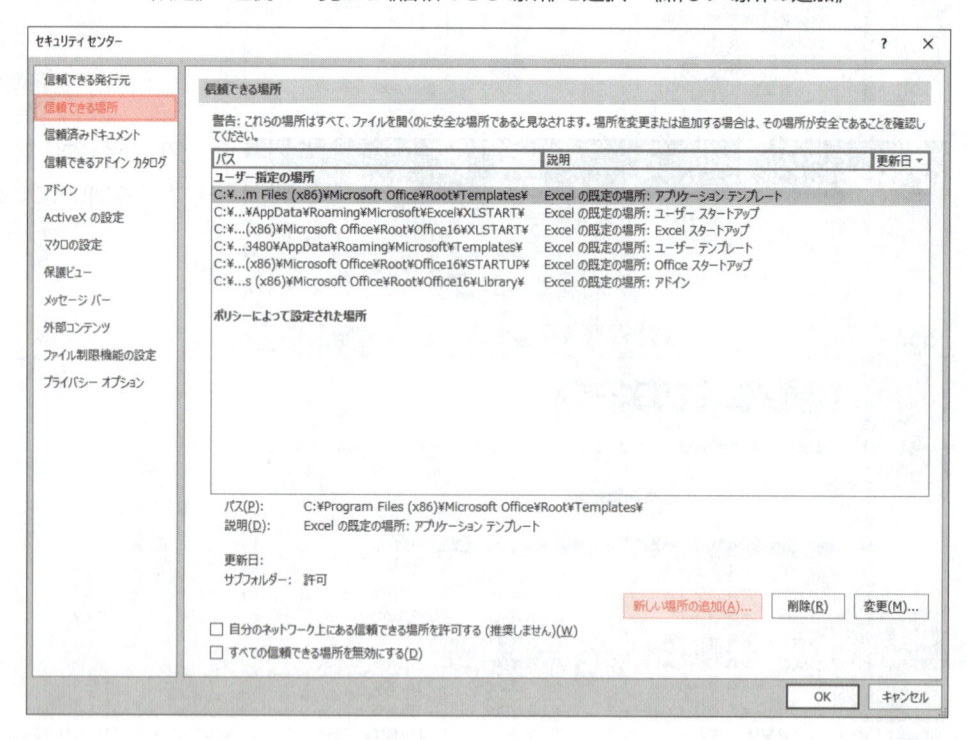

個人用マクロブックに保存する

1 個人用マクロブック

マクロを個人用マクロブックに保存すると、Excelのすべてのブックで利用できます。頻繁に使うマクロは「**個人用マクロブック**」に保存します。

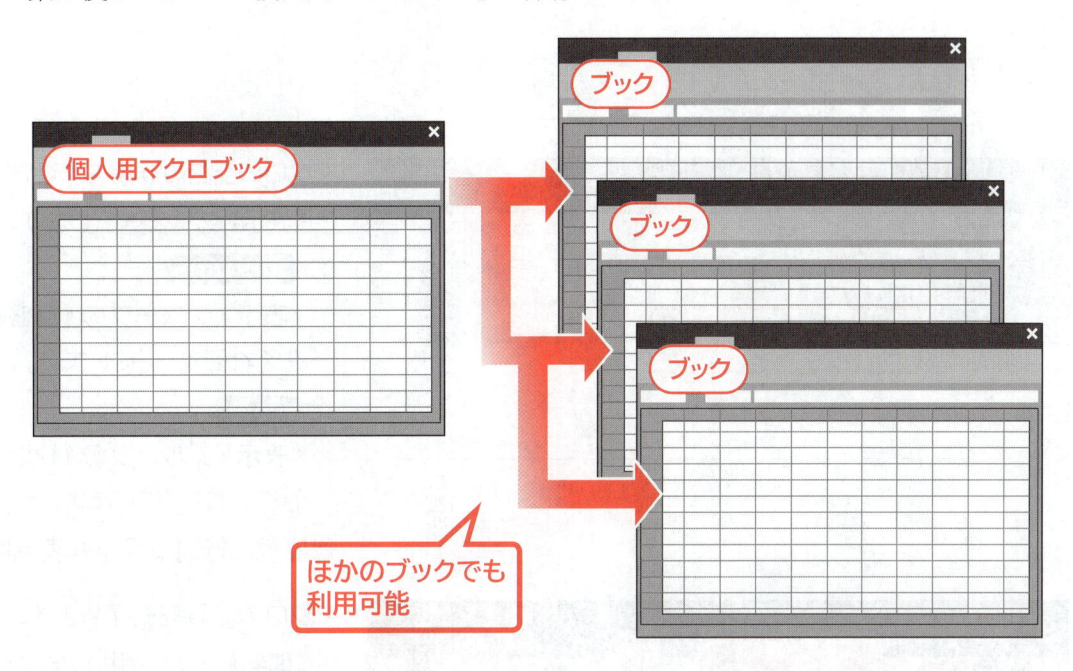

個人用マクロブック

ブック

ブック

ブック

ほかのブックでも
利用可能

2 マクロの保存

次の操作を個人用マクロブックに保存しましょう。マクロ名は「**目盛線と行列の非表示**」にします。

> 目盛線を非表示にする
> 行列番号を非表示にする

 新規ブックを開いておきましょう。

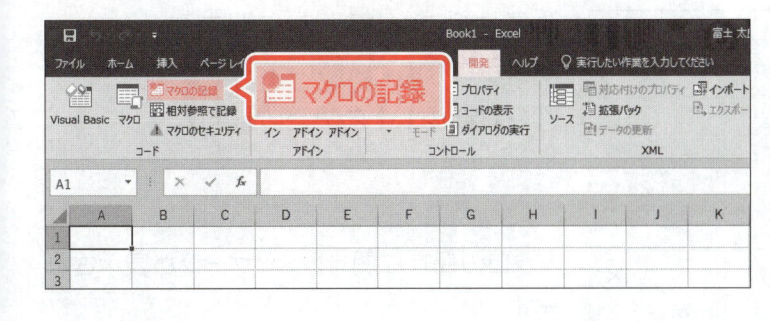

①《**開発**》タブを選択します。
②《**コード**》グループの ［マクロの記録］（マクロの記録）をクリックします。

1
2
3
4
5
6
総合問題
付録
索引

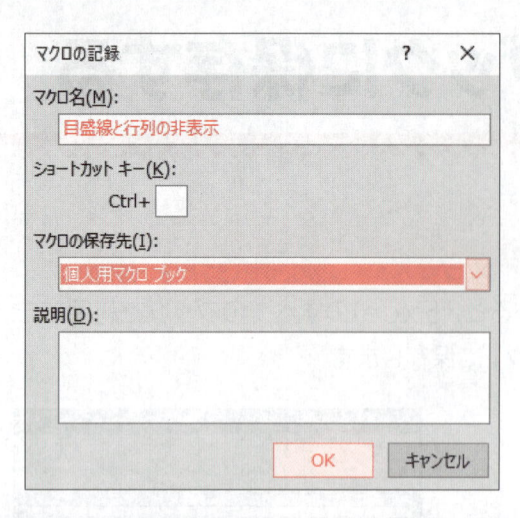

《マクロの記録》ダイアログボックスが表示されます。

③《マクロ名》に「**目盛線と行列の非表示**」と入力します。

④《マクロの保存先》の ∨ をクリックし、一覧から《**個人用マクロブック**》を選択します。

⑤《**OK**》をクリックします。

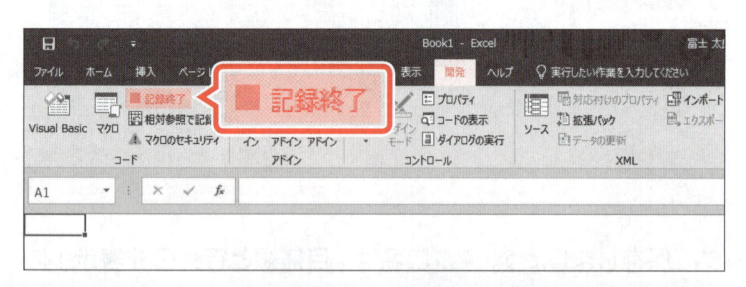

マクロの記録が開始されます。

⑥《**表示**》タブを選択します。

⑦ 2019/2016
《**表示**》グループの《**目盛線**》と《**見出し**》をそれぞれ □ にします。

2013
《**表示**》グループの《**枠線**》と《**見出し**》をそれぞれ □ にします。

目盛線と行列番号が非表示になります。

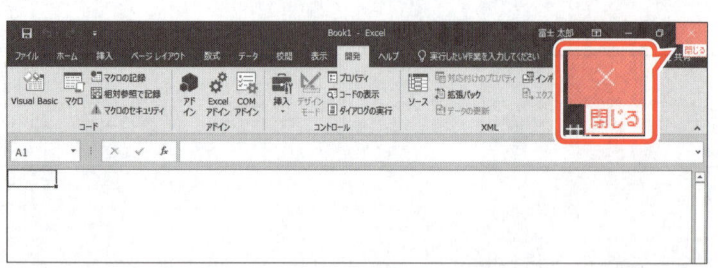

マクロの記録を終了します。

⑧《**開発**》タブを選択します。

⑨《**コード**》グループの ■ 記録終了 （記録終了）をクリックします。

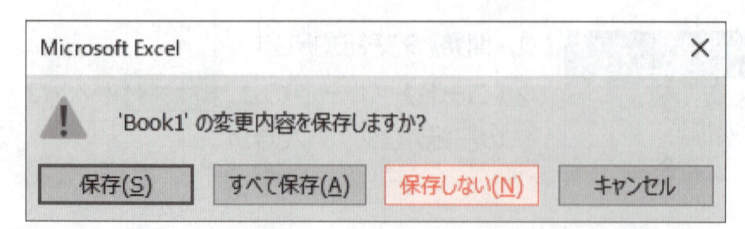

Excelを閉じて個人用マクロブックを保存します。

⑩ × （閉じる）をクリックします。

Microsoft Excel ✕

⚠ 'Book1' の変更内容を保存しますか？

保存(S) ｜ すべて保存(A) ｜ 保存しない(N) ｜ キャンセル

作業中のブックの保存に関するメッセージが表示されます。

⑪《**保存しない**》をクリックします。

Microsoft Excel ✕

⚠ 個人用マクロ ブックの変更を保存しますか？ [はい] をクリックすると、次に Microsoft Excel を起動したときにマクロが有効になります。

保存(S) ｜ すべて保存(A) ｜ 保存しない(N) ｜ キャンセル

マクロの保存に関するメッセージが表示されます。

⑫《**保存**》をクリックします。

※「PERSONAL」というブック名で自動的に保存されます。

POINT 個人用マクロブックの保存

個人用マクロブックを保存すると、お使いの環境によって、次のようなメッセージが表示される場合があります。その場合は、《OK》をクリックした後に表示される《名前を付けて保存》ダイアログボックスで、次のように指定して保存します。

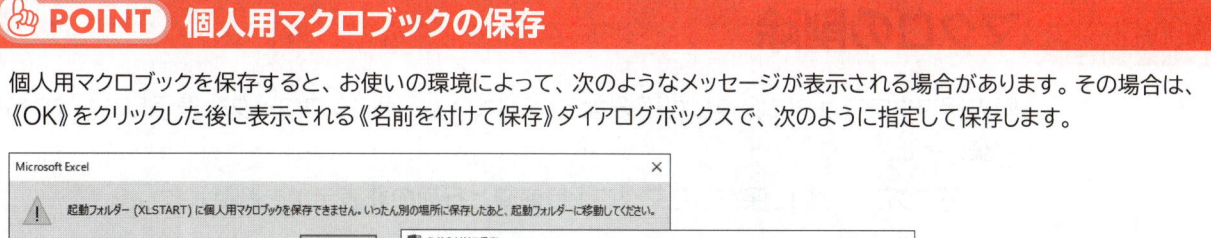

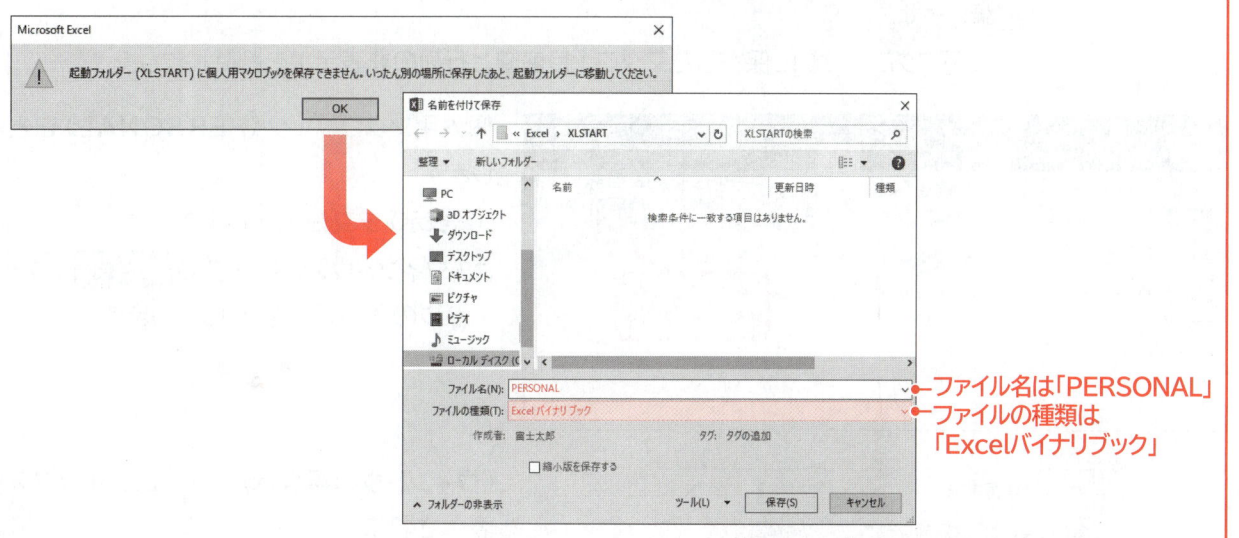

ファイル名は「PERSONAL」
ファイルの種類は「Excelバイナリブック」

3 マクロの実行

個人用マクロブックは、Excelを起動すると自動的に読み込まれます。
新規ブックを開き、マクロ「**目盛線と行列の非表示**」を実行しましょう。
※Excelを起動し、空白のブックを表示しておきましょう。

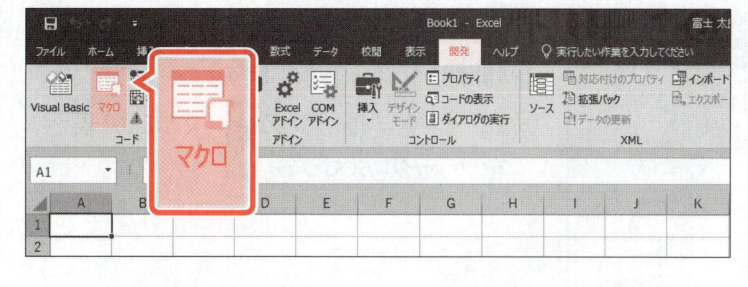

①新規ブックが開いていることを確認します。
②《**開発**》タブを選択します。
③《**コード**》グループの (マクロの表示) をクリックします。

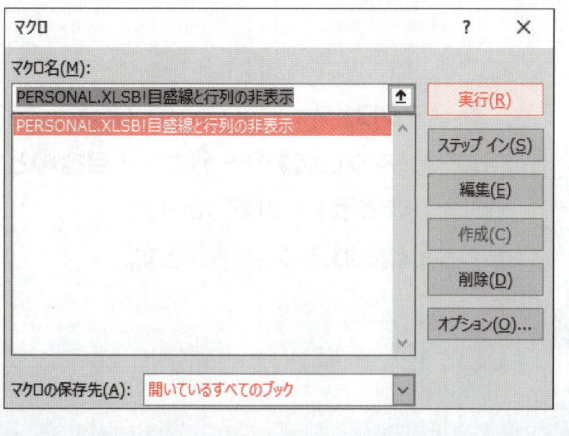

《マクロ》ダイアログボックスが表示されます。
④《**マクロ名**》の一覧から「**PERSONAL. XLSB!目盛線と行列の非表示**」を選択します。
⑤《**マクロの保存先**》が《**開いているすべてのブック**》になっていることを確認します。
⑥《**実行**》をクリックします。

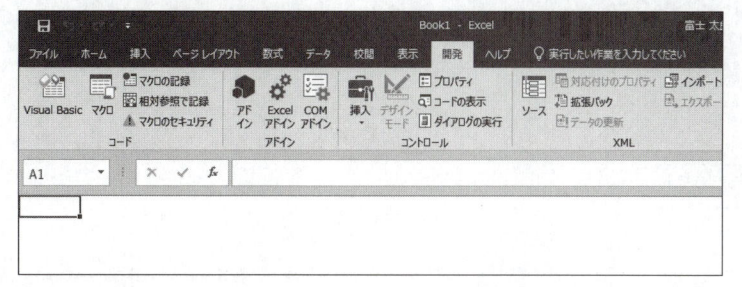

マクロが実行され、目盛線と行列番号が非表示になります。

4 マクロの削除

個人用マクロブックに保存した不要なマクロは、個人用マクロブックを表示して、マクロを削除します。
個人用マクロブックに保存したマクロ「**目盛線と行列の非表示**」を削除しましょう。

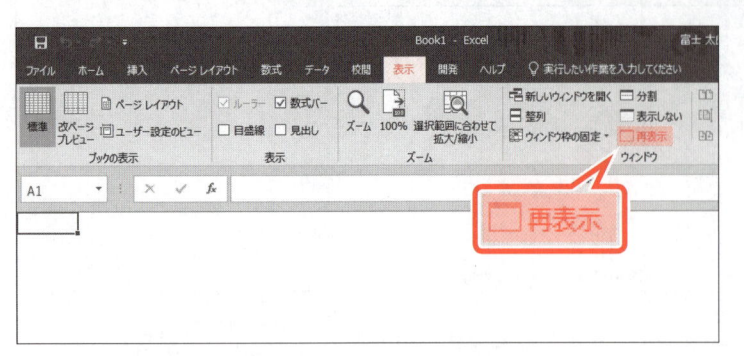

個人用マクロブック《**PERSONAL**》を表示します。

①《**表示**》タブを選択します。

②《**ウィンドウ**》グループの ☐ 再表示 （ウィンドウの再表示）をクリックします。

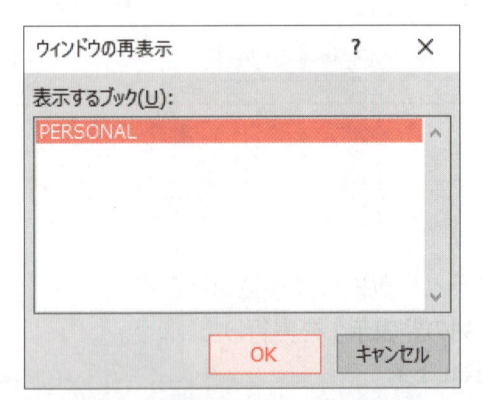

《**ウィンドウの再表示**》ダイアログボックスが表示されます。

③《**PERSONAL**》を選択します。

④《**OK**》をクリックします。

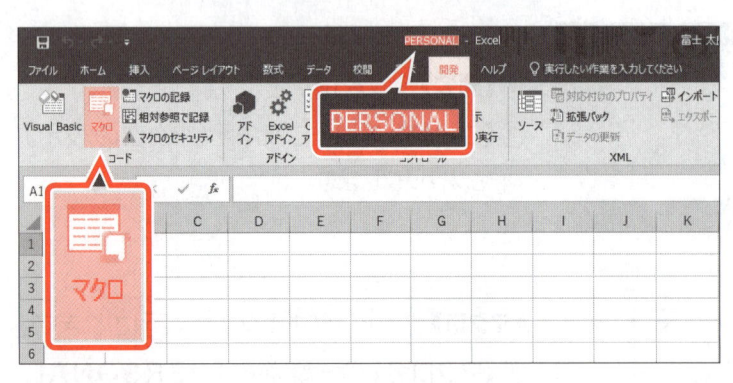

ブック《**PERSONAL**》が表示されます。

⑤《**開発**》タブを選択します。

⑥《**コード**》グループの （マクロの表示）をクリックします。

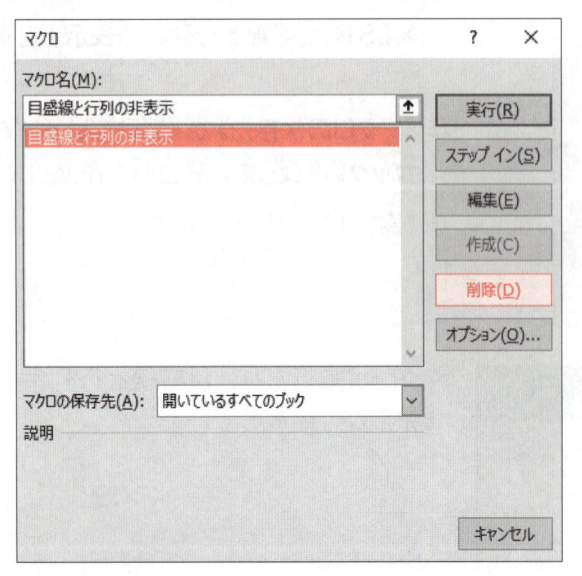

《**マクロ**》ダイアログボックスが表示されます。

⑦《**マクロ名**》の一覧から「**目盛線と行列の非表示**」を選択します。

⑧《**削除**》をクリックします。

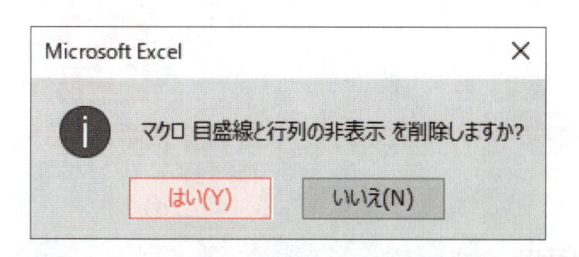

⑨《はい》をクリックします。

ブック《PERSONAL》を非表示にします。

⑩《表示》タブを選択します。

⑪《ウィンドウ》グループの □表示しない （ウィンドウを表示しない）をクリックします。

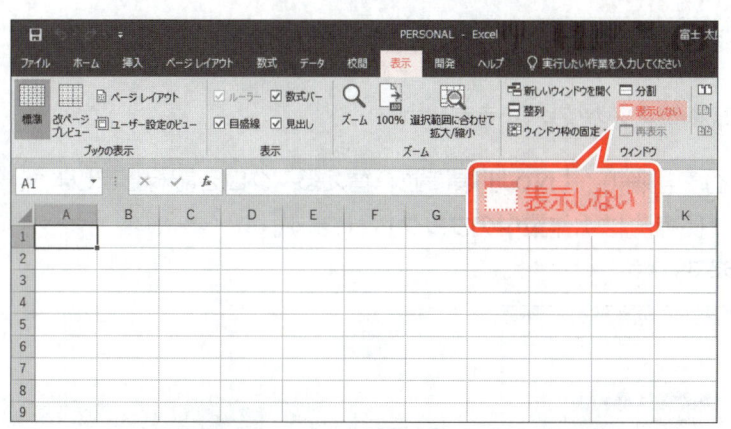

Excelを閉じて個人用マクロブックの変更を保存します。

⑫ × （閉じる）をクリックします。

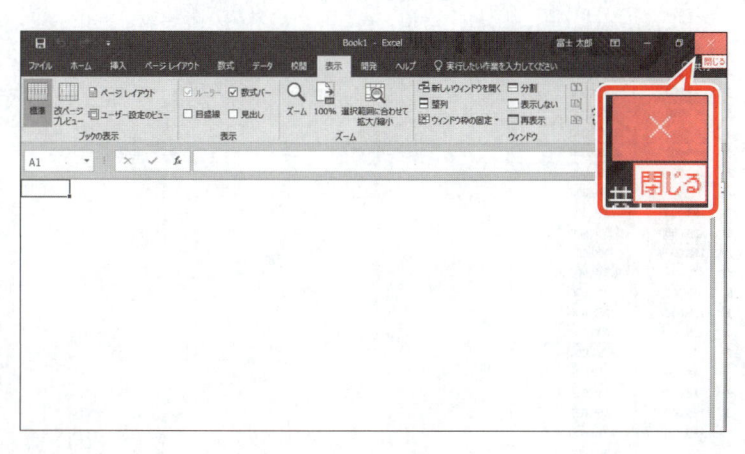

作業中のブックの保存に関するメッセージが表示されます。

⑬《保存しない》をクリックします。

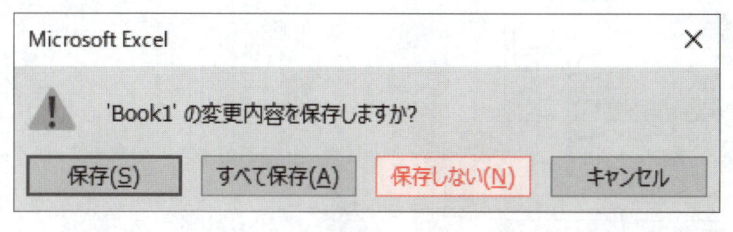

マクロの保存に関するメッセージが表示されます。

⑭《保存》をクリックします。

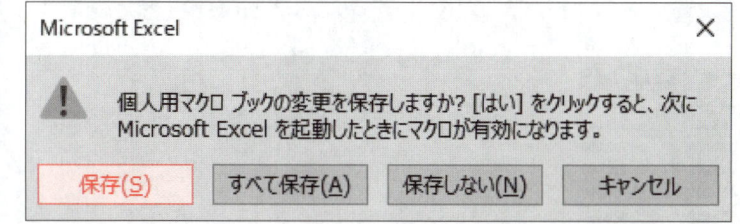

STEP UP 個人用マクロブックの削除

個人用マクロブックが不要な場合は、フォルダー「C:¥ユーザー¥（ユーザー名）¥AppData¥Roaming¥Microsoft¥Excel¥XLSTART」内の「PERSONAL.XLSB」を削除します。

※Excelが起動していると削除できません。

※フォルダー「AppData」は隠しフォルダーになっています。隠しフォルダーを表示するには、タスクバーの ■ （エクスプローラー）→《表示》タブ→《表示/非表示》グループの《☑隠しファイル》にします。

練習問題

解答 ▶ P.2

**OPEN**　ブック「第1章練習問題」を開いておきましょう。

※解答は、FOM出版のホームページで提供しています。P.3「4　学習ファイルと解答の提供について」を参照してください。

※メッセージバーの《コンテンツの有効化》をクリックしておきましょう。

① 「**支店別売上表**」の集計行を削除し、「**No.**」順に並べ替えるマクロを記録しましょう。
　　マクロ名は「**集計削除**」、保存先は「**作業中のブック**」とします。

※ブックを上書き保存し、閉じておきましょう。

No.	支店	分類	商品名	数量	単価（円）	売上金額（円）
			支店別売上表			
2	大阪	家具	テーブル	2	198,000	396,000
3	大阪	家具	テーブル	4	198,000	792,000
7	大阪	家具	ベッド	2	155,000	310,000
8	大阪	家具	テーブル	2	198,000	396,000
13	大阪	家具	テーブル	4	198,000	792,000
17	大阪	衣類	スーツ	8	18,000	144,000
20	大阪	食器	ディナーセット	3	42,000	126,000
	大阪 集計					2,956,000
18	名古屋	家具	テーブル	3	198,000	594,000
22	名古屋	食器	ディナーセット	2	42,000	84,000
	名古屋 集計					678,000
1	福岡	家具	テーブル	3	198,000	594,000
16	福岡	食器	モーニングセット	6	38,000	228,000
19	福岡	家具	テーブル	2	198,000	396,000
	福岡 集計					1,218,000
4	本店	食器	ディナーセット	5	42,000	210,000
5	本店	家具	ベッド	1	155,000	155,000
6	本店	家具	ベッド	4	155,000	620,000
9	本店	食器	ディナーセット	2	42,000	84,000
10	本店	食器	ディナーセット	5	42,000	210,000
11	本店	衣類	スーツ	2	18,000	36,000
14	本店	家具	ベッド	3	155,000	465,000
21	本店	家具	ベッド	2	155,000	310,000
	本店 集計					2,090,000
12	横浜	食器	モーニングセット	8	38,000	304,000
15	横浜	衣類	スーツ	1	18,000	18,000
	横浜 集計					322,000
	総計					7,264,000

売上表

No.	支店	分類	商品名	数量	単価（円）	売上金額（円）
			支店別売上表			
1	福岡	家具	テーブル	3	198,000	594,000
2	大阪	家具	テーブル	2	198,000	396,000
3	大阪	家具	テーブル	4	198,000	792,000
4	本店	食器	ディナーセット	5	42,000	210,000
5	本店	家具	ベッド	1	155,000	155,000
6	本店	家具	ベッド	4	155,000	620,000
7	大阪	家具	ベッド	2	155,000	310,000
8	大阪	家具	テーブル	2	198,000	396,000
9	本店	食器	ディナーセット	2	42,000	84,000
10	本店	食器	ディナーセット	5	42,000	210,000
11	本店	衣類	スーツ	2	18,000	36,000
12	横浜	食器	モーニングセット	8	38,000	304,000
13	大阪	家具	テーブル	4	198,000	792,000
14	本店	家具	ベッド	3	155,000	465,000
15	横浜	衣類	スーツ	1	18,000	18,000
16	福岡	食器	モーニングセット	6	38,000	228,000
17	大阪	衣類	スーツ	8	18,000	144,000
18	名古屋	家具	テーブル	3	198,000	594,000
19	福岡	家具	テーブル	2	198,000	396,000
20	大阪	食器	ディナーセット	3	42,000	126,000
21	本店	家具	ベッド	2	155,000	310,000
22	名古屋	食器	ディナーセット	2	42,000	84,000

売上表

第2章

マクロの編集

VBAの概要

1 プログラム

「**プログラム**」とは、ある物事の行動内容や順番、方法などを指示したものです。プログラムには、「**計画**」「**予定**」という意味もあり、学校の行事一覧やテレビ、ラジオ番組予定などもプログラムといいます。

コンピューターの世界では、キーボードからのデータの入力、データの保存、印刷など、コンピューターに処理をさせる手順や命令がプログラムになります。

このように、プログラムを作成する作業のことを「**プログラミング**」といいます。

2 VBA

マクロを記録すると、「**VBA（Visual Basic for Applications）**」というプログラミング言語で自動的にプログラムが記述されます。

VBAは、Windowsのプログラミング言語である「**VB（Visual Basic）**」をExcelなどのOffice製品のマクロで使用できるように改良したものです。

VBはアプリケーションを限定せず、Windowsがインストールされているコンピューター上であれば実行できるのに対し、VBAはExcelなどのOffice製品がインストールされていないコンピューター上では実行できません。

VBAを習得すると、ExcelだけでなくほかのOffice製品でも活用できます。

Excelでマクロを記録すると、次のようなプログラムがVBAで記述されます。

VBAに記述されるひとつひとつの手順や命令を「**コード**」といいます。

	A	B	C	D	E	F	G	H
1		取引先売上一覧表						
2					担当者別集計			
3								
4		日付	担当者	取引先	商品名	単価	数量	売上金額
5		4月4日	荒木	福丸物産	スキャナー	30,000	5	150,000
6		4月4日	荒木	FOM商事	スキャナー	30,000	8	240,000
7		4月15日	荒木	FOM商事	パソコン	200,000	5	1,000,000
8		4月18日	荒木	福丸物産	パソコン	200,000	15	3,000,000
9		4月19日	荒木	FOM商事	携帯電話	55,000	30	1,650,000
10		4月19日	荒木	福丸物産	スキャナー	30,000	11	330,000
11		4月26日	荒木	福丸物産	スキャナー	30,000	5	150,000
12		4月26日	荒木	FOM商事	ファクシミリ	25,000	6	150,000
13			荒木 集計					6,670,000
14		4月4日	田村	竹芝商事	パソコン	200,000	10	2,000,000
15		4月5日	田村	竹芝商事	スキ			
16		4月15日	田村	竹芝商事	スキ			
17		4月18日	田村	竹芝商事	携帯			
18		4月19日	田村	竹芝商事	パソ			

売上一覧

VBAで記述される

```
Sub 担当者別集計()
'
' 担当者別集計 Macro
'

    Range("B4").Select
    ActiveWorkbook.Worksheets("売上一覧").Sort.SortFields.Clear
    ActiveWorkbook.Worksheets("売上一覧").Sort.SortFields.Add2 Key:=Range("C5:C44")
        SortOn:=xlSortOnValues, Order:=xlAscending, DataOption:=xlSortNormal
    With ActiveWorkbook.Worksheets("売上一覧").Sort
        .SetRange Range("B4:H44")
        .Header = xlYes
        .MatchCase = False
        .Orientation = xlTopToBottom
        .SortMethod = xlPinYin
        .Apply
    End With
    Selection.Subtotal GroupBy:=2, Function:=xlSum, TotalList:=Array(7), _
        Replace:=True, PageBreaks:=False, SummaryBelowData:=True
End Sub
```

3 VBE

記録したマクロを編集したり、VBAを直接入力したりするには、「VBE（Visual Basic
Editor）」を起動してプログラムを記述します。

VBEは、VBAを操作するための専用のアプリケーションで、Excelに標準で添付されてい
ます。

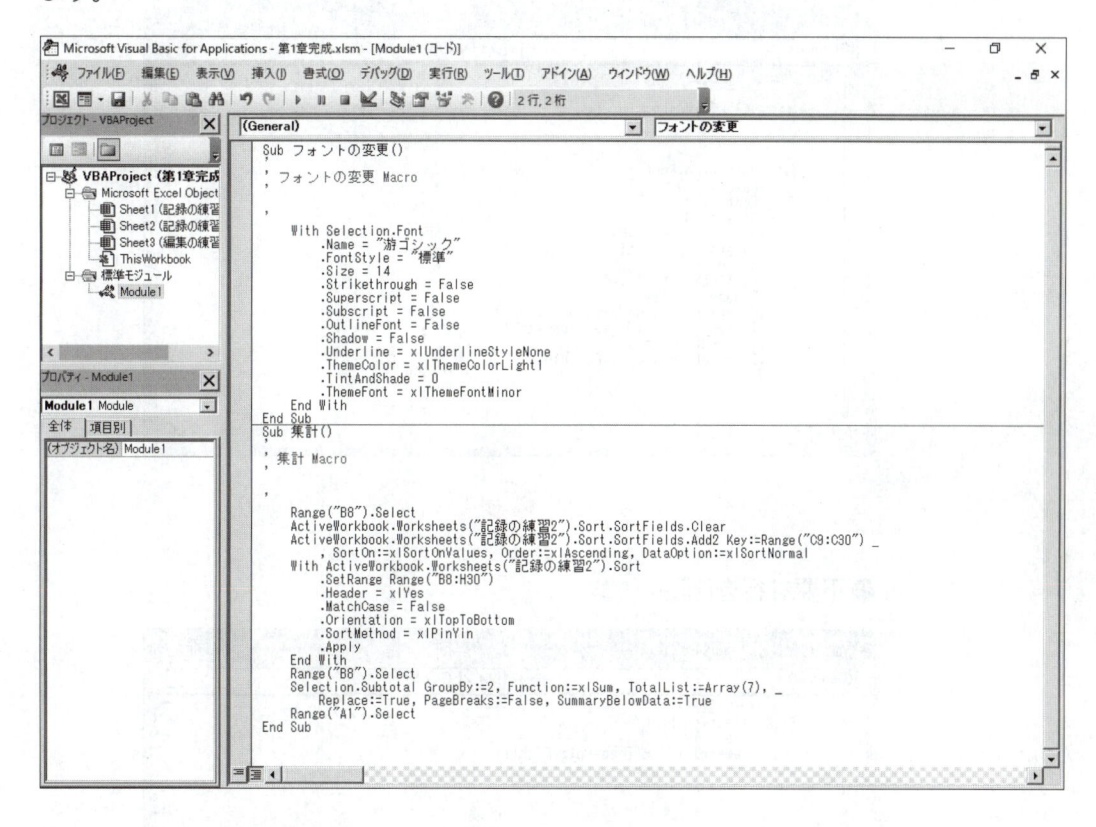

34

1 マクロの編集とVBE

マクロを記録すると、VBAで自動的にコードが記述されるため便利ですが、余計な内容が記録されることもあります。コードはあとから編集できるため、不要な行を削除するなどして必要に応じてコードを編集します。コードを編集するには、VBEを起動します。

●記録したマクロ

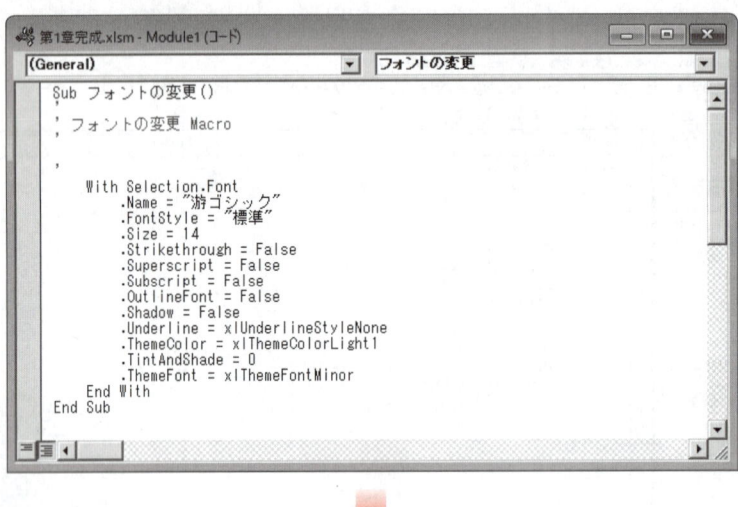

●不要な行を削除

●コードを編集

VBEでマクロを編集する基本的な手順は、次のとおりです。

 **1　VBEを起動する**

VBEを起動します。

 **2　マクロを表示する**

編集するマクロを表示します。

 **3　マクロを編集する**

不要な内容を削除したり、必要な内容を追加したりしてマクロを編集します。

 **4　コンパイルを実行する**

コンパイルを実行して、編集したマクロに間違いがないかどうかをチェックします。

5　動作を確認する

Excelに切り替えて、マクロの動作を確認します。

3 VBEの起動

VBEを起動しましょう。

 **OPEN** 第1章で保存したブック「第1章完成」のシート「編集の練習」を開いておきましょう。

※保存していない場合はフォルダー「完成」にあるブック「第1章（完成）」を開いておきましょう。

※メッセージバーの《コンテンツの有効化》をクリックしておきましょう。

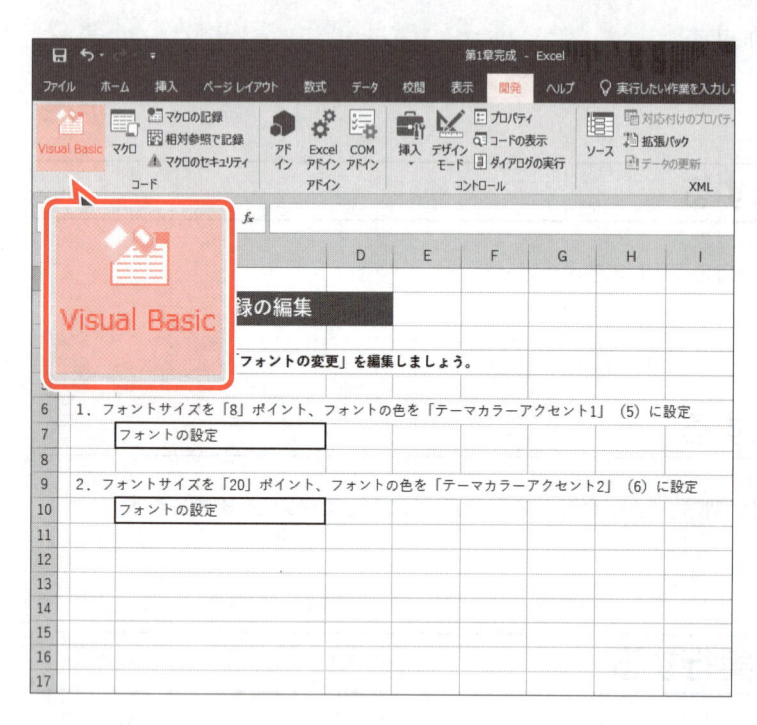

① 《開発》タブを選択します。

② 《コード》グループの ![Visual Basic] （Visual Basic）をクリックします。

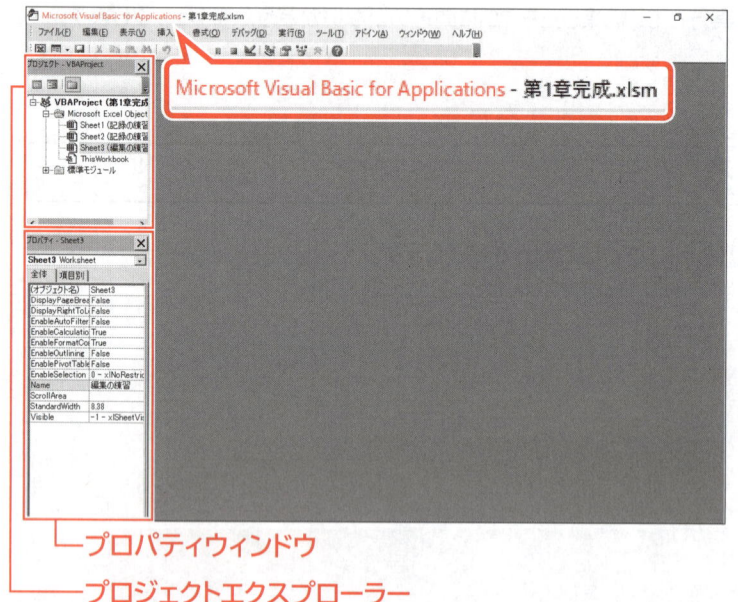

VBEが起動します。

※ウィンドウを最大化しておきましょう。

※左側のウィンドウが表示されていない場合は、《表示》→《プロジェクトエクスプローラー》および《プロパティウィンドウ》をクリックします。

└─ プロパティウィンドウ

└── プロジェクトエクスプローラー

STEP UP その他の方法（VBEの起動）

◆ Alt + F11

STEP UP 《VBAProject（PERSONAL.XLSB）》

個人用マクロブックが作成されていると、プロジェクトエクスプローラーに《VBAProject（PERSONAL.XLSB）》が表示されます。

※本書では、個人用マクロブックを削除しています。

マクロの表示

記録したマクロの内容は「**Module（モジュール）**」内にコードとして記述されます。モジュールを開いて記録したマクロのコードを表示しましょう。

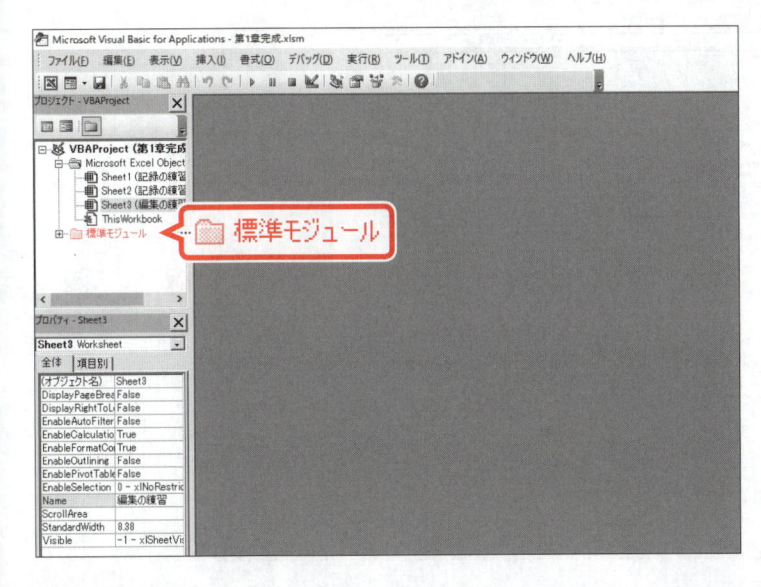

①《**標準モジュール**》をダブルクリックします。

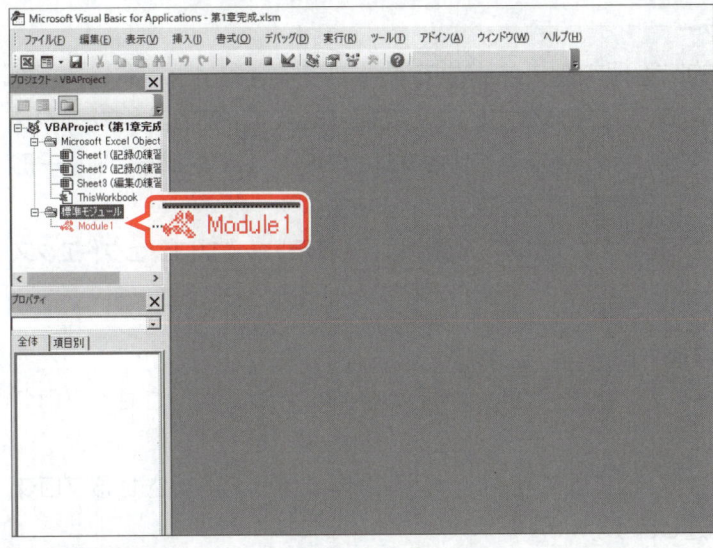

②モジュール「**Module1**」をダブルクリックします。

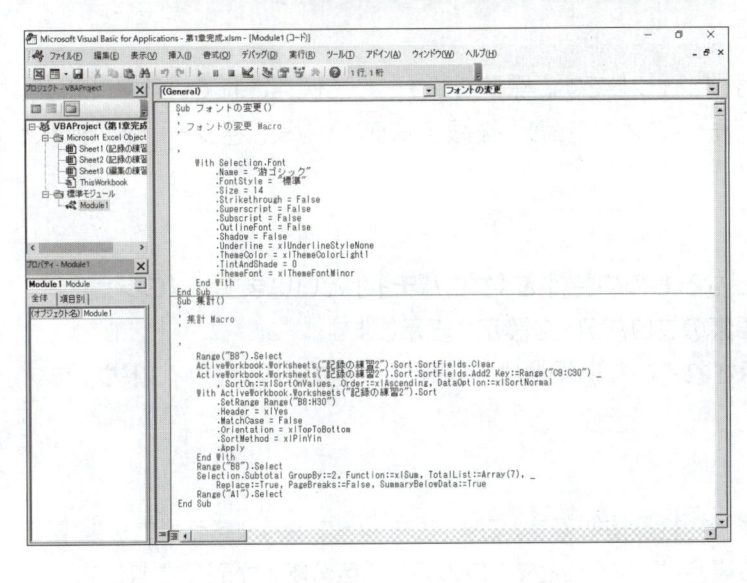

記録したマクロの内容が表示されます。
※ウィンドウを最大化しておきましょう。

5 VBEの画面構成

VBEの各部の名称と役割を確認しましょう。

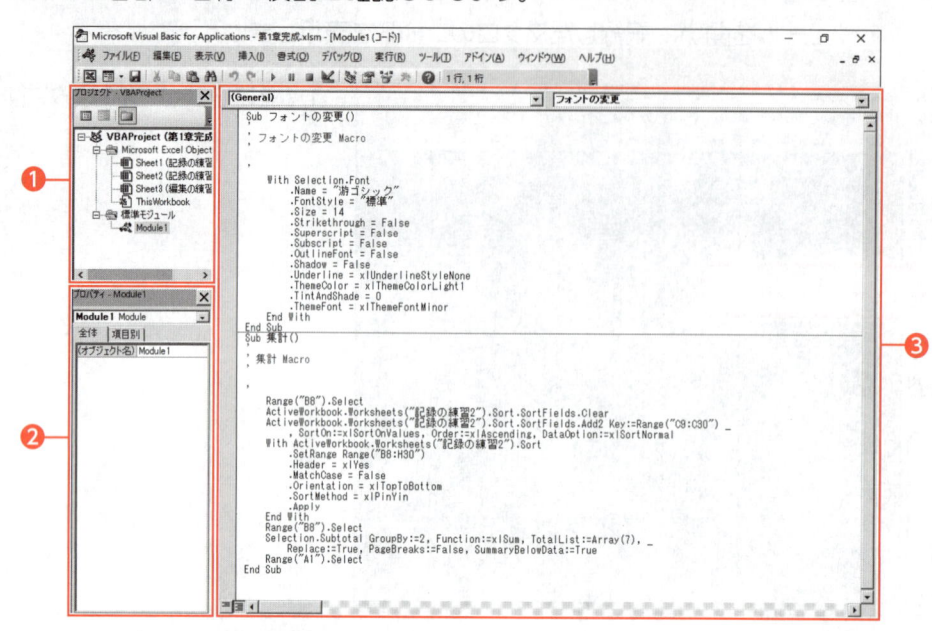

❶プロジェクトエクスプローラー

ブックを構成する要素を階層的に管理するウィンドウです。

VBEではひとつのブックをひとつの**「プロジェクト」**として管理します。プロジェクトエクスプローラーでは、ブック内のマクロやシートなどを**「オブジェクト」**として格納し、ツリー形式で確認できます。

プロジェクトエクスプローラーが表示されていない場合は、**《表示》→《プロジェクトエクスプローラー》**をクリックします。

・Microsoft Excel Objects

Sheet：ブック内のシートのオブジェクトです。シートの操作に伴って実行させるプログラムを記述します。

ThisWorkbook：ブックのオブジェクトです。ブックの操作に伴って実行させるプログラムを記述します。

・標準モジュール

マクロが保存されているオブジェクトです。標準モジュールに保存されているマクロは、プロジェクトエクスプローラー内のオブジェクトを限定することなく、各シートやブックで実行できます。

❷プロパティウィンドウ

色やサイズなど、処理対象となるものの特性を**「プロパティ」**といいます。プロジェクトエクスプローラーで選択した要素のプロパティを設定、表示します。

プロパティウィンドウが表示されていない場合は、**《表示》→《プロパティウィンドウ》**をクリックします。

❸コードウィンドウ

作成したマクロのコードが表示される領域です。コードウィンドウでコードを入力、編集できます。複数のマクロがある場合は、マクロとマクロの間に**「区分線」**が表示されます。また、カーソルがある行のマクロ名がコードウィンドウの右上に表示されます。

マクロを編集する

1 マクロの構成

VBAで記述されたマクロ**「フォントの変更」**の構成を確認しましょう。

■マクロ「フォントの変更」

```
 1. Sub フォントの変更 ()
 2. '
 3. '   フォントの変更 Macro
 4. '
 5.
 6. '
 7.      With Selection.Font
 8.          .Name = "游ゴシック"
 9.          .FontStyle = "標準"
10.          .Size = 14
11.          .Strikethrough = False
12.          .Superscript = False
13.          .Subscript = False
14.          .OutlineFont = False
15.          .Shadow = False
16.          .Underline = xlUnderlineStyleNone
17.          .ThemeColor = xlThemeColorLight1
18.          .TintAndShade = 0
19.          .ThemeFont = xlThemeFontMinor
20.      End With
21. End Sub
```

■マクロの意味

```
 1. マクロ「フォントの変更」の開始
 2.
 3.   コメント　マクロ名「フォントの変更」
 4.
 5.
 6.
 7.      選択したセルのフォントを次のように設定する
 8.          フォント名は「游ゴシック」
 9.          フォントスタイルは「標準」
10.          フォントサイズは「14」ポイント
11          取り消し線は「なし」
12.          上付きは「なし」
13.          下付きは「なし」
14.          アウトラインフォントは「なし」
15.          フォントの影は「なし」
16.          下線は「なし」
17.          フォントの色は「テーマカラーテキスト1」
18.          色合いと影は「なし」
19.          テーマフォントは「本文」
20.      設定の終了
21. マクロの終了
```

2　不要な行の削除

マクロを記録すると、自動的にマクロ名が**「コメント」**として挿入されます。

コメントは実行の対象ではないので、マクロ名以外にも作成日や説明などを追加することができますが、不要な場合は削除できます。

また、マクロの記録中に設定していない項目の内容までマクロに記述される場合がありますが、不要な場合は削除できます。

マクロ**「フォントの変更」**のコメントとそのほかの不要な行を削除しましょう。

ここでは、**「フォントサイズ」**と**「フォントの色」**を変更します。

※コードウィンドウが最大化されていない場合は、操作しやすいように最大化しておきましょう。

次のようにコメントと不要な行を削除します。

①コメントと不要な行を選択し、[Delete]を押します。

②同様に、そのほかの不要な行を削除します。

```
Sub フォントの変更()
'
'    フォントの変更 Macro
'

'
    With Selection.Font
        .Name = "游ゴシック"
        .FontStyle = "標準"
        .Size = 14
        .Strikethrough = False
        .Superscript = False
        .Subscript = False
        .OutlineFont = False
        .Shadow = False
        .Underline = xlUnderlineStyleNone
        .ThemeColor = xlThemeColorLight1
        .TintAndShade = 0
        .ThemeFont = xlThemeFontMinor
    End With
End Sub
```

※赤字の行を削除します。

次の行が残ります。

```
Sub　フォントの変更()
    With Selection.Font
        .Size = 14
        .ThemeColor = xlThemeColorLight1
    End With
End Sub
```

```
(General)                    ▼   フォントの変更

Sub フォントの変更()
    With Selection.Font
        .Size = 14
        .ThemeColor = xlThemeColorLight1
    End With
End Sub
Sub 集計()
'
'  集計 Macro
'

'
    Range("B8").Select
    ActiveWorkbook.Worksheets("記録の練習2").Sort.SortFields.Clear
    ActiveWorkbook.Worksheets("記録の練習2").Sort.SortFields.Add2 Key:=
        , SortOn:=xlSortOnValues, Order:=xlAscending, DataOption:=xlSor
    With ActiveWorkbook.Worksheets("記録の練習2").Sort
        .SetRange Range("B8:H30")
        .Header = xlYes
        .MatchCase = False
        .Orientation = xlTopToBottom
        .SortMethod = xlPinYin
        .Apply
```

3　マクロのコピー

マクロをコピーし、編集して別のマクロに変更できます。

不要な行を削除したマクロ**「フォントの変更」**をコピーし、マクロ名を**「フォントの変更2」**に変更しましょう。

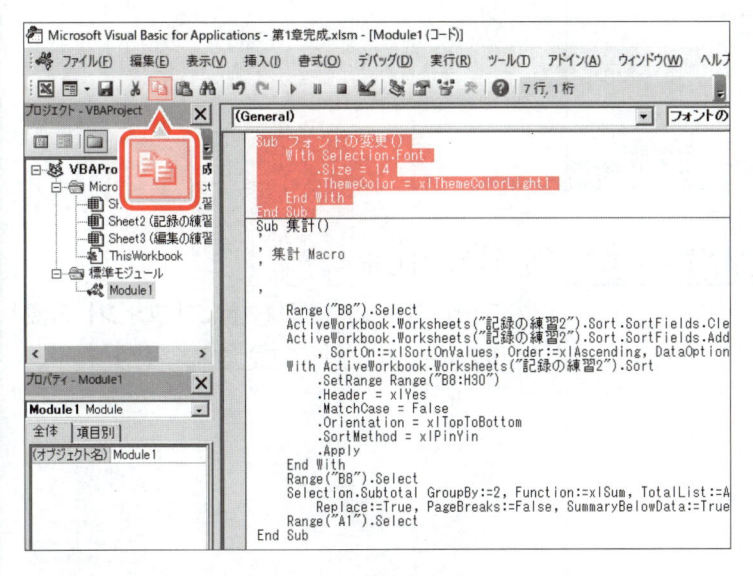

①**「Sub フォントの変更()」**から**「End Sub」**の行を選択します。

※左端をドラッグして選択します。

② 📋 (コピー) をクリックします。

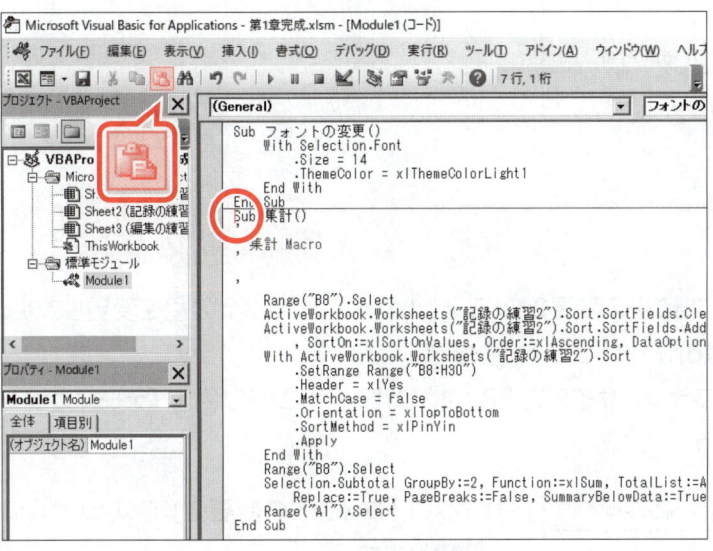

マクロ**「集計」**の前に貼り付けます。

③**「Sub 集計()」**の前にカーソルを移動します。

④ 📋 (貼り付け) をクリックします。

```
(General)                                   集計
  Sub フォントの変更()
      With Selection.Font
          .Size = 14
          .ThemeColor = xlThemeColorLight1
      End With
  End Sub
  Sub フォントの変更()
      With Selection.Font
          .Size = 14
          .ThemeColor = xlThemeColorLight1
      End With
  End Sub
  Sub 集計()
  '
  ' 集計 Macro
  '
  '
      Range("B8").Select
      ActiveWorkbook.Worksheets("記録の練習2").Sort.SortFields.Clear
      ActiveWorkbook.Worksheets("記録の練習2").Sort.SortFields.Add2 Key:=R
          , SortOn:=xlSortOnValues, Order:=xlAscending, DataOption:=xlSort
      With ActiveWorkbook.Worksheets("記録の練習2").Sort
```

マクロ**「フォントの変更」**がコピーされます。

```
(General)                                              ▼  フォントの変更
    Sub フォントの変更()
        With Selection.Font
            .Size = 14
            .ThemeColor = xlThemeColorLight1
        End With
    End Sub
    Sub フォントの変更2()
        With Selection.Font
            .Size = 14
            .ThemeColor = xlThemeColorLight1
        End With
    End Sub
    Sub 集計()
    '
    ' 集計 Macro
    '

    '
        Range("B8").Select
        ActiveWorkbook.Worksheets("記録の練習2").Sort.SortFields.Clear
        ActiveWorkbook.Worksheets("記録の練習2").Sort.SortFields.Add2 Key:=R
            , SortOn:=xlSortOnValues, Order:=xlAscending, DataOption:=xlSort
        With ActiveWorkbook.Worksheets("記録の練習2").Sort
```

マクロ名を変更します。

⑤「フォントの変更」を「フォントの変更2」に変更します。

```
(General)                                              ▼  フォントの変更2
    Sub フォントの変更()
        With Selection.Font
            .Size = 14
            .ThemeColor = xlThemeColorLight1
        End With
    End Sub
    Sub フォントの変更2()
        With Selection.Font
            .Size = 14
            .ThemeColor = xlThemeColorLight1
        End With
    End Sub
    Sub 集計()
    '
    ' 集計 Macro
    '

    '
        Range("B8").Select
        ActiveWorkbook.Worksheets("記録の練習2").Sort.SortFields.Clear
        ActiveWorkbook.Worksheets("記録の練習2").Sort.SortFields.Add2 Key:=R
            , SortOn:=xlSortOnValues, Order:=xlAscending, DataOption:=xlSort
        With ActiveWorkbook.Worksheets("記録の練習2").Sort
```

⑥ ↓ を押します。

⑦コードウィンドウの右上に「**フォントの変更2**」と表示されることを確認します。

4　マクロの編集

コードを書き換えて、マクロ「**フォントの変更2**」のフォントサイズとフォントの色を変更します。フォントの色は「**ThemeColor**」を使って指定します。

マクロ「**フォントの変更2**」のフォントサイズを「**8**」ポイント、フォントの色を「**テーマカラーアクセント1**」に変更しましょう。

```
(General)                                              ▼  フォントの変更2
    Sub フォントの変更()
        With Selection.Font
            .Size = 14
            .ThemeColor = xlThemeColorLight1
        End With
    End Sub
    Sub フォントの変更2()
        With Selection.Font
            .Size = 8
            .ThemeColor = 5
        End With
    End Sub
    Sub 集計()
    '
    ' 集計 Macro
    '

    '
        Range("B8").Select
```

①マクロ「**フォントの変更2**」を次のように編集します。

```
Sub フォントの変更2()
    With Selection.Font
        .Size = 8
        .ThemeColor = 5
    End With
End Sub
```

※数字は半角で入力します。

POINT　テーマの色の設定

ThemeColorでは、オブジェクトの色をテーマの色で設定します。
ブックに適用されているテーマに合わせて色が自動的に変更されます。
設定できるテーマの色の組み込み定数または値は、次のとおりです。
※組み込み定数はExcelであらかじめ定義されている値です。

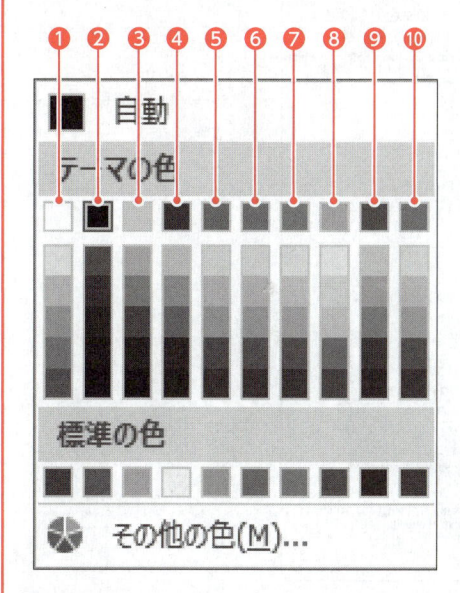

	組み込み定数	値	テーマの色
❶	xlThemeColorDark1	1	背景1
❷	xlThemeColorLight1	2	テキスト1
❸	xlThemeColorDark2	3	背景2
❹	xlThemeColorLight2	4	テキスト2
❺	xlThemeColorAccent1	5	アクセント1
❻	xlThemeColorAccent2	6	アクセント2
❼	xlThemeColorAccent3	7	アクセント3
❽	xlThemeColorAccent4	8	アクセント4
❾	xlThemeColorAccent5	9	アクセント5
❿	xlThemeColorAccent6	10	アクセント6

5　　コンパイルの実行

マクロを編集した場合は、入力したコードの文法に間違いがないかどうかをチェックします。このチェックを「**コンパイル**」といいます。
コンパイル時にエラーが発生した場合は、再度コードに間違いがないかを確認します。
コンパイルを実行し、文法に間違いがないかどうかを確認しましょう。

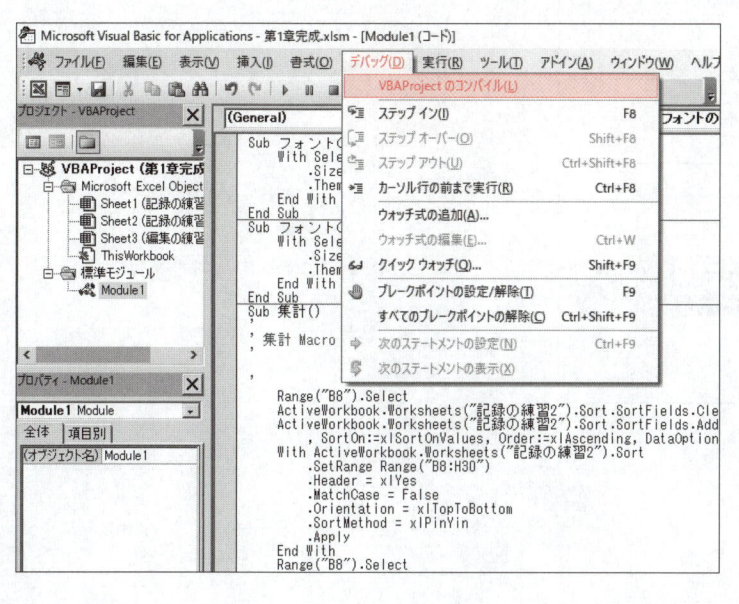

①《**デバッグ**》をクリックします。

②《**VBAProjectのコンパイル**》をクリックします。

※コードの文法に間違いがない場合は、何も表示されません。

POINT エラーが表示された場合

コンパイルを実行した結果、次のような画面が表示されることがあります。これは同じマクロ名が複数あったり、入力したコードに間違いがあったりした場合など、コードにエラーがある場合に表示されます。エラーの内容を確認し、《OK》をクリックして赤字または反転表示されたエラーのある箇所を修正します。

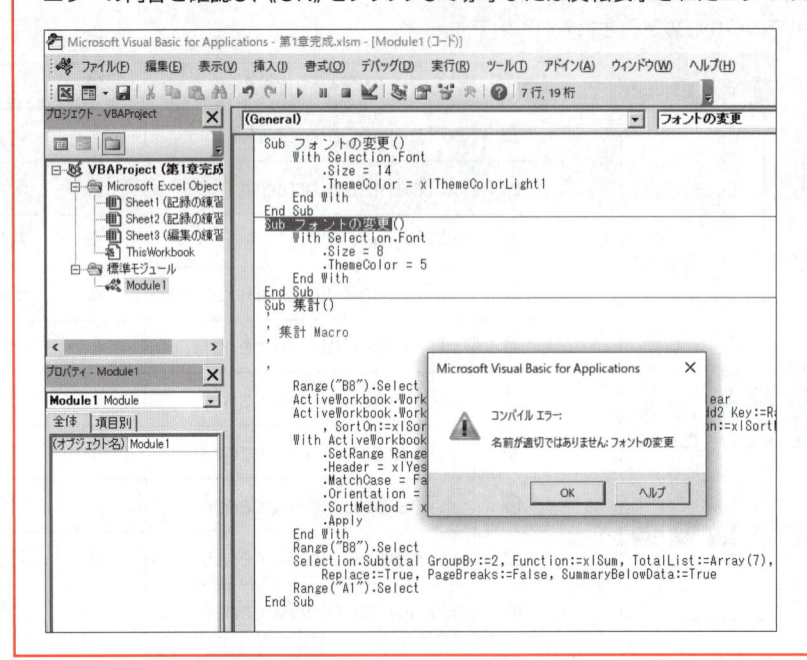

---

6 動作の確認

Excelウィンドウに切り替えて、マクロの動作を確認しましょう。

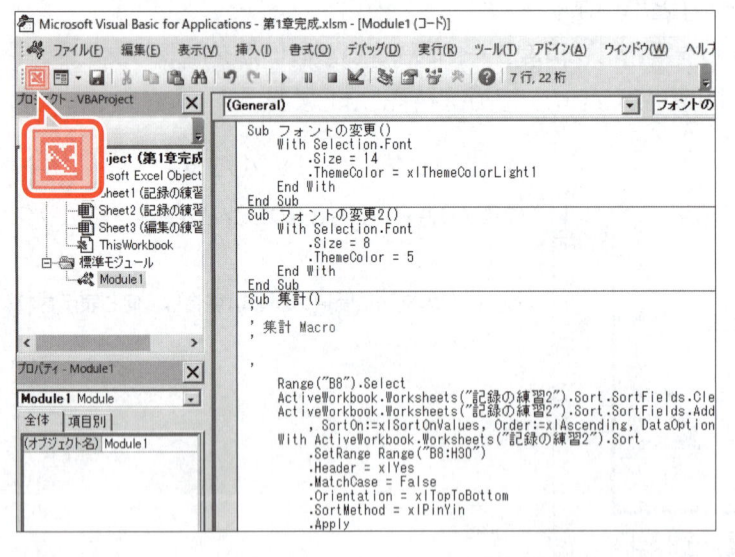

① ▣ （表示Microsoft Excel）をクリックします。

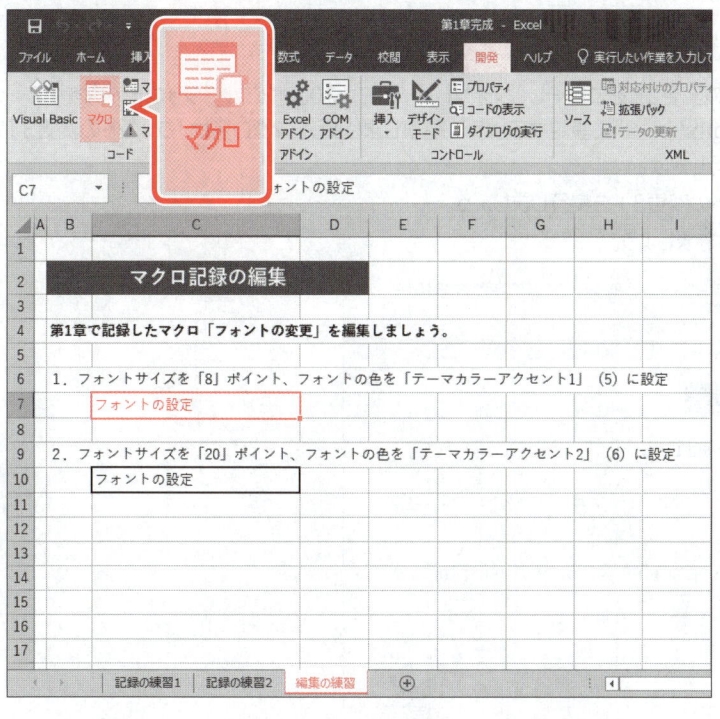

②Excelのシート「**編集の練習**」が表示されていることを確認します。

③セル【C7】をクリックします。

④《**開発**》タブを選択します。

⑤《**コード**》グループの（マクロの表示）をクリックします。

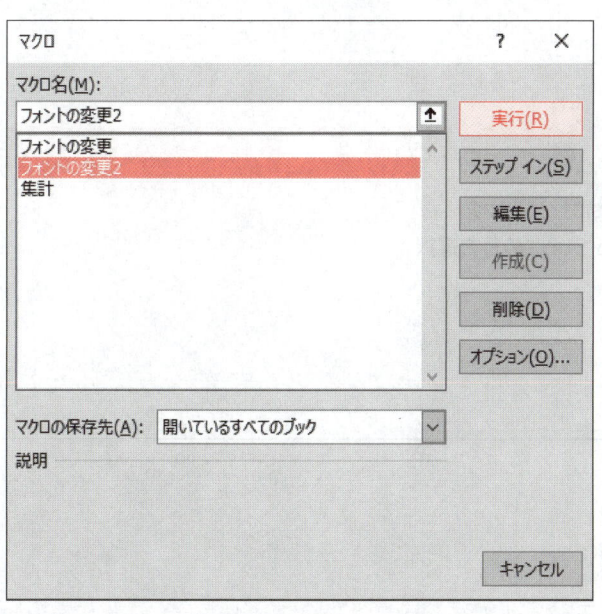

《**マクロ**》ダイアログボックスが表示されます。

⑥《**マクロ名**》の一覧から「**フォントの変更2**」を選択します。

⑦《**実行**》をクリックします。

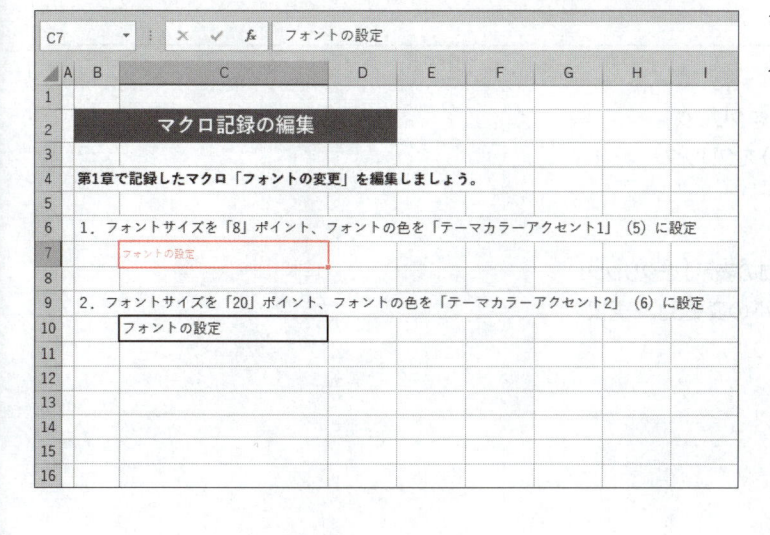

マクロが実行され、セル【C7】のフォントサイズとフォントの色が変更されます。

Let's Try ためしてみよう

VBEに切り替えてマクロ「フォントの変更2」をコピーし、フォントサイズを「20」ポイント、フォントの色を「テーマカラーアクセント2」（ThemeColor ＝ 6）に設定するように編集しましょう。マクロ名は「フォントの変更3」にします。編集後、コンパイルを実行します。

また、セル【C10】にマクロ「フォントの変更3」を実行しましょう。

※ ブックを上書き保存し、閉じておきましょう。

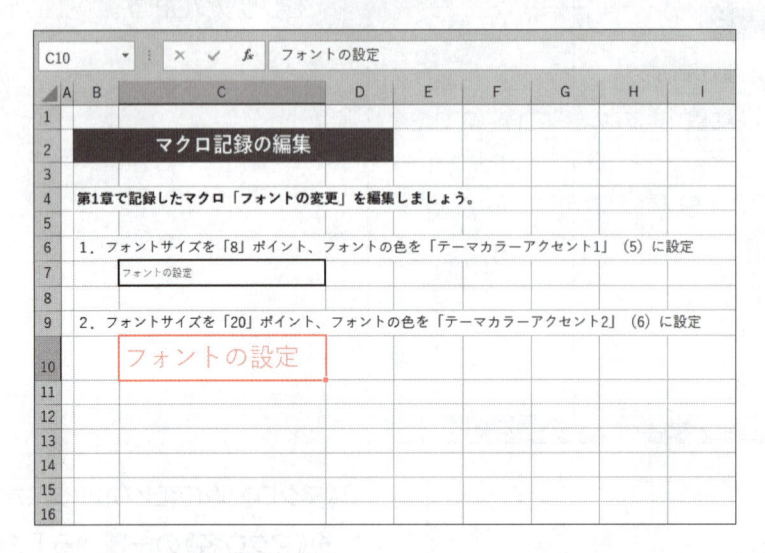

Let's Try Answer

①《開発》タブを選択

②《コード》グループの  （Visual Basic）をクリック

③「Sub フォントの変更2（）」から「End Sub」の行を選択

④ 🗐 （コピー）をクリック

⑤「Sub 集計（）」の前にカーソルを移動

⑥ 🗐 （貼り付け）をクリック

⑦ 次のようにマクロを編集

```
Sub フォントの変更3()
    With Selection.Font
        .Size = 20
        .ThemeColor = 6
    End With
End Sub
```

⑧《デバッグ》をクリック

⑨《VBAProjectのコンパイル》をクリック

⑩ 🖾 （表示Microsoft Excel）をクリック

⑪ セル【C10】をクリック

⑫《開発》タブを選択

⑬《コード》グループの 🖾 （マクロの表示）をクリック

⑭《マクロ名》の一覧から「フォントの変更3」を選択

⑮《実行》をクリック

第3章

モジュールとプロシージャ

Step 1 モジュールの概要

1 モジュール

「モジュール」とは、プログラムを記述するためのシートです。ひとつのモジュールには複数のプログラムを記述できます。

マクロを記録すると、操作内容が「Module（モジュール）」に記述されます。

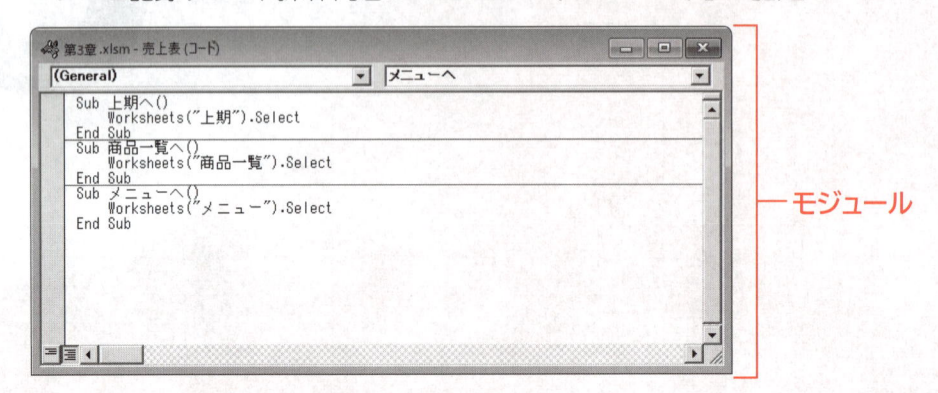

2 モジュールの作成

モジュールを作成するには「**標準モジュール**」を挿入します。

モジュールを作成して、モジュール名を変更しましょう。

 ブック「第3章」を開いて、VBEを起動しておきましょう。

1 モジュールの作成

モジュールを作成しましょう。

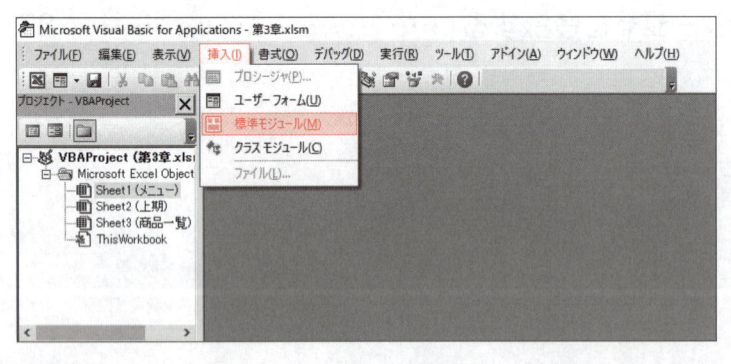

①《挿入》をクリックします。

②《標準モジュール》をクリックします。

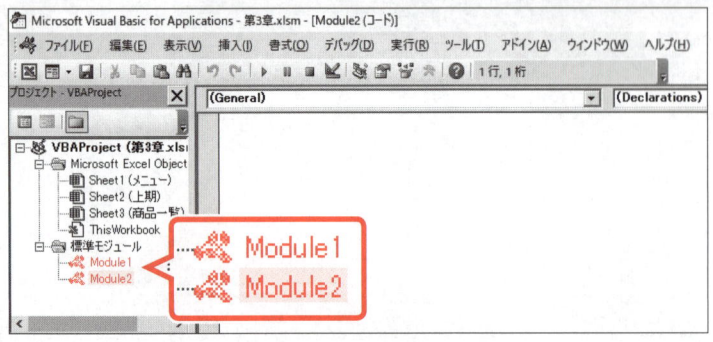

モジュール「**Module1**」が挿入されます。

③同様に、モジュール「**Module2**」を作成します。

STEP UP その他の方法
（モジュールの作成）

◆ （ユーザーフォームの挿入）の → 《標準モジュール》

2 モジュール名の変更

モジュールは、既定で「Module1」、「Module2」…と名前が付いていますが、あとからわかりやすいように変更できます。

モジュール「Module2」を「uriage」に変更しましょう。

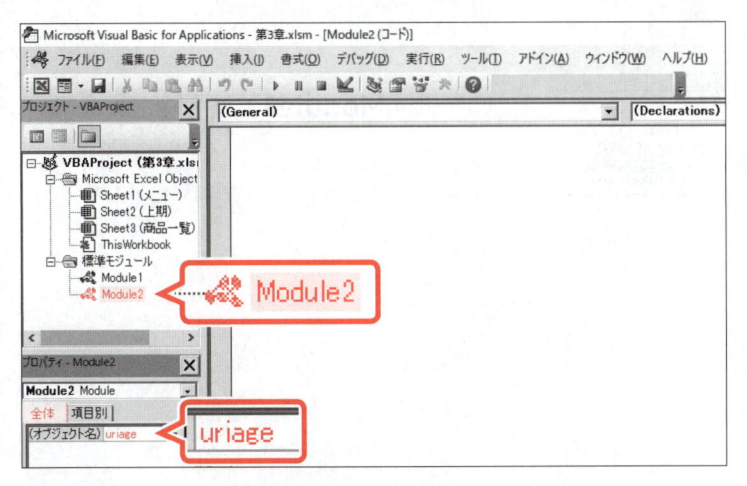

① プロジェクトエクスプローラーのモジュール「Module2」を選択します。
② プロパティウィンドウの《全体》タブを選択します。
③《(オブジェクト名)》に「uriage」と入力します。
④ Enter を押します。

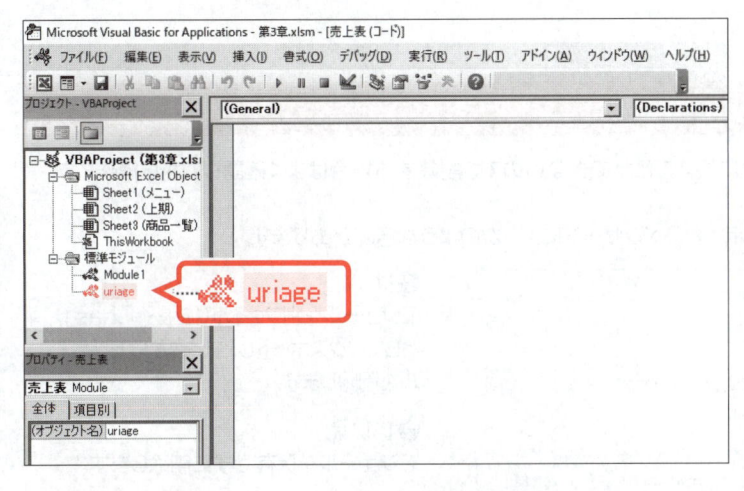

プロジェクトエクスプローラーのモジュール名が変更されます。

3 モジュールの削除

不要になったモジュールは削除できます。

モジュール「Module1」を削除しましょう。

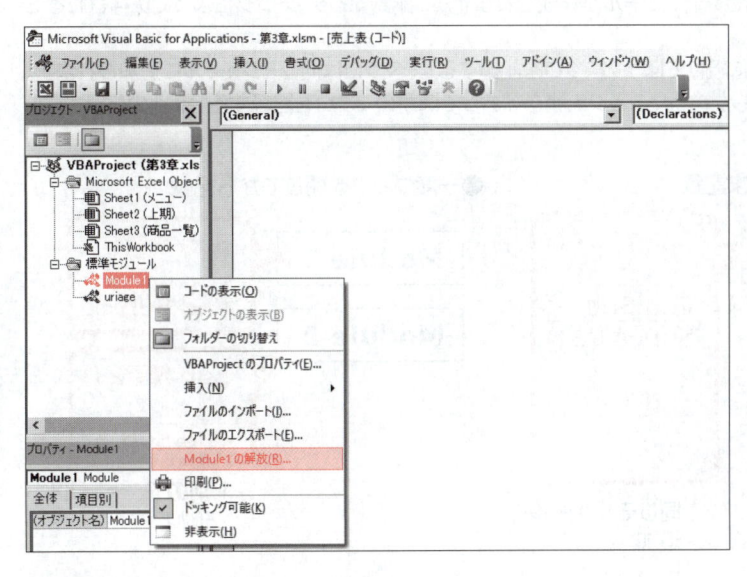

① プロジェクトエクスプローラーのモジュール「Module1」を右クリックします。
②《Module1の解放》をクリックします。

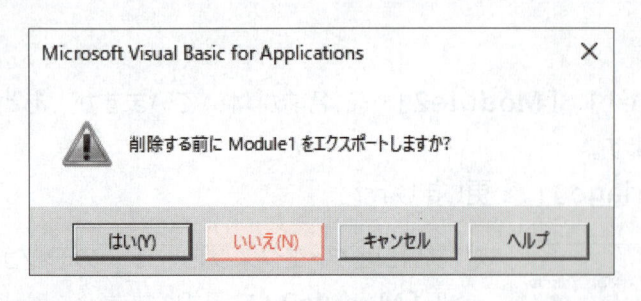

図のようなメッセージが表示されます。
③《いいえ》をクリックします。

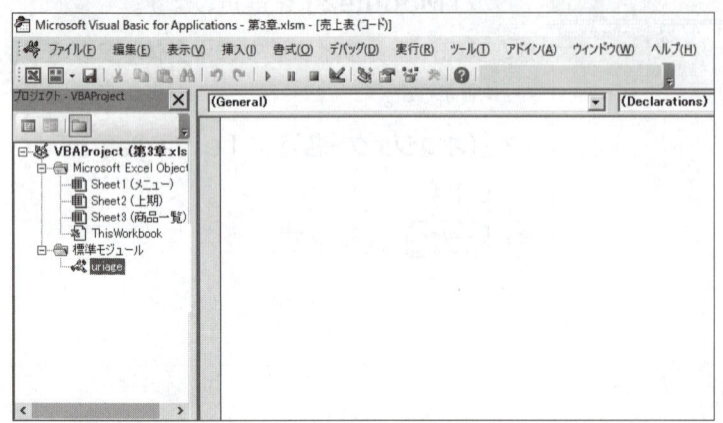

モジュール「Module1」が削除されます。

👆POINT モジュールの削除

一度削除したモジュールはもとに戻すことができないので、削除する場合はよく確認してから操作しましょう。
モジュールを削除するときに表示されるメッセージには、次のような意味があります。

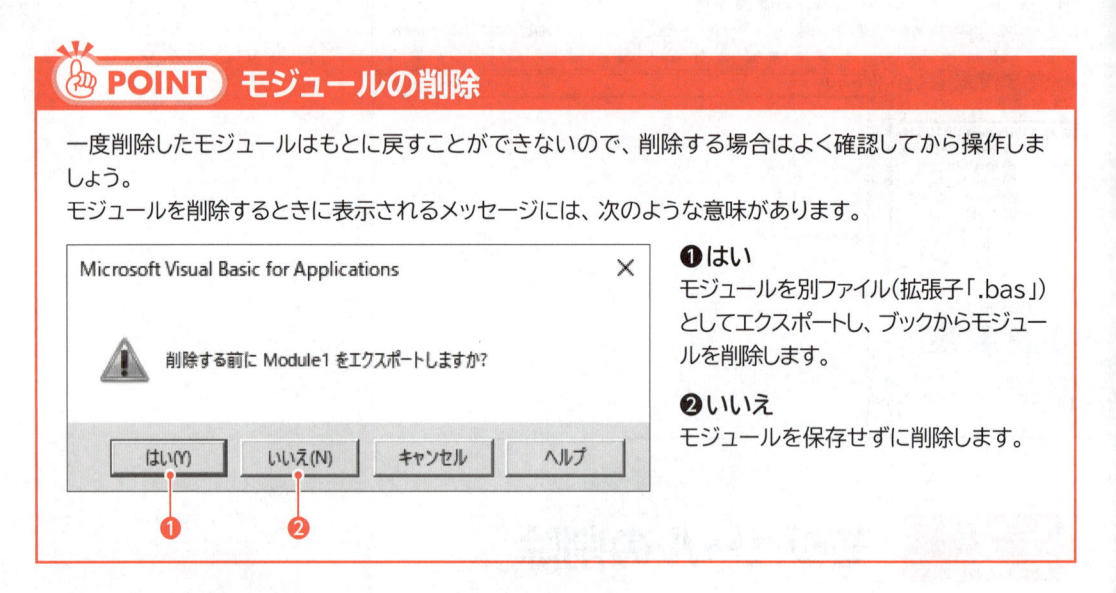

❶はい
モジュールを別ファイル(拡張子「.bas」)としてエクスポートし、ブックからモジュールを削除します。

❷いいえ
モジュールを保存せずに削除します。

STEP UP 記録したマクロの保存先

マクロを記録すると新しいモジュールが作成されますが、記録するタイミングによって保存されるモジュールは異なります。
マクロを記録したあとに続けてほかのマクロを記録すると、マクロは同じモジュールに追加されます。
しかし、マクロを記録したあとにブックを開きなおしてほかのマクロを記録すると、別のモジュールに追加されます。

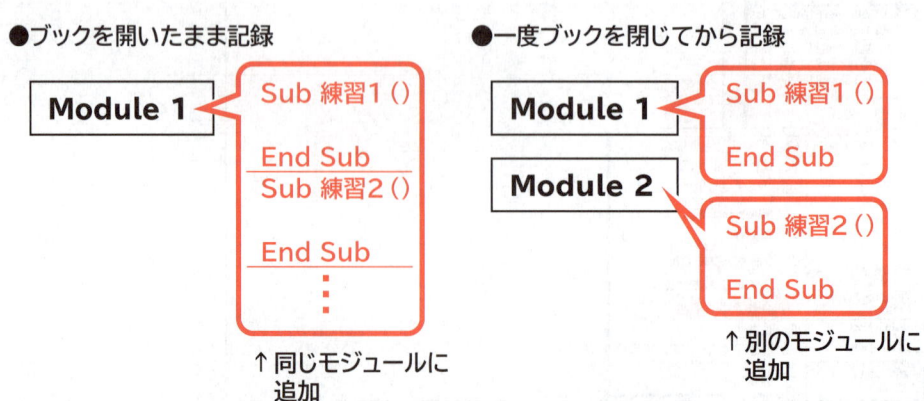

●ブックを開いたまま記録

Module 1
Sub 練習1 ( )

End Sub
Sub 練習2 ( )

End Sub
⋮

↑同じモジュールに
追加

●一度ブックを閉じてから記録

Module 1
Sub 練習1 ( )

End Sub

Module 2
Sub 練習2 ( )

End Sub

↑別のモジュールに
追加

1 プロシージャ

VBAでは、モジュールに記述されたプログラムのことを「**プロシージャ**」といいます。ひとつのモジュールには複数のプロシージャを記述でき、「**Sub**」から「**End Sub**」までがプログラムとして実行できる最小単位になります。この「**Sub**」から「**End Sub**」までのまとまりを「**Subプロシージャ**」といいます。マクロの記録を行った場合も、Subプロシージャが自動的にモジュールに記述されます。

また、プロシージャに記述された各行の命令文を「**ステートメント**」といいます。

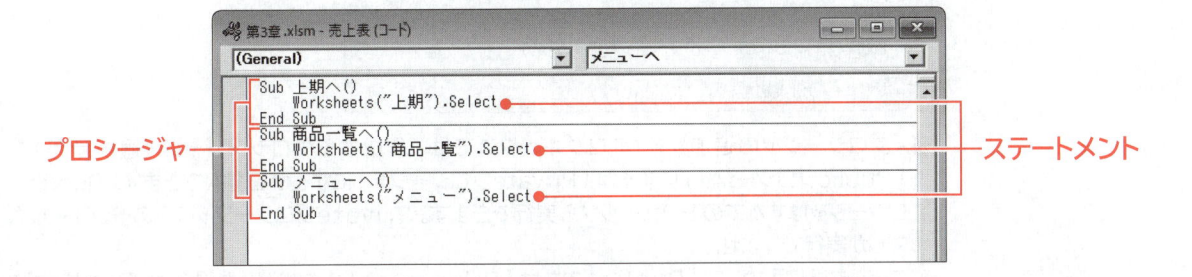

2 プロシージャの作成

コードウィンドウにコードを直接入力してプロシージャを作成しましょう。

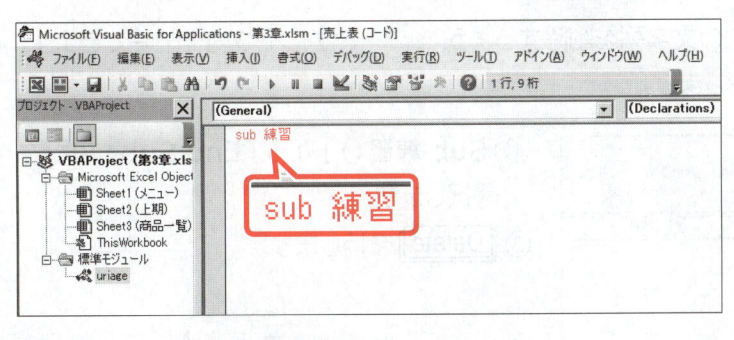

①コードウィンドウにカーソルを移動し、「**sub 練習**」と入力します。

※subの後に半角スペースを入力します。

②[Enter]を押します。

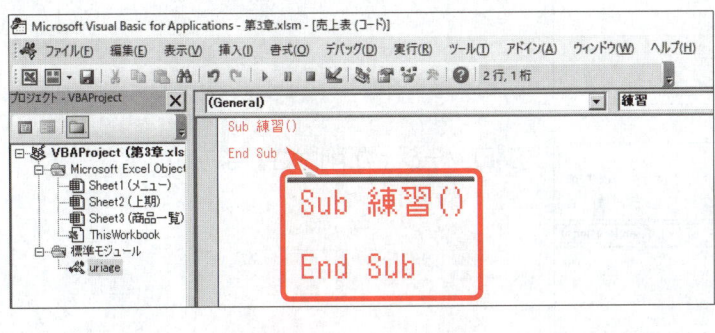

「**Sub 練習**」の後ろに「**()**」、2行下に「**End Sub**」が自動的に入力され、プロシージャが作成されます。

> **STEP UP** コードの入力
>
> コードを入力するときは、アルファベットの大文字と小文字は意識せずに入力できます。スペルが正しければ、別の行にカーソルが移動したときに大文字と小文字が自動的に正しく変換されます。大文字と小文字の自動変換が行われない場合は、スペルが間違っている可能性があります。
> また、入力したスペルは間違っていないのに構文エラーになってしまう場合は、コードとコードの区切りにスペースが入っていなかったり、「.(ピリオド)」と入力すべきところを「,(カンマ)」と入力していたりする可能性があります。

プロシージャは、内容ごとに自動的に色分けされ、見やすく表示されます。
「Sub」や「End Sub」などは、VBAの仕様であらかじめ定められている「予約語」といい、ほかの目的で使うことができない単語です。予約語は青色の文字で表示され、コメントは緑色の文字で表示されます。

◆コードウィンドウにカーソルを移動→《挿入》→《プロシージャ》→《名前》にプロシージャ名を入力→《種類》の《◉Subプロシージャ》

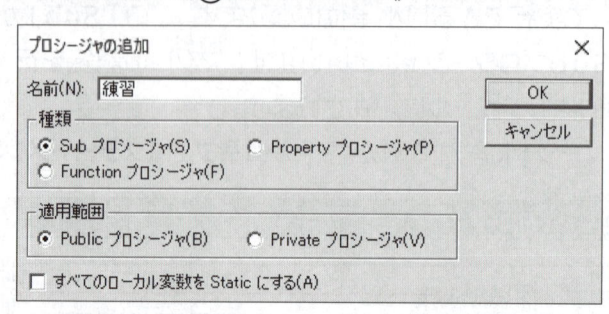

※《プロシージャの追加》ダイアログボックスでは、作成するプロシージャの《適用範囲》を「Publicプロシージャ」にするか「Privateプロシージャ」にするかを選択できます。Publicプロシージャはすべてのモジュールから実行できます。Privateプロシージャはそのモジュール内でしか実行できません。
コードを直接入力して「Public」または「Private」の入力を省略した場合は、Publicプロシージャになります。

3　プロシージャの削除

作成したプロシージャは、通常の文字列を削除するように、コードウィンドウ内で削除できます。
作成したプロシージャを削除しましょう。

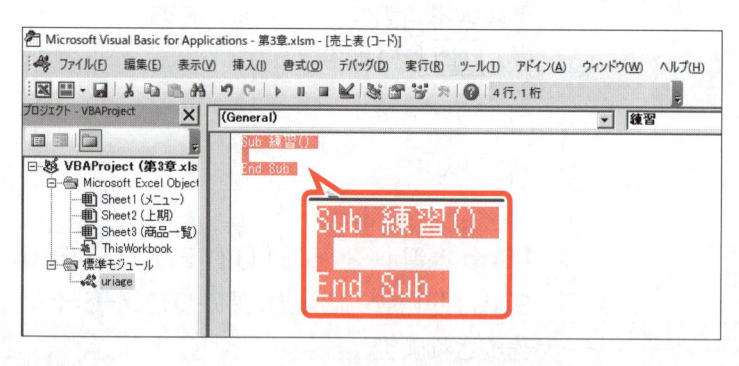

①「Sub 練習()」から「End Sub」の行を選択します。
②Delete を押します。

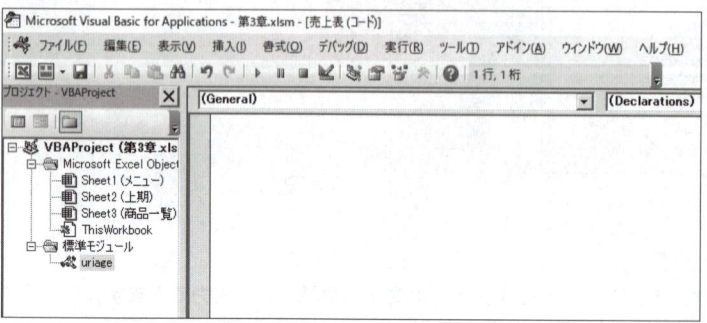

プロシージャが削除されます。

◆削除するプロシージャを選択→《編集》→《クリア》

プロシージャの構成要素

1 プロシージャの構成要素

プロシージャの各ステートメントは**「オブジェクト」**、**「プロパティ」**、**「メソッド」**で構成されます。
プロシージャの構成要素を確認しましょう。

2 オブジェクト

処理の対象となるものを**「オブジェクト」**といいます。オブジェクトには、ブック、シート、セルなどがあります。

●VBAの各オブジェクト

1 オブジェクトの階層構造

VBAでは、各オブジェクトが親子関係を持ち、オブジェクトの関係を階層構造で表現できます。例えば、セルの親はシート、シートの親はブック、ブックの親はアプリケーションになります。

Application　アプリケーション

Workbooks　ブック

Worksheets　シート

Range　セル

オブジェクトは、上位の階層から順に「.(ピリオド)」で区切って入力します。

例：Excelのブック「Book1.xlsm」のシート「Sheet1」

```
Application.Workbooks("Book1.xlsm").Worksheets("Sheet1")
```

また、親オブジェクトの記述は省略できます。省略した場合、アクティブなオブジェクトが親オブジェクトとして認識されます。

例：現在アクティブになっているブックのシート「Sheet1」

```
Worksheets("Sheet1")
```

2 オブジェクトのコレクション

同じオブジェクトの集まりをオブジェクトの**「コレクション」**といいます。コレクションはオブジェクトを複数形で表現します。

例えば、開いているすべてのブックを**「Workbooksコレクション」**、指定されたブックまたは作業中のブックにあるすべてのシートを**「Worksheetsコレクション」**といいます。

オブジェクトのコレクションを指定するには、複数のオブジェクトをまとめて指定する場合と、複数のオブジェクトの中からひとつを指定する場合があります。

●複数のオブジェクトを指定する

複数のオブジェクトをまとめて処理対象とする場合は、オブジェクトをコレクションとして指定します。

構 文	コレクション

例：現在開いているすべてのブックを返す

```
Workbooks
```

例：現在アクティブになっているブックのすべてのシートを返す

```
Worksheets
```

●複数のオブジェクトの中からひとつを指定する

コレクションの中からオブジェクトを指定するには、特定のオブジェクトを指定します。

構 文	コレクション("名前")

例：シートの中からシート「Sheet1」を返す

```
Worksheets("Sheet1")
```

プロパティ

オブジェクトが持つ特徴を「**プロパティ**」といいます。プロパティに値を代入することで、オブジェクトの色やサイズを設定できます。また、プロパティの値を取得して、オブジェクトの状態を調べることもできます。プロパティは対象となるオブジェクトのあとに、「**.（ピリオド）**」で区切って入力します。

構　文	オブジェクト.プロパティ ＝ 設定値

例：シート「Sheet1」のセル【A1】のフォントをテーマの色の値「5」に設定する

```
Worksheets("Sheet1").Range("A1").Font.ThemeColor = 5
```
　　　　　　　　オブジェクト　　　　　　　プロパティ　設定値

構　文	オブジェクト.プロパティ

例：シート「Sheet1」のセル【A1】のフォントのテーマの色を取得する

```
Worksheets("Sheet1").Range("A1").Font.ThemeColor
```
　　　　　　　　オブジェクト　　　　　　　プロパティ

👆POINT　コレクションとプロパティ

コレクションの中から特定のオブジェクトを指定するには、「Workbooks("Book1.xlsm")」や「Worksheets("Sheet1")」のように記述します。この「Workbooks」や「Worksheets」はオブジェクトを取得するためのプロパティになります。目的のブックを取得するには「Workbooks」プロパティ、目的のシートを取得するには「Worksheets」プロパティ、目的のセルを取得するには「Range」プロパティを使います。プロパティを使って、目的のオブジェクトを取得することが、VBAプログラミングの第一歩となります。

●ブックの取得方法

プロパティ	意味
Workbooks("商品一覧.xlsm")	ブック「商品一覧」を返す
Workbooks(3)	3番目に開いたブックを返す

●シートの取得方法

プロパティ	意味
Worksheets("売上表")	シート「売上表」を返す
Worksheets(3)	左から3番目のワークシートを返す

●セルの取得方法

プロパティ	意味
Range("B5")	セル【B5】を返す
Range("A1:C3")	セル範囲【A1:C3】を返す
Range("商品リスト")	「商品リスト」という名前のセル範囲を返す
Range("A1:C3, D4:F6")	セル範囲【A1:C3】とセル範囲【D4:F6】を返す

4　メソッド

移動や削除など、オブジェクトを直接操作できる命令のことを「**メソッド**」といいます。
メソッドは対象となるオブジェクトのあとに、「**．(ピリオド)**」で区切って入力します。

構　文	オブジェクト．メソッド

例：シート「Sheet1」を削除する

Worksheets ("Sheet1").Delete
　　　オブジェクト　　　　　メソッド

メソッドによっては、いくつかの情報を指定できるものがあります。この情報のことを「**引数**」といいます。
引数の設定値は順番通りに入力し、間を「**，(カンマ)**」で区切ります。
引数を省略するときは、引数を入力せずに「**，**」で区切ります。

構　文	オブジェクト．メソッド　引数Aの設定値，引数Bの設定値，・・・

例：引数A、B、C、D、Eのあるメソッドで引数Aに「10」、引数Bに「20」を設定する

オブジェクト．メソッド　10，20

※引数C、D、Eを省略するときは、「，」を入力する必要はありません。

例：引数A、B、C、D、Eのあるメソッドで引数Aに「10」、引数Dに「40」を設定する

オブジェクト．メソッド　10，，，40

※引数B、Cを省略するときは、引数を入力せずに「，」で区切ります。引数Eを省略するときは、「，」を入力する必要はありません。

👆 POINT　名前付き引数

「名前付き引数」とは、引数名のあとに「：＝設定値」を入力して引数を指定することです。複数の名前付き引数を指定する場合は間を「，」で区切ります。

構　文	オブジェクト．メソッド　A：＝設定値，B：＝設定値，・・・

例：引数A、B、C、D、Eのあるメソッドで引数Bに「20」、引数Dに「50」を設定する

オブジェクト．メソッド　B：＝20，D：＝50

※順不同に入力してもかまいません。

プロシージャを作成する

1 ワークシートの選択

ワークシートを選択するには、「**Worksheets**プロパティ」と「**Select**メソッド」を使います。
Worksheetsプロパティはブック内のすべてのワークシートや特定のワークシートを処理対象にできます。
Selectメソッドは対象のオブジェクトを選択できます。

■Worksheetsプロパティ

ブック内のすべてのワークシートや特定のワークシートを返します。

構　文	Worksheets ("シート名")

■Selectメソッド

オブジェクトを選択します。

構　文	オブジェクト.Select

STEP UP Sheetsプロパティ

ワークシートだけではなくグラフシートも処理対象にするには、「**Sheets**プロパティ」を使います。

■Sheetsプロパティ

ブック内のワークシートやグラフシートを返します。

構　文	Sheets ("シート名")

例：グラフシート「グラフ」を選択する

Sheets ("グラフ") .Select

1 作成するプロシージャの確認

シート「**上期**」を選択するプロシージャを確認しましょう。

■「上期へ」プロシージャ

1. Sub 上期へ ()
2.　　　Worksheets ("上期").Select
3. End Sub

■プロシージャの意味

1.「上期へ」プロシージャ開始
2.　　　シート「上期」を選択
3. プロシージャ終了

2 プロシージャの作成

プロシージャを作成しましょう。

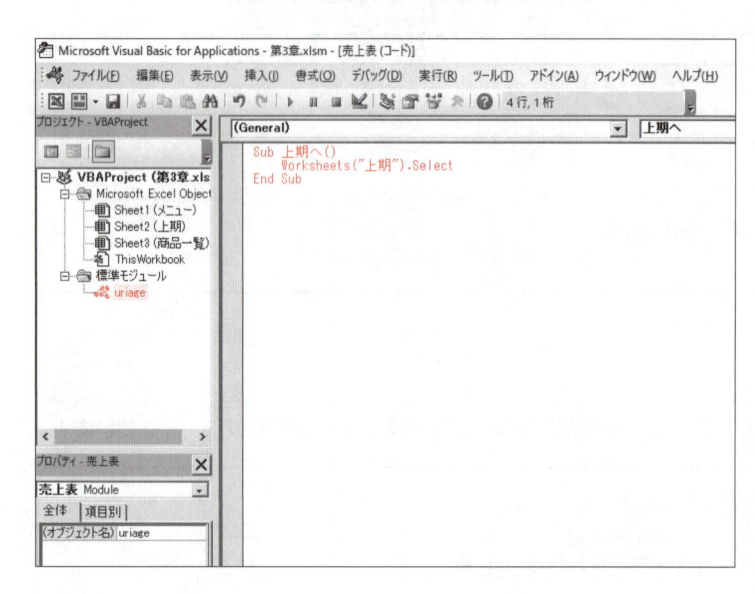

① プロジェクトエクスプローラーのモジュール「**uriage**」が選択されていることを確認します。

② コードウィンドウに「**Sub 上期へ**」と入力します。

③ [Enter] を押します。

「**()**」と「**End Sub**」が自動的に入力されます。

④ [Tab] を押して字下げします。

⑤ 次のように入力します。

```
Sub 上期へ ()
    Worksheets ("上期").Select
End Sub
```

※コンパイルを実行し、上書き保存しておきましょう。

POINT 字下げ（インデント）

コードウィンドウで [Tab] を押すと、字下げできます。
プロシージャの実行結果は変わりませんが、字下げをするとコードが見やすくなります。
字下げをもとに戻すには、[Shift] + [Tab] を押します。

POINT シート名を変更する場合

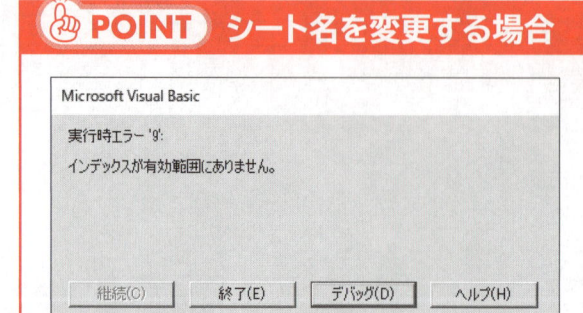

プロシージャでシート名を指定している場合、シート名を変更するとプロシージャの記述と連動せず、実行時にエラーが発生します。
シート名を変更する場合は、プロシージャの記述も修正する必要があります。

Let's Try ためしてみよう

① シート「商品一覧」を選択するプロシージャを作成しましょう。プロシージャ名は「商品一覧へ」にします。

② シート「メニュー」を選択するプロシージャを作成しましょう。プロシージャ名は「メニューへ」にします。

※ コンパイルを実行し、上書き保存しておきましょう。

Let's Try Answer

①

①「上期へ」プロシージャを選択

② 📋 (コピー) をクリック

③「End Sub」の下の行にカーソルを移動

④ 📋 (貼り付け) をクリック

⑤ 次のようにプロシージャを編集

```
Sub 商品一覧へ ()
    Worksheets ("商品一覧").Select
End Sub
```

②

①「商品一覧へ」プロシージャを選択

② 📋 (コピー) をクリック

③ 最終行の「End Sub」の下の行にカーソルを移動

④ 📋 (貼り付け) をクリック

⑤ 次のようにプロシージャを編集

```
Sub メニューへ ()
    Worksheets ("メニュー").Select
End Sub
```

3 動作の確認

プロシージャの動作を確認しましょう。

※ Excelに切り替えておきましょう。

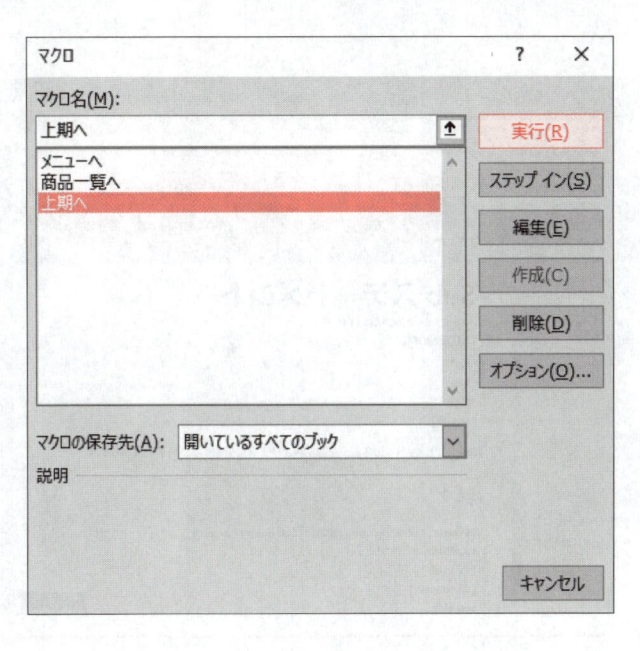

① シート「**メニュー**」を選択します。

「**上期へ**」プロシージャを実行します。

②《**開発**》タブを選択します。

③《**コード**》グループの 🔲 (マクロの表示) をクリックします。

《**マクロ**》ダイアログボックスが表示されます。

④《**マクロ名**》の一覧から「**上期へ**」を選択します。

⑤《**実行**》をクリックします。

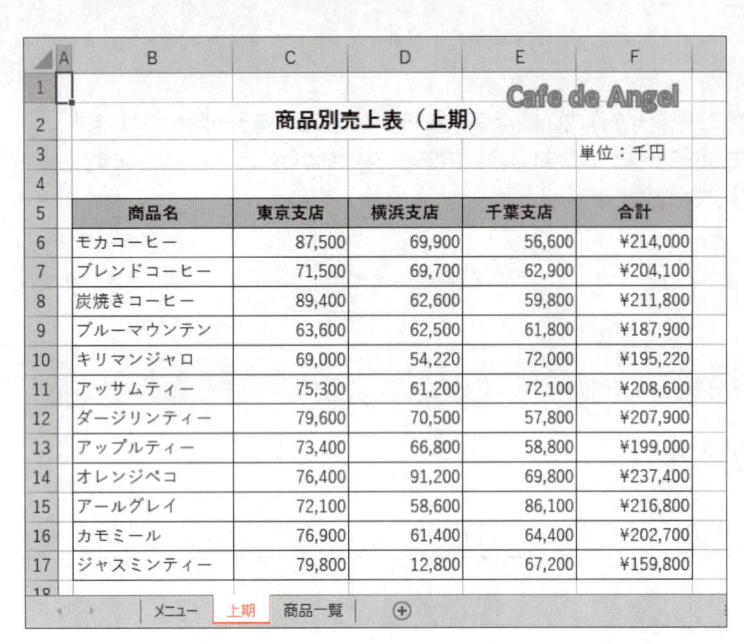

商品名	東京支店	横浜支店	千葉支店	合計
モカコーヒー	87,500	69,900	56,600	¥214,000
ブレンドコーヒー	71,500	69,700	62,900	¥204,100
炭焼きコーヒー	89,400	62,600	59,800	¥211,800
ブルーマウンテン	63,600	62,500	61,800	¥187,900
キリマンジャロ	69,000	54,220	72,000	¥195,220
アッサムティー	75,300	61,200	72,100	¥208,600
ダージリンティー	79,600	70,500	57,800	¥207,900
アップルティー	73,400	66,800	58,800	¥199,000
オレンジペコ	76,400	91,200	69,800	¥237,400
アールグレイ	72,100	58,600	86,100	¥216,800
カモミール	76,900	61,400	64,400	¥202,700
ジャスミンティー	79,800	12,800	67,200	¥159,800

シート「**上期**」に切り替わります。

※ マクロ「商品一覧へ」を実行し、シート「商品一覧」に切り替わることを確認しておきましょう。

※ マクロ「メニューへ」を実行し、シート「メニュー」に切り替わることを確認しておきましょう。

※ シート「上期」に切り替えておきましょう。

POINT　ヘルプの表示

[F1]を使用すると、コードウィンドウでオブジェクト、プロパティ、メソッドなど目的のキーワードに関するヘルプをすばやく表示できます。

※インターネットに接続できる環境が必要です。

◆ 調べたいキーワードにカーソルを移動→[F1]

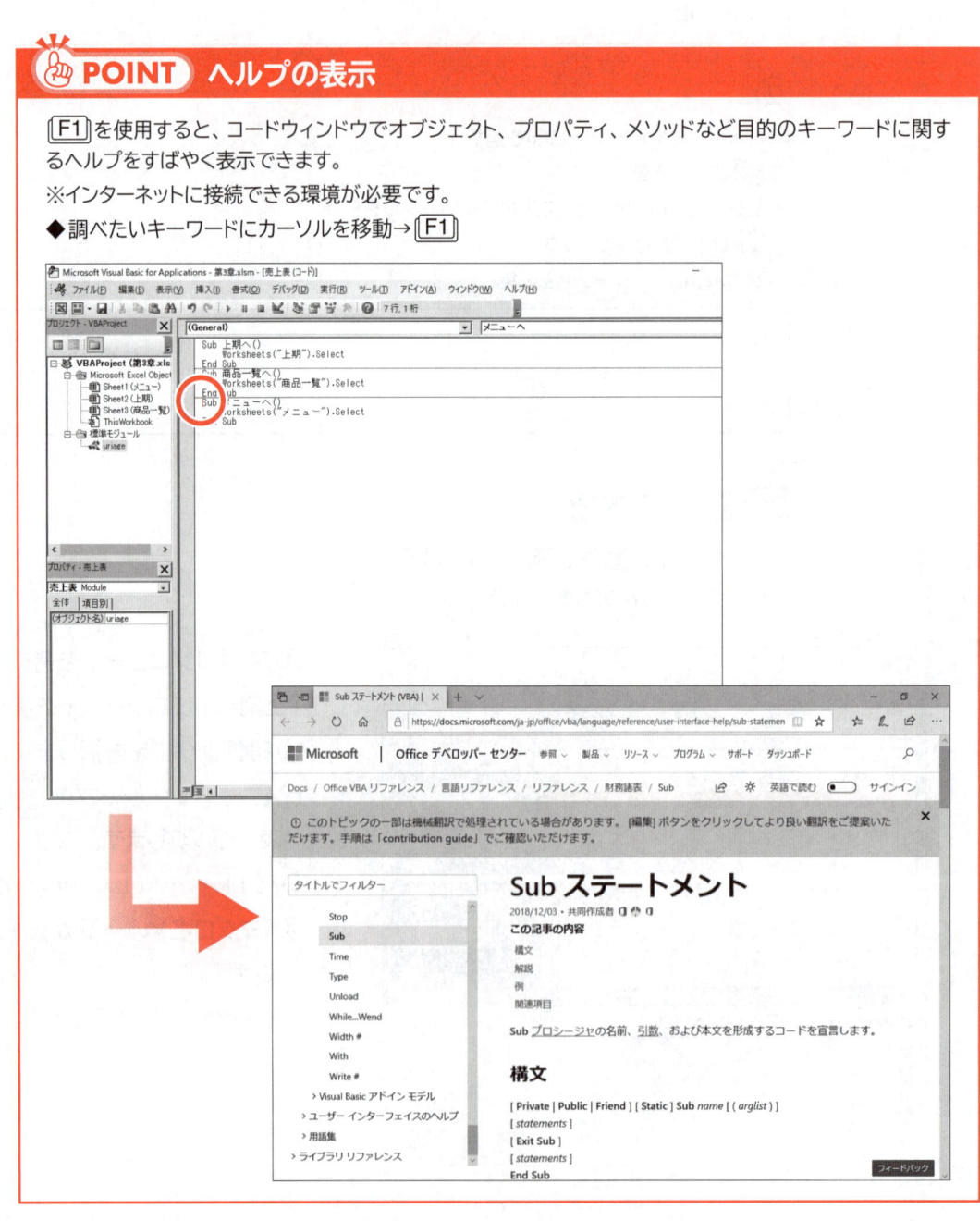

印刷プレビューを表示するには、「PrintPreviewメソッド」を使います。

■PrintPreviewメソッド

オブジェクトの印刷プレビューを全画面で表示します。

構 文	オブジェクト.PrintPreview

---

1 作成するプロシージャの確認

シート「上期」の印刷プレビューを全画面で表示するプロシージャを確認しましょう。

■「印刷プレビュー」プロシージャ

```
1. Sub 印刷プレビュー ()
2.      Worksheets ("上期") .PrintPreview
3. End Sub
```

■プロシージャの意味

```
1.「印刷プレビュー」プロシージャ開始
2.      シート「上期」の印刷プレビューを表示
3. プロシージャ終了
```

2 プロシージャの作成

プロシージャを作成しましょう。

※VBEに切り替えておきましょう。

①最終行の「End Sub」の下の行にカーソルを移動します。

②次のようにプロシージャを入力します。

```
Sub 印刷プレビュー ()
    Worksheets ("上期") .PrintPreview
End Sub
```

※コンパイルを実行し、上書き保存しておきましょう。

3 動作の確認

プロシージャの動作を確認しましょう。

※Excelに切り替えておきましょう。

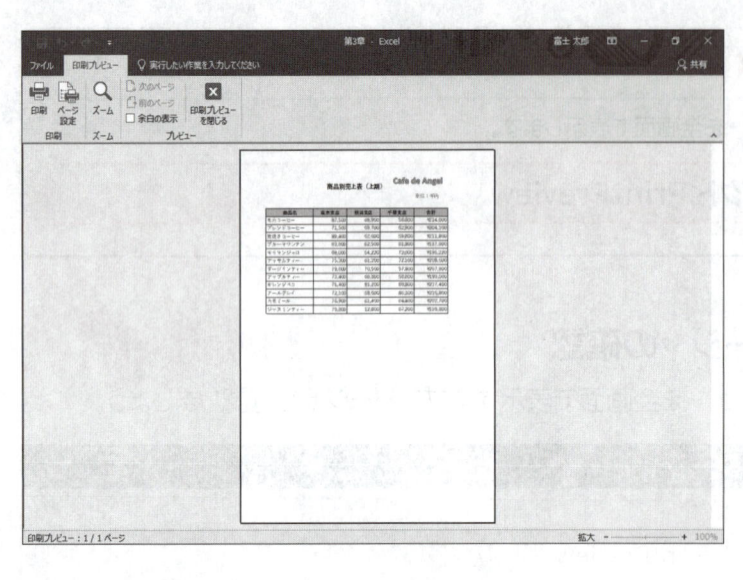

①シート「**上期**」が表示されていることを確認します。

「**印刷プレビュー**」プロシージャを実行します。

②《**開発**》タブを選択します。

③《**コード**》グループの （マクロの表示）をクリックします。

《**マクロ**》ダイアログボックスが表示されます。

④《**マクロ名**》の一覧から「**印刷プレビュー**」を選択します。

⑤《**実行**》をクリックします。

印刷プレビューが表示されます。

※《印刷プレビュー》タブ→《プレビュー》グループの（印刷プレビューを閉じる）をクリックし、印刷プレビューを閉じておきましょう。

3　シートの挿入

シートを挿入するには、「**Addメソッド**」を使います。

■Addメソッド

新しくオブジェクトを追加します。

構　文	オブジェクト.Add

---

1 作成するプロシージャの確認

新しいシートを挿入するプロシージャを確認しましょう。

■「シート追加」プロシージャ

```
1. Sub シート追加 ()
2.     Worksheets.Add
3. End Sub
```

■プロシージャの意味

```
1.「シート追加」プロシージャ開始
2.     シートを追加
3. プロシージャ終了
```

2 プロシージャの作成

プロシージャを作成しましょう。

※VBEに切り替えておきましょう。

①最終行の「**End Sub**」の下の行にカーソルを移動します。

②次のようにプロシージャを入力します。

```
Sub シート追加()
    Worksheets.Add
End Sub
```

※コンパイルを実行し、上書き保存しておきましょう。

 **POINT** 自動メンバー表示

コードウィンドウでは、オブジェクト名を入力すると、自動的に選択可能なメソッドやプロパティをドロップダウンリストに表示し、選択するだけで入力できる機能があります。これを「自動メンバー表示」といいます。

リストから入力するには、入力したい項目をクリックまたは ⬇ で選択し、 Tab を押します。

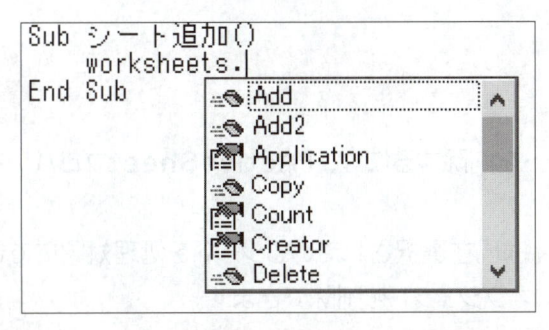

3 動作の確認

プロシージャの動作を確認しましょう。

※Excelに切り替えておきましょう。

①シート「**商品一覧**」を選択します。

「**シート追加**」プロシージャを実行します。

②《**開発**》タブを選択します。

③《**コード**》グループの（マクロの表示）をクリックします。

《**マクロ**》ダイアログボックスが表示されます。

④《**マクロ名**》の一覧から「**シート追加**」を選択します。

⑤《**実行**》をクリックします。

新しいシートが、選択したシートの左側に挿入されます。

シート名を入力するプロシージャ

シートを挿入し、新規シートのシート名を変更するプロシージャを作成する場合は、次のように入力します。

```
Sub シート追加()
    Worksheets.Add
    sheet_name = InputBox("新規シート名を入力してください", "シート名入力")
    ActiveSheet.Name = sheet_name
End Sub
```

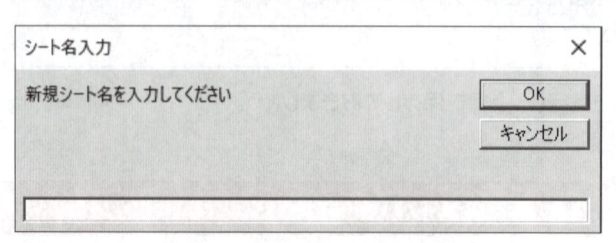

※このプロシージャでは、変数とInputBox関数、ActiveSheetプロパティ、Nameプロパティを使用しています。変数とInputBox関数、ActiveSheetプロパティについては、「4 シートの削除」、P.89「第4章 Step1 1 変数」、P.163「第5章 Step2 3 入力可能なダイアログボックスの表示」で学習します。Nameプロパティは、シートの名前を取得・設定します。

4　シートの削除

現在選択されているシートを削除するには、「**ActiveSheetプロパティ**」と「**Deleteメソッド**」を使います。
ActiveSheetプロパティは現在選択されているシートを処理対象にできます。
Deleteメソッドは対象のオブジェクトを削除できます。

■ActiveSheetプロパティ

現在選択されているシートを返します。

構　文	**Applicationオブジェクト.ActiveSheet**

※Applicationオブジェクトを指定しない場合は、作業中のブックの現在選択されているシートを返します。

■Deleteメソッド

オブジェクトを削除します。

構　文	**オブジェクト.Delete**

1 作成するプロシージャの確認

シートを削除するプロシージャを確認しましょう。

■「シート削除」プロシージャ

```
1. Sub シート削除()
2.     ActiveSheet.Delete
3. End Sub
```

■プロシージャの意味
1.「シート削除」プロシージャ開始
2. 　　選択されているシートを削除
3. プロシージャ終了

2 プロシージャの作成

プロシージャを作成しましょう。

※VBEに切り替えておきましょう。

①最終行の「**End Sub**」の下の行にカーソルを移動します。

②次のようにプロシージャを入力します。

```
Sub シート削除()
    ActiveSheet.Delete
End Sub
```

※コンパイルを実行し、上書き保存しておきましょう。

3 動作の確認

プロシージャの動作を確認しましょう。

※Excelに切り替えておきましょう。

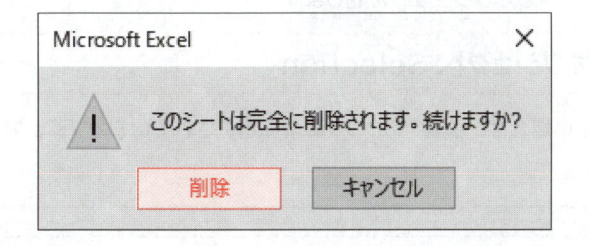

Microsoft Excel ✕

⚠ このシートは完全に削除されます。続けますか？

削除　　　キャンセル

①シート「**Sheet1**」を選択します。

「**シート削除**」プロシージャを実行します。

②《**開発**》タブを選択します。

③《**コード**》グループの 📄 (マクロの表示) をクリックします。

《**マクロ**》ダイアログボックスが表示されます。

④《**マクロ名**》の一覧から「**シート削除**」を選択します。

⑤《**実行**》をクリックします。

図のようなメッセージが表示されます。

⑥《**削除**》をクリックします。

選択したシートが削除されます。

	A	B	C	D	E	F	G	H	I
1									
2			商品一覧						
3									
4		商品No.	商品名	単価					
5		1001	モカコーヒー	¥1,500					
6		1002	ブレンドコーヒー	¥1,800					
7		1003	炭焼きコーヒー	¥2,100					
8		1004	ブルーマウンテン	¥1,800					
9		1005	キリマンジャロ	¥1,600					
10		2001	アッサムティー	¥1,200					
11		2002	ダージリンティー	¥900					
12		2003	アップルティー	¥1,000					
13		2004	オレンジペコ	¥850					
14		2005	アールグレイ	¥950					
15		2006	カモミール	¥700					
16		3001	ジャスミンティー	¥600					
17									

メニュー　上期　商品一覧　⊕

ブックのすべてのシートを削除することはできません。シートが1枚しかないときに「シート削除」プロシージャを実行すると、次のようなエラーメッセージが表示されます。

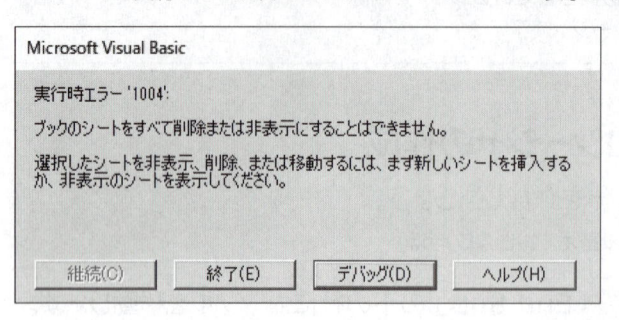

5 罫線を引く

現在選択しているセル範囲の周囲に罫線を引くには、「**Selection**プロパティ」と「**BorderAround**メソッド」を使います。
Selectionプロパティは現在選択されているオブジェクトを処理対象にできます。
BorderAroundメソッドはセルまたはセル範囲の周囲に罫線を引くことができます。

■Selectionプロパティ

アクティブウィンドウで現在選択されているオブジェクトを返します。

構 文	Applicationオブジェクト. Selection

※Applicationオブジェクトを指定しない場合は、作業中のブックの現在選択されているオブジェクトを返します。

■BorderAroundメソッド

セルまたはセル範囲の周囲に罫線を引きます。
オブジェクトには、セルまたはセル範囲を設定する必要があります。

構 文	オブジェクト. BorderAround LineStyle , Weight , ColorIndex , Color , ThemeColor

引数	内容	省略
LineStyle	罫線の種類を設定する	省略できる
Weight	罫線の太さを設定する	省略できる
ColorIndex	罫線の色をインデックス番号で設定する	省略できる
Color	罫線の色をRGB値で設定する	省略できる
ThemeColor	罫線の色をテーマの色の組み込み定数または値で設定する	省略できる

※引数LineStyleと引数Weightの両方を同時に設定すると、種類と太さの組み合わせによって、一方が無効になる場合があります。両方の引数を省略した場合は、既定の太さの一重線で囲まれます。
※すべての引数を省略することはできません。
※罫線の色は、引数ColorIndexまたは引数Colorまたは引数ThemeColorのいずれかを設定します。

「組み込み定数」とは、Excelであらかじめ定義されている値です。
組み込み定数は、メソッドやプロパティなどの引数や設定値として使用されます。

LineStyleで設定できる罫線の種類は、組み込み定数を使って設定します。
設定できる組み込み定数は、次のとおりです。

組み込み定数	罫線の種類	
xlLineStyleNone	線なし	
xlContinuous	一重線（実線）	
xlDouble	二重線	
xlDash	破線	
xlDashDot	一点鎖線	
xlDashDotDot	二点鎖線	
xlDot	点線	
xlSlantDashDot	斜破線	

Weightで設定できる罫線の太さは、組み込み定数を使って設定します。
設定できる組み込み定数は、次のとおりです。

組み込み定数	罫線の太さ	
xlHairline	極細線	
xlThin	細線	
xlMedium	中太線	
xlThick	太線	

POINT ColorIndexの設定

色をExcel既定のカラーパレットのインデックス番号で設定します。
設定できる主なインデックス番号は、次のとおりです。

インデックス番号	色	インデックス番号	色
1	黒	6	黄
2	白	7	ピンク
3	赤	8	水色
4	明るい緑	9	濃い赤
5	青	10	緑

POINT Colorの設定

色をRGB値または組み込み定数で設定します。RGB値は「RGB関数」を使って求めることができます。
設定できる主なRGB値と組み込み定数は、次のとおりです。

RGB値	組み込み定数	色
RGB (0,0,0)	vbBlack	黒
RGB (255,0,0)	vbRed	赤
RGB (0,255,0)	vbGreen	緑
RGB (255,255,0)	vbYellow	黄
RGB (0,0,255)	vbBlue	青
RGB (255,0,255)	vbMagenta	マゼンタ (ピンク)
RGB (0,255,255)	vbCyan	シアン (水色)
RGB (255,255,255)	vbWhite	白

■RGB関数

赤、緑、青の割合で色を作成します。

構 文	RGB (red, green, blue)

引数	内容	省略
red	RGBの赤の割合を0〜255の整数の値で指定する	省略できない
green	RGBの緑の割合を0〜255の整数の値で指定する	省略できない
blue	RGBの青の割合を0〜255の整数の値で指定する	省略できない

セルまたはセル範囲の下側や斜めなど罫線を引く位置を設定するには、「Bordersプロパティ」を使います。
Bordersプロパティを使う場合は、LineStyleやColorなどで罫線の種類や色なども合わせて設定します。

■Bordersプロパティ

罫線の位置を設定します。
罫線の位置は、組み込み定数を使って設定します。罫線の位置に何も設定しない場合は、セルの上下左右の四辺の位置を返します。

構 文	オブジェクト.Borders（罫線の位置）

組み込み定数	罫線の位置
xlDiagonalDown	セル範囲内のすべてのセルに右下がりの斜線
xlDiagonalUp	セル範囲内のすべてのセルに右上がりの斜線
xlEdgeBottom	セル範囲の下側
xlEdgeLeft	セル範囲の左側
xlEdgeRight	セル範囲の右側
xlEdgeTop	セル範囲の上側
xlInsideHorizontal	セル範囲内のすべてのセルに水平の線（セル範囲の外側の線を除く）
xlInsideVertical	セル範囲内のすべてのセルに垂直の線（セル範囲の外側の線を除く）

※セル範囲のすべてのセルの下側、左側、右側、上側に罫線を引くには組み込み定数として
　xlBottom、xlLeft、xlRight、xlTopを設定します。

例：現在選択されているセル範囲の下側に二重線を引く

```
Selection.Borders (xlEdgeBottom) .LineStyle = xlDouble
```

例：現在選択されているセル範囲内のすべてのセルに右下がりの赤い斜線を引く

```
Selection.Borders (xlDiagonalDown) .Color = vbRed
```

罫線を削除する場合は「Selection.Borders（罫線の位置）.LineStyle =
xlLineStyleNone」と記述します。

例：現在選択されているセル範囲の右側の罫線を削除する

```
Selection.Borders(xlEdgeRight).LineStyle = xlLineStyleNone
```

例：現在選択されているセル範囲のすべての罫線を削除する

```
Selection.Borders.LineStyle = xlLineStyleNone
```

※斜線は削除できません。

1 作成するプロシージャの確認

現在選択されているセル範囲の周囲に赤の二重線を引くプロシージャを確認しましょう。

■「赤線を引く」プロシージャ

1. Sub 赤線を引く()
2. 　　　Selection.BorderAround xlDouble , , , vbRed
3. End Sub

■プロシージャの意味

1.「赤線を引く」プロシージャ開始
2. 　　　現在選択されているセル範囲の周囲に赤の二重線を引く
3. プロシージャ終了

2 プロシージャの作成

プロシージャを作成しましょう。
※VBEに切り替えておきましょう。

①最終行の「**End Sub**」の下の行にカーソルを移動します。

②次のようにプロシージャを入力します。

```
Sub 赤線を引く()
    Selection.BorderAround xlDouble , , , vbRed
End Sub
```

※コンパイルを実行し、上書き保存しておきましょう。

3 動作の確認

プロシージャの動作を確認しましょう。
※Excelに切り替えておきましょう。

▲	A	B	C	D	E	F	G
1					Cafe de Angel		
2		商品別売上表（上期）				単位：千円	
3						単位：千円	
4							
5		商品名	東京支店	横浜支店	千葉支店	合計	
6		モカコーヒー	87,500	69,900	56,600	¥214,000	
7		ブレンドコーヒー	71,500	69,700	62,900	¥204,100	
8		炭焼きコーヒー	89,400	62,600	59,800	¥211,800	
9		ブルーマウンテン	63,600	62,500	61,800	¥187,900	
10		キリマンジャロ	69,000	54,220	72,000	¥195,220	
11		アッサムティー	75,300	61,200	72,100	¥208,600	
12		ダージリンティー	79,600	70,500	57,800	¥207,900	
13		アップルティー	73,400	66,800	58,800	¥199,000	
14		オレンジペコ	76,400	91,200	69,800	¥237,400	
15		アールグレイ	72,100	58,600	86,100	¥216,800	
16		カモミール	76,900	61,400	64,400	¥202,700	
17		ジャスミンティー	79,800	12,800	67,200	¥159,800	

‹ › メニュー　上期　商品一覧　⊕

①シート「**上期**」を選択します。

②セル範囲【B14：F14】を選択します。

「**赤線を引く**」プロシージャを実行します。

③《開発》タブを選択します。

④《コード》グループの ▭ （マクロの表示）をクリックします。

《マクロ》ダイアログボックスが表示されます。

⑤《マクロ名》の一覧から「**赤線を引く**」を選択します。

⑥《実行》をクリックします。

選択したセル範囲の周囲に赤の二重線が引かれます。

※範囲選択を解除して確認しましょう。

名前付き引数で指定した場合

省略する引数が多い場合は、名前付き引数を指定して記述するとコードが見やすくなります。
名前付き引数で指定した場合の記述は次のとおりです。

```
Sub 赤線を引く ()
    Selection.BorderAround LineStyle:=xlDouble, Color:=vbRed
End Sub
```

4 プロシージャの作成

赤の二重線を黒の一重線に戻すプロシージャを作成しましょう。
※VBEに切り替えておきましょう。

①「**赤線を引く**」プロシージャを選択します。

②📋（コピー）をクリックします。

③最終行の「**End Sub**」の下の行にカーソルを移動します。

④📋（貼り付け）をクリックします。

⑤次のようにプロシージャを編集します。

```
Sub 罫線を元に戻す ()
    Selection.BorderAround xlContinuous , , , vbBlack
End Sub
```

※コンパイルを実行し、上書き保存しておきましょう。

5 動作の確認

プロシージャの動作を確認しましょう。
※Excelに切り替えておきましょう。

	商品名	東京支店	横浜支店	千葉支店	合計
	モカコーヒー	87,500	69,900	56,600	¥214,000
	ブレンドコーヒー	71,500	69,700	62,900	¥204,100
	炭焼きコーヒー	89,400	62,600	59,800	¥211,800
	ブルーマウンテン	63,600	62,500	61,800	¥187,900
	キリマンジャロ	69,000	54,220	72,000	¥195,220
	アッサムティー	75,300	61,200	72,100	¥208,600
	ダージリンティー	79,600	70,500	57,800	¥207,900
	アップルティー	73,400	66,800	58,800	¥199,000
	オレンジペコ	76,400	91,200	69,800	¥237,400
	アールグレイ	72,100	58,600	86,100	¥216,800
	カモミール	76,900	61,400	64,400	¥202,700
	ジャスミンティー	79,800	12,800	67,200	¥159,800

商品別売上表（上期）
Cafe de Angel
単位：千円

①セル範囲【**B14：F14**】を選択します。

「**罫線を元に戻す**」プロシージャを実行します。

②《**開発**》タブを選択します。

③《**コード**》グループの 📄（マクロの表示）をクリックします。

《**マクロ**》ダイアログボックスが表示されます。

④《**マクロ名**》の一覧から「**罫線を元に戻す**」を選択します。

⑤《**実行**》をクリックします。

選択したセル範囲の周囲に黒の一重線が引かれます。

※範囲選択を解除して確認しましょう。

6 図形の表示・非表示

図形の表示・非表示を切り替えるには、「Shapesプロパティ」と「Visibleプロパティ」を使います。

Shapesプロパティはシート上の図形を処理対象にできます。

Visibleプロパティはオブジェクトの表示・非表示を切り替えることができます。

■Shapesプロパティ

すべての図形や特定の図形を返します。

構 文	Shapes ("オブジェクト名")

■Visibleプロパティ

オブジェクトの表示・非表示を切り替えます。

構 文	オブジェクト.Visible = 設定値

設定値	内容
True	オブジェクトが表示される
False	オブジェクトが非表示になる

STEP UP ChartObjectsプロパティ

図形ではなくグラフを処理対象にするには、「ChartObjectsプロパティ」を使います。

■ChartObjectsプロパティ

グラフを返します。

構 文	ChartObjects ("オブジェクト名")

例:グラフ「グラフ1」を非表示にする

```
ActiveSheet.ChartObjects ("グラフ1") .Visible = False
```

1 作成するプロシージャの確認

現在選択されているシートの図形「**ロゴ**」を非表示にするプロシージャを確認しましょう。

■「ロゴ非表示」プロシージャ

1. Sub ロゴ非表示 ()
2. 　　　ActiveSheet.Shapes ("ロゴ") .Visible = False
3. End Sub

■プロシージャの意味

1. 「ロゴ非表示」プロシージャ開始
2. 　　　現在選択されているシートの図形「ロゴ」を非表示にする
3. プロシージャ終了

2 プロシージャの作成

図形に名前を付けて、プロシージャを作成しましょう。

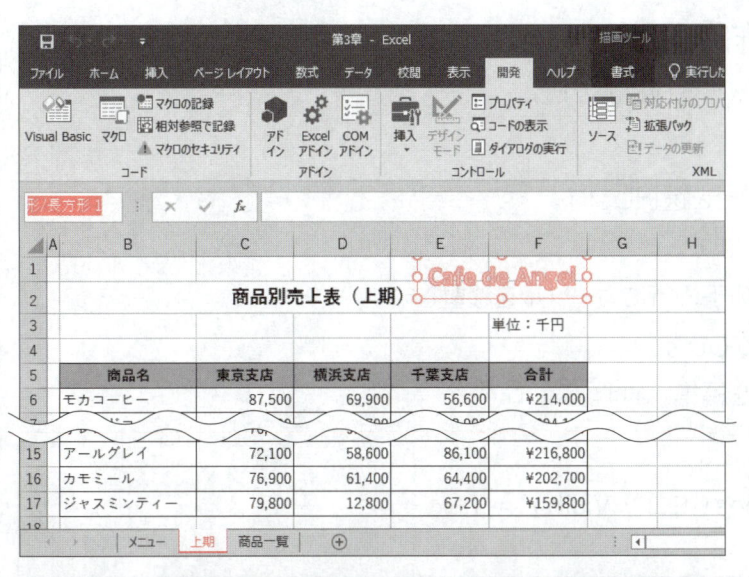

図形に「**ロゴ**」と名前を付けます。

① シート「**上期**」が選択されていることを確認します。

② 図形を選択します。

③ 正方形/... ▼ (名前ボックス)をクリックします。

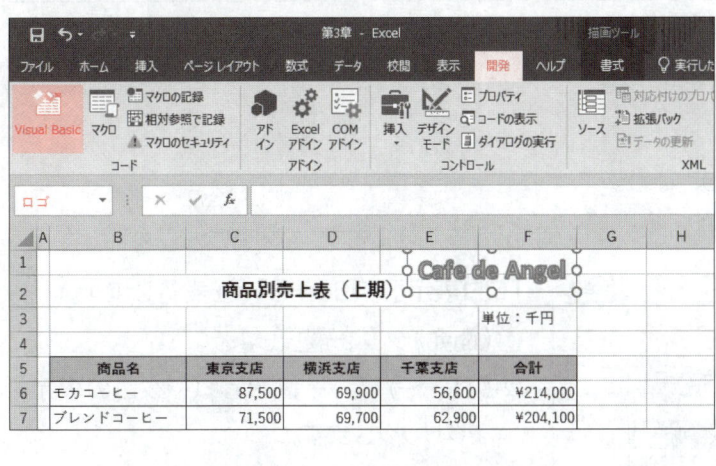

④ 「**ロゴ**」と入力します。

⑤ Enter を押します。

図形に名前が付きます。

⑥ 《**開発**》タブを選択します。

⑦ 《**コード**》グループの (Visual Basic) をクリックします。

⑧ 最終行の「**End Sub**」の下の行にカーソルを移動します。

⑨ 次のようにプロシージャを入力します。

```
Sub ロゴ非表示 ()
    ActiveSheet.Shapes ("ロゴ") .Visible = False
End Sub
```

※コンパイルを実行し、上書き保存しておきましょう。

3 動作の確認

プロシージャの動作を確認しましょう。
※Excelに切り替えておきましょう。

▲	A	B	C	D	E	F	G
1							
2			商品別売上表（上期）				
3						単位：千円	
4							
5		商品名	東京支店	横浜支店	千葉支店	合計	
6		モカコーヒー	87,500	69,900	56,600	¥214,000	
7		ブレンドコーヒー	71,500	69,700	62,900	¥204,100	
8		炭焼きコーヒー	89,400	62,600	59,800	¥211,800	
9		ブルーマウンテン	63,600	62,500	61,800	¥187,900	
10		キリマンジャロ	69,000	54,220	72,000	¥195,220	
11		アッサムティー	75,300	61,200	72,100	¥208,600	
12		ダージリンティー	79,600	70,500	57,800	¥207,900	
13		アップルティー	73,400	66,800	58,800	¥199,000	
14		オレンジペコ	76,400	91,200	69,800	¥237,400	
15		アールグレイ	72,100	58,600	86,100	¥216,800	

「**ロゴ非表示**」プロシージャを実行します。

①《**開発**》タブを選択します。

②《**コード**》グループの 🖥（マクロの表示）をクリックします。

《**マクロ**》ダイアログボックスが表示されます。

③《**マクロ名**》の一覧から「**ロゴ非表示**」を選択します。

④《**実行**》をクリックします。

図形が非表示になります。

4 プロシージャの作成

図形を表示するプロシージャを作成しましょう。
※VBEに切り替えておきましょう。

①「**ロゴ非表示**」プロシージャを選択します。

② 📋 （コピー）をクリックします。

③最終行の「**End Sub**」の下の行にカーソルを移動します。

④ 📋 （貼り付け）をクリックします。

⑤次のようにプロシージャを編集します。

```
Sub ロゴ表示()
    ActiveSheet.Shapes("ロゴ").Visible = True
End Sub
```

※コンパイルを実行し、上書き保存しておきましょう。

5 動作の確認

プロシージャの動作を確認しましょう。
※Excelに切り替えておきましょう。

▲	A	B	C	D	E	F	G
1						*Cafe de Angel*	
2			商品別売上表（上期）				
3						単位：千円	
4							
5		商品名	東京支店	横浜支店	千葉支店	合計	
6		モカコーヒー	87,500	69,900	56,600	¥214,000	
7		ブレンドコーヒー	71,500	69,700	62,900	¥204,100	
8		炭焼きコーヒー	89,400	62,600	59,800	¥211,800	
9		ブルーマウンテン	63,600	62,500	61,800	¥187,900	
10		キリマンジャロ	69,000	54,220	72,000	¥195,220	
11		アッサムティー	75,300	61,200	72,100	¥208,600	
12		ダージリンティー	79,600	70,500	57,800	¥207,900	
13		アップルティー	73,400	66,800	58,800	¥199,000	
14		オレンジペコ	76,400	91,200	69,800	¥237,400	
15		アールグレイ	72,100	58,600	86,100	¥216,800	

「**ロゴ表示**」プロシージャを実行します。

①《**開発**》タブを選択します。

②《**コード**》グループの 🖥（マクロの表示）をクリックします。

《**マクロ**》ダイアログボックスが表示されます。

③《**マクロ名**》の一覧から「**ロゴ表示**」を選択します。

④《**実行**》をクリックします。

図形が表示されます。

7　セルまたはセル範囲の設定

セルまたはセル範囲を設定するには、「Rangeプロパティ」を使います。
Rangeプロパティを使うと、絶対的なセルの位置を設定できます。

■Rangeプロパティ

セルまたはセル範囲を返します。

構　文	Range ("セル番地")

例：セル [B2] を返す

```
Range ("B2")
```

例：セル [B3] とセル [C5] を返す

```
Range ("B3,C5")
```

例：セル範囲 [B2：C5] を返す

```
Range ("B2:C5")　または　Range ("B2","C5")
```

1　作成するプロシージャの確認

シート「上期」を選択し、セル [A1] を選択するプロシージャを確認しましょう。

■「セル選択1」プロシージャ

```
1. Sub セル選択1 ()
2. 　　Worksheets ("上期").Select
3. 　　Range ("A1").Select
4. End Sub
```

■プロシージャの意味

```
1. 「セル選択1」プロシージャ開始
2. 　　シート「上期」を選択
3. 　　セル [A1] を選択
4. プロシージャ終了
```

2　プロシージャの作成

プロシージャを作成しましょう。
※VBEに切り替えておきましょう。

①最終行の「End Sub」の下の行にカーソルを移動します。
②次のようにプロシージャを入力します。

```
Sub セル選択1 ()
　　Worksheets ("上期").Select
　　Range ("A1").Select
End Sub
```

※コンパイルを実行し、上書き保存しておきましょう。

3 動作の確認

プロシージャの動作を確認しましょう。

※Excelに切り替えておきましょう。

▲	A	B	C	D	E	F	G
1						Cafe de Angel	
2		商品別売上表（上期）					
3						単位：千円	
4							
5		商品名	東京支店	横浜支店	千葉支店	合計	
6		モカコーヒー	87,500	69,900	56,600	¥214,000	
7		ブレンドコーヒー	71,500	69,700	62,900	¥204,100	
8		炭焼きコーヒー	89,400	62,600	59,800	¥211,800	
9		ブルーマウンテン	63,600	62,500	61,800	¥187,900	
10		キリマンジャロ	69,000	54,220	72,000	¥195,220	
11		アッサムティー	75,300	61,200	72,100	¥208,600	
12		ダージリンティー	79,600	70,500	57,800	¥207,900	
13		アップルティー	73,400	66,800	58,800	¥199,000	
14		オレンジペコ	76,400	91,200	69,800	¥237,400	
15		アールグレイ	72,100	58,600	86,100	¥216,800	
16		カモミール	76,900	61,400	64,400	¥202,700	
17		ジャスミンティー	79,800	12,800	67,200	¥159,800	

メニュー　上期　商品一覧　⊕

①シート「**メニュー**」を選択します。

「**セル選択1**」プロシージャを実行します。

②《**開発**》タブを選択します。

③《**コード**》グループの 🖥 （マクロの表示）をクリックします。

《**マクロ**》ダイアログボックスが表示されます。

④《**マクロ名**》の一覧から「**セル選択1**」を選択します。

⑤《**実行**》をクリックします。

シート「**上期**」のセル【A1】が選択されます。

8　終端セルと相対参照でのセルの設定

表のひとつ下のセルを選択するには、「**Endプロパティ**」と「**Offsetプロパティ**」を使います。
Endプロパティはデータの終端のセルを処理対象にできます。
Offsetプロパティは相対的なセルの位置を設定できます。

■Endプロパティ

終端のセルを返します。 Ctrl を押しながら ↑ ↓ → ← を押す操作に相当します。
方向は、組み込み定数を使って設定します。

構　文	オブジェクト.End（方向）

組み込み定数	方向
xlUp	上端
xlDown	下端
xlToRight	右端
xlToLeft	左端

例：セル【B5】から入力されているデータの右端のセル【F5】を返す

```
Range ("B5").End (xlToRight)
```

▲	A	B	C	D	E	F	G
1						Cafe de Angel	
2		商品別売上表（上期）					
3						単位：千円	
4							
5		商品名	東京支店	横浜支店	千葉支店	合計	
6		モカコーヒー	87,500	69,900	56,600	¥214,000	
7		ブレンドコーヒー	71,500	69,700	62,900	¥204,100	

■Offsetプロパティ

基準となるセルからの相対的なセルの位置を返します。

行番号、列番号を正の数にした場合は、それぞれ下、右方向のセルを返し、負の数にした場合は、それぞれ上、左方向のセルを返します。

構　文	オブジェクト.Offset（行番号,列番号）

例：セル【A1】から下へ4、右へ3のセル【D5】を返す

```
Range ("A1") .Offset (4,3)
```

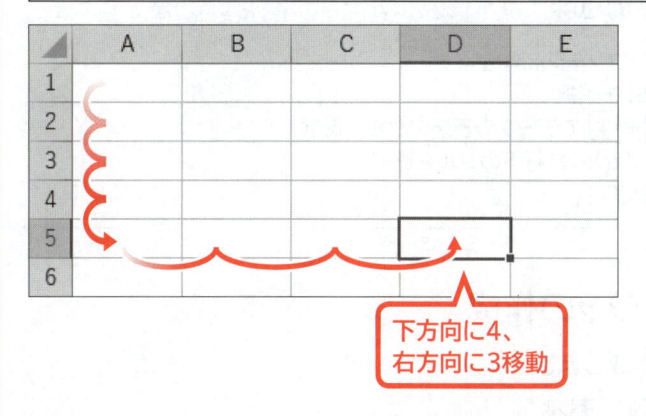

下方向に4、
右方向に3移動

例：セル【D5】から上へ3、左へ2のセル【B2】を返す

```
Range ("D5") .Offset (-3,-2)
```

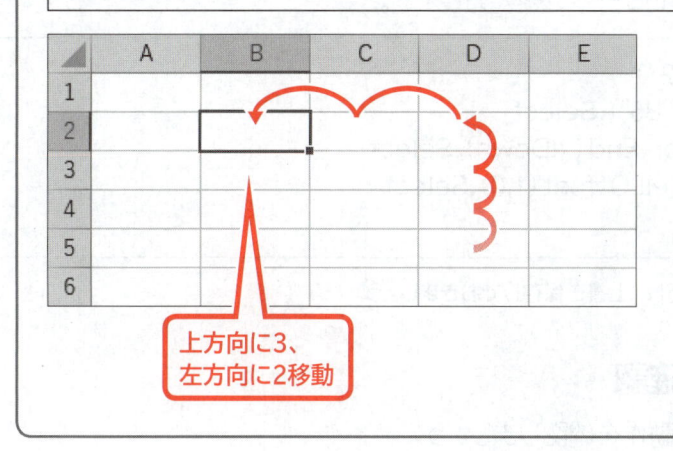

上方向に3、
左方向に2移動

1 作成するプロシージャの確認

新しい商品名を入力するために、表の1行下のセルを選択するプロシージャを確認しましょう。

■「セル選択2」プロシージャ

```
1. Sub セル選択2 ()
2.      Range ("B5") .Select
3.      Selection.End (xlDown) .Select
4.      ActiveCell.Offset (1,0) .Select
5. End Sub
```

■プロシージャの意味

1. 「セル選択2」プロシージャ開始
2. 　セル【B5】を選択
3. 　 Ctrl ＋ ↓ でデータの下端のセルを選択
4. 　アクティブセルの1行下のセルを選択
5. プロシージャ終了

2 プロシージャの作成

プロシージャを作成しましょう。

※VBEに切り替えておきましょう。

①最終行の「**End Sub**」の下の行にカーソルを移動します。

②次のようにプロシージャを入力します。

```
Sub セル選択2 ()
    Range ("B5") .Select
    Selection.End (xlDown) .Select
    ActiveCell.Offset (1,0) .Select
End Sub
```

※コンパイルを実行し、上書き保存しておきましょう。

3 動作の確認

プロシージャの動作を確認しましょう。

※Excelに切り替えておきましょう。

▲	A	B	C	D	E	F	G
10		キリマンジャロ	69,000	54,220	72,000	¥195,220	
11		アッサムティー	75,300	61,200	72,100	¥208,600	
12		ダージリンティー	79,600	70,500	57,800	¥207,900	
13		アップルティー	73,400	66,800	58,800	¥199,000	
14		オレンジペコ	76,400	91,200	69,800	¥237,400	
15		アールグレイ	72,100	58,600	86,100	¥216,800	
16		カモミール	76,900	61,400	64,400	¥202,700	
17		ジャスミンティー	79,800	12,800	67,200	¥159,800	
18							
19							
20							
21							
22							
26							
27							

メニュー　上期　商品一覧

①シート「**上期**」を選択します。

「**セル選択2**」プロシージャを実行します。

②《**開発**》タブを選択します。

③《**コード**》グループの [マクロ] （マクロの表示）をクリックします。

《**マクロ**》ダイアログボックスが表示されます。

④《**マクロ名**》の一覧から「**セル選択2**」を選択します。

⑤《**実行**》をクリックします。

表の1行下のセル【B18】が選択されます。

9 全セルの背景色の設定

全セルの背景色を設定するには、「**Cellsプロパティ**」と「**Interiorプロパティ**」を使います。Cellsプロパティは相対的なセルの位置や全セルを指定できます。
Interiorプロパティはオブジェクトの塗りつぶし属性を設定できます。

■Cellsプロパティ

ワークシート上のセルを返します。
行番号と列番号でセル番地を表します。行番号と列番号を設定しない場合は全セルを選択します。

構 文	Cells（行番号,列番号）

例：セル【F3】を返す

Cells（3,6）

■Interiorプロパティ

オブジェクトの塗りつぶし属性を設定します。

構 文	オブジェクト.Interior

---

1 作成するプロシージャの確認

シート「メニュー」の全セルに背景色を設定するプロシージャを確認しましょう。

■「全セルに色を設定」プロシージャ

```
1. Sub 全セルに色を設定 ()
2.      Worksheets ("メニュー").Cells.Interior.Color = RGB (0,32,96)
3. End Sub
```

■プロシージャの意味

```
1.「全セルに色を設定」プロシージャ開始
2.      シート「メニュー」の全セルの背景色を濃い青に設定
3. プロシージャ終了
```

2 プロシージャの作成

プロシージャを作成しましょう。
※VBEに切り替えておきましょう。

①最終行の「**End Sub**」の下の行にカーソルを移動します。
②次のようにプロシージャを入力します。

```
Sub 全セルに色を設定 ()
     Worksheets ("メニュー").Cells.Interior.Color = RGB (0,32,96)
End Sub
```

※コンパイルを実行し、上書き保存しておきましょう。

3 動作の確認

プロシージャの動作を確認しましょう。

※Excelに切り替えておきましょう。

①シート「**メニュー**」を選択します。

「**全セルに色を設定**」プロシージャを実行します。

②《**開発**》タブを選択します。

③《**コード**》グループの （マクロの表示）をクリックします。

《**マクロ**》ダイアログボックスが表示されます。

④《**マクロ名**》の一覧から「**全セルに色を設定**」を選択します。

※表示されていない場合は、スクロールして調整します。

⑤《**実行**》をクリックします。

シート「**メニュー**」の全セルに背景色が設定されます。

10 連続するセルの設定

連続するセルを設定するには、「**CurrentRegionプロパティ**」を使います。

■CurrentRegionプロパティ

アクティブセルから、上下左右に連続するセルすべてを返します。オブジェクトには、RangeプロパティやCellsプロパティなど、セルを返すものだけを設定できます。

構 文	オブジェクト.CurrentRegion

---

1 作成するプロシージャの確認

表全体と表の1行目にそれぞれ背景色を設定するプロシージャを確認しましょう。

■「連続するセルに色を設定」プロシージャ

```
1. Sub 連続するセルに色を設定()
2.     Range ("B5").Select
3.     ActiveCell.CurrentRegion.Select
4.     Selection.Interior.Color = RGB (204,255,255)
5.     Selection.Range (Cells (1,1),Cells (1,5)).Interior.Color = RGB (204,255,153)
6. End Sub
```

■プロシージャの意味

```
1.「連続するセルに色を設定」プロシージャ開始
2.     セル【B5】を選択
3.     アクティブセルから上下左右に連続する範囲を選択
4.     選択しているセルの背景色を薄い水色に設定
5.     選択している範囲内で1行目5列分のセルの背景色を薄い緑に設定
6. プロシージャ終了
```

2 プロシージャの作成

プロシージャを作成しましょう。

※VBEに切り替えておきましょう。

①最終行の「**End Sub**」の下の行にカーソルを移動します。

②次のようにプロシージャを入力します。

```
Sub 連続するセルに色を設定()
    Range("B5").Select
    ActiveCell.CurrentRegion.Select
    Selection.Interior.Color = RGB(204,255,255)
    Selection.Range(Cells(1,1),Cells(1,5)).Interior.Color = RGB(204,255,153)
End Sub
```

※コンパイルを実行して上書き保存し、VBEを閉じておきましょう。

3 動作の確認

プロシージャの動作を確認しましょう。

※Excelに切り替えておきましょう。

▲	A	B	C	D	E	F	G
1						Cafe de Angel	
2		商品別売上表（上期）					
3						単位:千円	
4							
5		商品名	東京支店	横浜支店	千葉支店	合計	
6		モカコーヒー	87,500	69,900	56,600	¥214,000	
7		ブレンドコーヒー	71,500	69,700	62,900	¥204,100	
8		炭焼きコーヒー	89,400	62,600	59,800	¥211,800	
9		ブルーマウンテン	63,600	62,500	61,800	¥187,900	
10		キリマンジャロ	69,000	54,220	72,000	¥195,220	
11		アッサムティー	75,300	61,200	72,100	¥208,600	
12		ダージリンティー	79,600	70,500	57,800	¥207,900	
13		アップルティー	73,400	66,800	58,800	¥199,000	
14		オレンジペコ	76,400	91,200	69,800	¥237,400	
15		アールグレイ	72,100	58,600	86,100	¥216,800	
16		カモミール	76,900	61,400	64,400	¥202,700	
17		ジャスミンティー	79,800	12,800	67,200	¥159,800	

メニュー　上期　商品一覧　⊕

①シート「**上期**」を選択します。

「**連続するセルに色を設定**」プロシージャを実行します。

②《**開発**》タブを選択します。

③《**コード**》グループの 🔲 （マクロの表示）をクリックします。

《**マクロ**》ダイアログボックスが表示されます。

④《**マクロ名**》の一覧から「**連続するセルに色を設定**」を選択します。

※表示されていない場合は、スクロールして調整します。

⑤《**実行**》をクリックします。

表全体と表の1行目にそれぞれ背景色が設定されます。

※範囲選択を解除して確認しましょう。

※ブックを上書き保存し、閉じておきましょう。

👆 POINT　相対的なセル範囲の指定

RangeプロパティとCellsプロパティを組み合わせることで、相対的なセル範囲を指定できます。
「Cells(1,1)」は上から1番目の左から1番目のセルを指します。また「Cells(1,5)」は上から1番目の左から5番目のセルを指します。これらのCellsプロパティをRangeプロパティの引数に指定すると、相対的なセル範囲を指定できます。例えば、「Range(Cells(1,1),Cells(1,5))」は、上から1番目の左から1番目のセルから、上から1番目の左から5番目のセルまでのセル範囲を指します。

```
Selection.Range(Cells(1,1),Cells(1,5)).Interior.Color = RGB(204,255,153)
```

上から1番目の左から
1番目のセルから

上から1番目の左から
5番目のセルまで

プロシージャを登録する

1 プロシージャの登録

プロシージャは《マクロ》ダイアログボックスから実行する以外に、ショートカットキーやボタン、図形などに登録して実行できます。

2 ショートカットキーへの登録

ショートカットキーにプロシージャを登録すると、簡単なキー操作だけでプロシージャを実行できます。

 **ブック「第3章参考学習」を開いておきましょう。**

※メッセージバーの《コンテンツの有効化》をクリックしておきましょう。

1 プロシージャの登録

ショートカットキー Ctrl + A に「印刷プレビュー」プロシージャを登録しましょう。

①《開発》タブを選択します。

②《コード》グループの （マクロの表示）をクリックします。

《マクロ》ダイアログボックスが表示されます。

③《マクロ名》の一覧から「印刷プレビュー」を選択します。

④《オプション》をクリックします。

《マクロオプション》ダイアログボックスが表示されます。

⑤《ショートカットキー》に「a」と入力します。

※半角小文字で入力します。

⑥《OK》をクリックします。

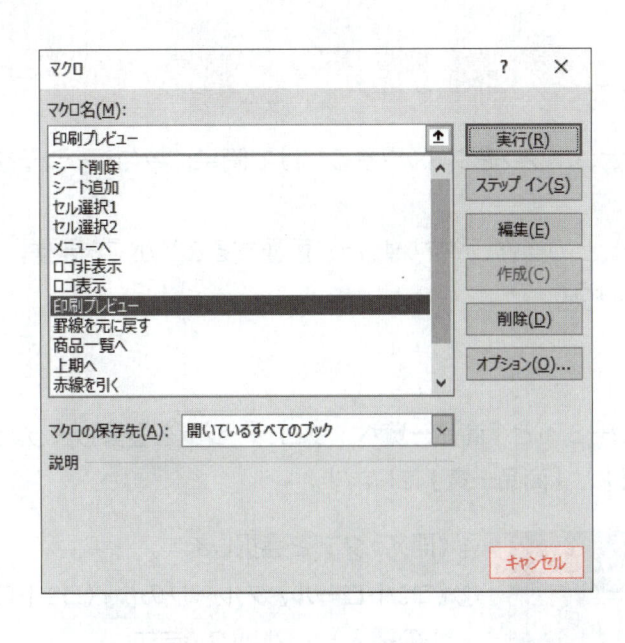

《マクロ》ダイアログボックスに戻ります。

⑦《キャンセル》をクリックします。

※《実行》をクリックするとプロシージャが実行されるので注意しましょう。

2 ショートカットキーからの実行

設定したショートカットキーから「**印刷プレビュー**」プロシージャを実行しましょう。

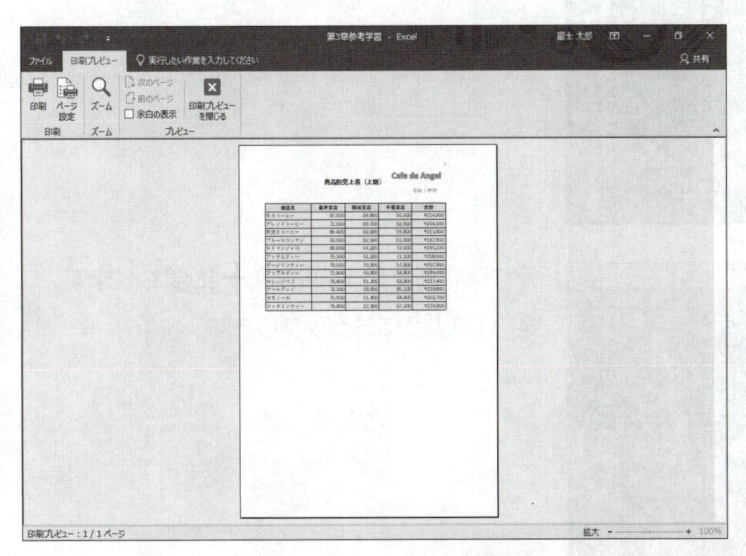

①シート「**上期**」を選択します。

②[Ctrl]+[A]を押します。

「**印刷プレビュー**」プロシージャが実行され、シート「**上期**」の印刷プレビューが表示されます。

※印刷プレビューを閉じておきましょう。

🖐 POINT　ショートカットキーの入力

ショートカットキーは、[Ctrl]と入力したアルファベット1文字との組み合わせになります。入力したアルファベットが小文字のときは[Ctrl]、大文字のときは[Ctrl]+[Shift]と一緒に使います。

🖐 POINT　ショートカットキーへの登録

Excelの既存のショートカットキーと同じキー操作をマクロのショートカットキーに登録した場合は、マクロのショートカットキーが優先されます。
例えば、[Ctrl]+[A]はシートの全セルを選択するショートカットキーですが、マクロのショートカットキーとして設定すると、全セル選択ではなくマクロが実行されます。

3　ボタンへの登録

ボタンにプロシージャを登録すると、ボタンをクリックするだけで簡単にプロシージャを実行できます。

ボタンは印刷されないので、シート上の操作しやすい場所に配置することができます。

※シート「メニュー」に切り替えておきましょう。

1　ボタンへの登録

ボタンを作成し、「**上期へ**」プロシージャと「**商品一覧へ**」プロシージャを登録しましょう。

ボタンの表示名はそれぞれ「**上期**」と「**商品一覧**」にします。

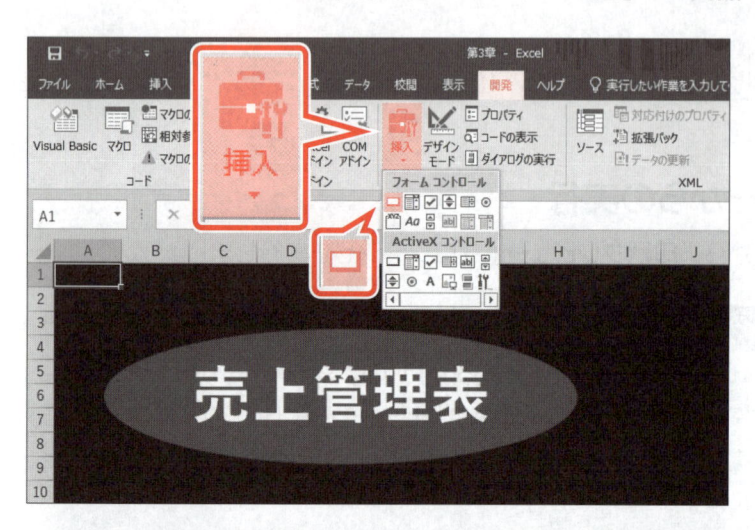

①《**開発**》タブを選択します。

②《**コントロール**》グループの (コントロールの挿入) をクリックします。

③《**フォームコントロール**》の (ボタン（フォームコントロール）) をクリックします。

マウスポインターの形が ✚ に変わります。

④図のようにドラッグします。

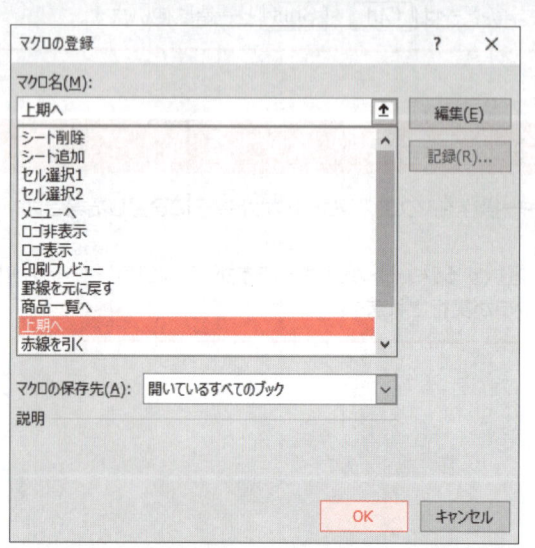

《**マクロの登録**》ダイアログボックスが表示されます。

ボタンに登録するマクロを選択します。

⑤《**マクロ名**》の一覧から「**上期へ**」を選択します。

⑥《**OK**》をクリックします。

ボタンの表示名を変更します。

⑦ボタンが選択されていることを確認します。

⑧「**上期**」と入力します。

※文字列を入力したあとに Enter を押すと改行されるので注意しましょう。

※任意のセルをクリックして、ボタンの選択を解除しておきましょう。

⑨同様に、ボタンに「**商品一覧へ**」プロシージャを登録し、ボタンの表示名を変更します。

👆POINT　ボタンの操作

ボタンの選択、サイズ変更などを行う方法は、次のとおりです。

●ボタンの選択
プロシージャが登録されているボタンをクリックすると、登録されているプロシージャが実行されます。
ボタンを選択するには、 Ctrl を押しながら、マウスポインターの形が🖑の状態でクリックします。

●ボタンのサイズ変更
ボタンを選択すると表示される○（ハンドル）をポイントし、マウスポインターの形が↕⟷⬀⬈の状態でドラッグします。

●ボタンの移動とコピー
ボタンを移動するには、ボタンを選択し、ボタンの枠線をマウスポインターの形が✣の状態でドラッグします。
ボタンをコピーするには、ボタンを選択し、 Ctrl を押しながら、ボタンの枠線をマウスポインターの形が✣の状態でドラッグします。

●ボタンの削除
ボタンを選択し、 Delete を押します。

👆POINT　図形への登録

図形にプロシージャを登録することもできます。
図形にプロシージャを登録する方法は、次のとおりです。

◆図形を右クリック→《マクロの登録》→《マクロ名》の一覧から選択

2 ボタンからの実行

ボタンから「**上期へ**」プロシージャを実行しましょう。

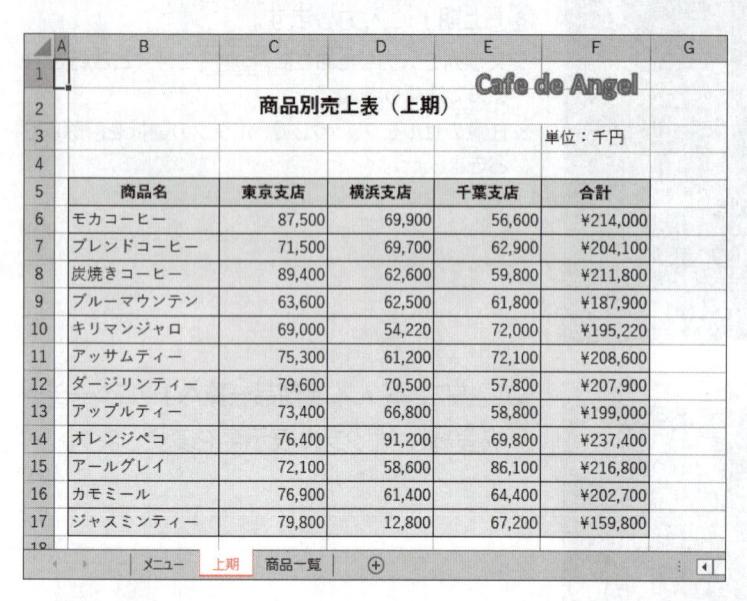

①「**上期**」ボタンをポイントします。

マウスポインターの形が 🖑 に変わります。

②クリックします。

「**上期へ**」プロシージャが実行され、シートが切り替わります。

※ボタン「商品一覧」をクリックし、シート「商品一覧」に切り替わることを確認しておきましょう。

Let's Try ためしてみよう

シート「上期」とシート「商品一覧」の図の位置にボタンを作成し、「メニューへ」プロシージャを登録しましょう。
ボタンの表示名は「メニュー」とします。

※ブックを上書き保存し、閉じておきましょう。

	A	B	C	D	E	F	G	H	I
1						Cafe de Angel			
2			商品別売上表（上期）						
3						単位：千円			
4									
5		商品名	東京支店	横浜支店	千葉支店	合計		メニュー	
6		モカコーヒー	87,500	69,900	56,600	¥214,000			
7		ブレンドコーヒー	71,500	69,700	62,900	¥204,100			
8		炭焼きコーヒー	89,400	62,600	59,800	¥211,800			
9		ブルーマウンテン	63,600	62,500	61,800	¥187,900			
10		キリマンジャロ	69,000	54,220	72,000	¥195,220			
11		アッサムティー	75,300	61,200	72,100	¥208,600			
12		ダージリンティー	79,600	70,500	57,800	¥207,900			
13		アップルティー	73,400	66,800	58,800	¥199,000			
14		オレンジペコ	76,400	91,200	69,800	¥237,400			
15		アールグレイ	72,100	58,600	86,100	¥216,800			
16		カモミール	76,900	61,400	64,400	¥202,700			
17		ジャスミンティー	79,800	12,800	67,200	¥159,800			

	A	B	C	D	E	F	G
1							
2			商品一覧				
3							
4		商品No.	商品名	単価		メニュー	
5		1001	モカコーヒー	¥1,500			
6		1002	ブレンドコーヒー	¥1,800			
7		1003	炭焼きコーヒー	¥2,100			
8		1004	ブルーマウンテン	¥1,800			
9		1005	キリマンジャロ	¥1,600			
10		2001	アッサムティー	¥1,200			
11		2002	ダージリンティー	¥900			
12		2003	アップルティー	¥1,000			
13		2004	オレンジペコ	¥850			
14		2005	アールグレイ	¥950			
15		2006	カモミール	¥700			
16		3001	ジャスミンティー	¥600			
17							

Let's Try Answer

①シート「上期」を選択

②《開発》タブを選択

③《コントロール》グループの 📷 （コントロールの挿入）をクリック

④《フォームコントロール》の 🔲 （ボタン（フォームコントロール））をクリック

⑤ドラッグしてボタンを作成

⑥《マクロ名》の一覧から「メニューへ」を選択

⑦《OK》をクリック

⑧ボタンが選択されていることを確認し、「メニュー」と入力

⑨同様に、シート「商品一覧」にボタンを作成し、プロシージャを登録

※ボタンをクリックし、シートが切り替わることを確認しておきましょう。

第4章

変数と制御構造

1　変数

「**変数**」は、文字列や数値などの変化する値を一時的に保管しておく箱のような役割を果たします。情報を変数に格納しておくことによって、その情報をプロシージャ内で何度も利用することができます。

変数に値を格納する処理のことを「**代入**」といいます。変数の値は、必要に応じてプロシージャ内で何度でも代入し直すことができます。

例：変数「tanka」に数値「100」を代入

```
tanka = 100
```

例：変数「kakaku」に計算式「100 ＋ 200」を代入

```
kakaku = 100 + 200
```

例：変数「yasai」に文字列「tomato」を代入

```
yasai = "tomato"
```

※ステートメントで使用される「＝」は数学で使用する等号の意味ではなく、「代入する」という意味になります。

2　変数の宣言

変数を使用する場合は、あらかじめプロシージャ内で変数の名前とデータ型を宣言します。宣言を行わなくても変数を使用することはできますが、「**Dimステートメント**」を使って宣言すると、誤ったデータが代入されるのを防ぐことができます。また、プロシージャをあとから見直したり、ほかの人がプロシージャを見たりするときに、どういうデータが使われているかがわかりやすくなります。

■Dimステートメント

変数を宣言し、データ型を指定します。

構　文	Dim 変数名 As データ型

例：整数型（Integer）の変数「kakaku」を宣言

```
Dim kakaku As Integer
```

例：文字列型（String）の変数「yasai」を宣言

```
Dim yasai As String
```

---

1 変数名

「変数名」 は自由に設定できますが、必ず固有の名前を付ける必要があります。また、規則性のない変数名を設定すると、時間が経過したりほかの人が見たりしたときにわかりづらくなります。変数名を設定するときは、独自に規則性を持たせてわかりやすくしましょう。

例えば、変数名の先頭に **「My」** を付けてユーザーが定義した変数であることを示したり、代入される値や何に使う変数かをわかりやすい表現にしたりするとよいでしょう。

変数名を付ける場合の注意点は、次のとおりです。

> ● 先頭は文字列を使用する
> ● 2文字目以降は、文字列、数値、「_（アンダースコア）」が使用できる
> ● スペースは使用できない
> ● 半角で255文字以内にする
> ● Excelの関数、ステートメント、メソッドなどで使われている単語は使用できない

2 データ型

「データ型」 とは、変数に格納する値の種類のことで、変数には文字列や数値など様々なデータ型の値を格納できます。

変数を宣言するときには、変数名だけではなく格納する値のデータ型も指定することができます。

データ型		使用メモリ	値の範囲
バイト型	Byte	1バイト	0～255の整数を扱う
ブール型	Boolean	2バイト	真（True）または偽（False）の値を扱う
整数型	Integer	2バイト	−32,768～32,767の整数を扱う
長整数型	Long	4バイト	−2,147,483,648～2,147,483,647の整数を扱う
単精度浮動小数点数型	Single	4バイト	小数点を含む数値を扱う
倍精度浮動小数点数型	Double	8バイト	単精度浮動小数点数型よりも大きな桁の小数点を含む数値を扱う
通貨型	Currency	8バイト	−922,337,203,685,477.5808～922,337,203,685,477.5807の数値を扱う（15桁の整数部分と4桁の小数部分）
日付型	Date	8バイト	日付と時刻を扱う
文字列型	String	文字列の長さ	文字列を扱う
オブジェクト型	Object	4バイト	オブジェクトを扱う
バリアント型	Variant	16バイト（数値）、22バイト＋文字列の長さ（文字列）	あらゆる種類の値を扱う

※データ型の宣言を省略した場合は、バリアント型として扱われ、あらゆる種類の値を格納できます。ただし、データ型を指定したときに比べて、メモリを多く使用するため処理が遅くなる可能性があります。

POINT データ型と異なる値が代入された場合

宣言したデータ型と異なるタイプの値が代入された場合は、次のようなエラーが発生します。

例：整数型（Integer）に文字列を代入したために発生したエラー

Microsoft Visual Basic

実行時エラー '13':

型が一致しません。

| 継続(C) | 終了(E) | デバッグ(D) | ヘルプ(H) |

また数値の場合は、データ型によって扱える数値の範囲が異なります。それぞれのデータ型で扱える範囲を超えるとエラーが発生します。
このような場合、宣言しているデータ型の扱える範囲を確認してください。

例：整数型（Integer）に32,767より大きい数値を代入したために発生したエラー

Microsoft Visual Basic

実行時エラー '6':

オーバーフローしました。

| 継続(C) | 終了(E) | デバッグ(D) | ヘルプ(H) |

STEP UP 定数

文字列や数値などの値に、名前を付けてプロシージャで使えるようにしたものを「定数」といいます。定数は、「Constステートメント」を使って宣言します。特定の文字列や数値の代わりに定数を使うことで、わかりやすく修正しやすいプロシージャを作成できます。

> ### ■Constステートメント
>
> 定数を宣言し、データ型と値を指定します。
>
> | 構 文 | Const 定数名 As データ型 = 値 |
>
> 例：整数型の定数「tukisuu」を宣言し、数値「12」を指定する
>
> Const tukisuu As Integer = 12

Step 2 | 変数を使用する

1 | セルの値の代入

セルに入力されている値を取得したり、セルに値を設定したりするには、「Valueプロパティ」を使います。

 **File OPEN** ブック「第4章」を開いておきましょう。

※メッセージバーの《コンテンツの有効化》をクリックしておきましょう。

■Valueプロパティ

セルに入力されている値を返します。また、セルに入力したい値を設定することもできます。

構 文	Rangeオブジェクト.Value

例：セル【B2】に「123」の値を設定する

```
Range ("B2").Value = 123
```

---

1 作成するプロシージャの確認

変数「tanka」にセル【C9】の値、変数「kazu」にセル【E9】の値、変数「uriage」に「tanka」×「kazu」の結果を代入するプロシージャを確認しましょう。変数「uriage」の値はメッセージボックスに表示します。

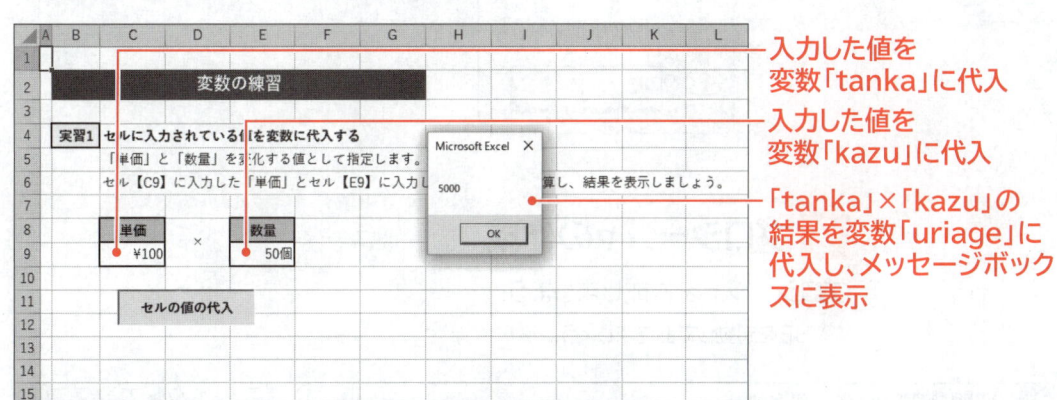

入力した値を
変数「tanka」に代入

入力した値を
変数「kazu」に代入

「tanka」×「kazu」の
結果を変数「uriage」に
代入し、メッセージボックスに表示

■「kingaku」プロシージャ

```
1. Sub kingaku ()
2.     Dim tanka As Integer
3.     Dim kazu As Integer
4.     Dim uriage As Integer
5.     tanka = Range ("C9").Value
6.     kazu = Range ("E9").Value
7.     uriage = tanka * kazu
8.     MsgBox uriage
9. End Sub
```

■プロシージャの意味

1. 「kingaku」プロシージャ開始
2. 整数型の変数「tanka」を使用することを宣言
3. 整数型の変数「kazu」を使用することを宣言
4. 整数型の変数「uriage」を使用することを宣言
5. 変数「tanka」にセル【C9】の値を代入
6. 変数「kazu」にセル【E9】の値を代入
7. 変数「uriage」に変数「tanka」×変数「kazu」の結果を代入
8. 変数「uriage」の値を表示
9. プロシージャ終了

POINT 算術演算子

プロシージャの中で計算を行うことができます。計算で使用する算術演算子は、次のとおりです。

算術演算子	意味	例
+	2つの数値の和を求める	変数 = 5 + 2
−	2つの数値の差を求める	変数 = 5 − 2
*	2つの数値の積を求める	変数 = 5 * 2
/	2つの数値の商を求める	変数 = 5 / 2 ※変数には「2.5」が代入されます。
¥	2つの数値の商を計算し、結果を整数で返す	変数 = 5 ¥ 2 ※変数には結果「2」が代入されます。
Mod	2つの数値を除算し、その剰余を返す	変数 = 5 Mod 2 ※変数には余り「1」が代入されます。
^	数値のべき乗を求める	変数 = 5 ^ 2

STEP UP メッセージボックスの表示

メッセージボックスに文字列や計算結果の数値を表示するには、「MsgBox関数」を使います。

例：メッセージボックスに「こんにちは」と表示する

```
MsgBox  "こんにちは"
```

2 プロシージャの作成

プロシージャを作成しましょう。
※VBEを起動しておきましょう。

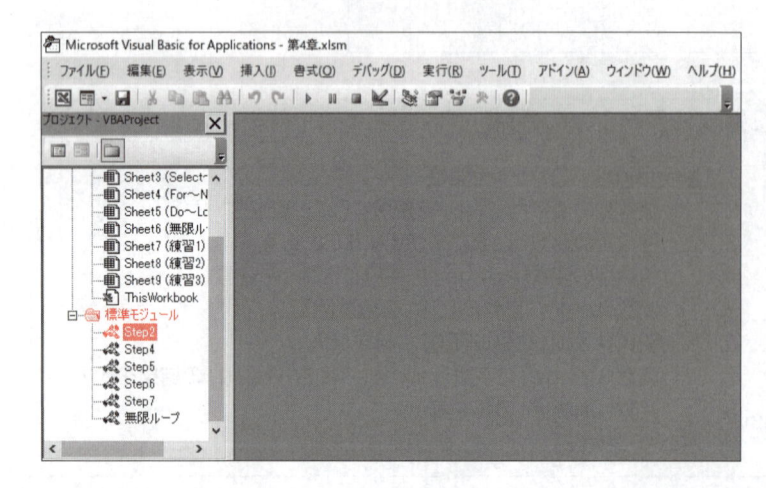

① プロジェクトエクスプローラーの《標準モジュール》をダブルクリックします。
※表示されていない場合は、スクロールして調整します。
② 「Step2」をダブルクリックします。

③次のようにプロシージャを入力します。

```
Sub kingaku()
    Dim tanka As Integer
    Dim kazu As Integer
    Dim uriage As Integer
    tanka = Range("C9").Value
    kazu = Range("E9").Value
    uriage = tanka * kazu
    MsgBox uriage
End Sub
```

※コンパイルを実行して上書き保存し、モジュールを閉じておきましょう。

3 動作の確認

プロシージャの動作を確認しましょう。

※Excelに切り替えておきましょう。

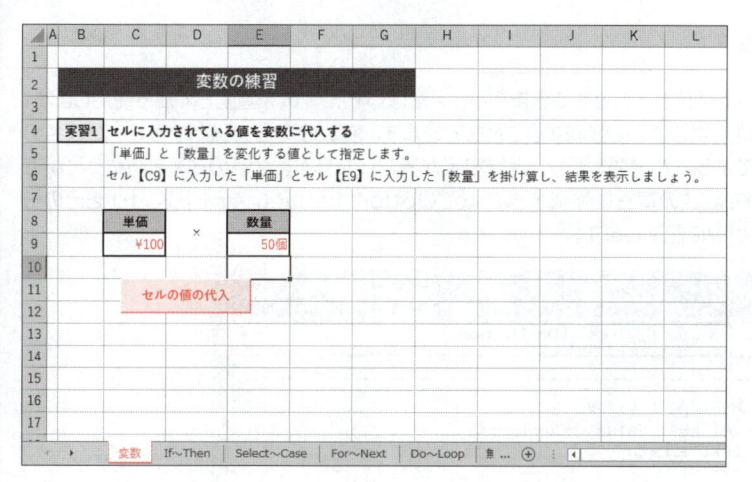

①シート「**変数**」を選択します。

②セル【C9】に「**100**」、セル【E9】に「**50**」と入力します。

③「**セルの値の代入**」ボタンをクリックします。

※ボタンにはあらかじめ「kingaku」プロシージャが登録されています。

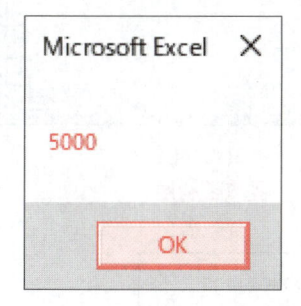

④メッセージボックスに「**5000**」と表示されることを確認します。

⑤《**OK**》をクリックします。

STEP UP 変数の有効範囲

Dimステートメントで宣言した変数は、宣言する場所によって利用できる範囲が異なります。プロシージャ内でDimステートメントを使って宣言した変数は、そのプロシージャ内でのみ利用できます。モジュールの先頭の領域を「宣言セクション」といい、宣言セクションで宣言した変数は、そのモジュール内のすべてのプロシージャで利用できます。

宣言セクションで
変数を宣言

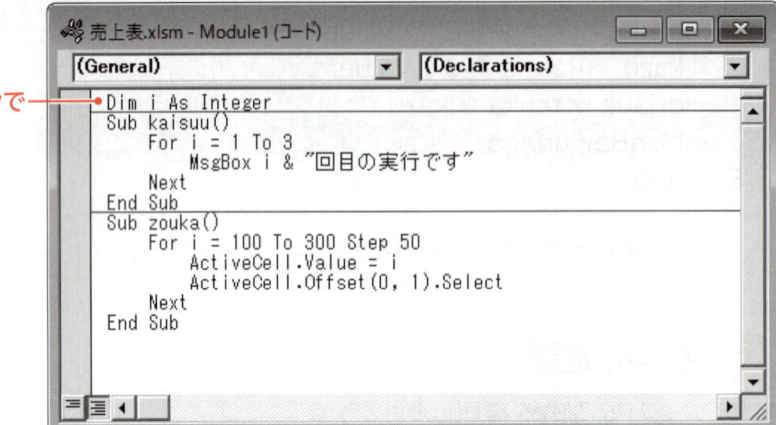

STEP UP 変数の宣言の強制

変数を特に宣言しないで使用することもできますが、通常は最初に変数を宣言してから使用します。変数は必ず宣言して使用するように強制することもできます。変数の宣言を強制すると、変数名の入力の間違いによってエラーが発生したり、実行結果が異なったりするなどのミスを防ぐことができます。モジュール内で変数の宣言を強制するには、「Option Explicitステートメント」をそのモジュールの宣言セクションに記述します。

宣言セクションで
変数を宣言する
ように強制する

宣言しないで
変数を利用

コンパイルを実行時に
エラーが発生

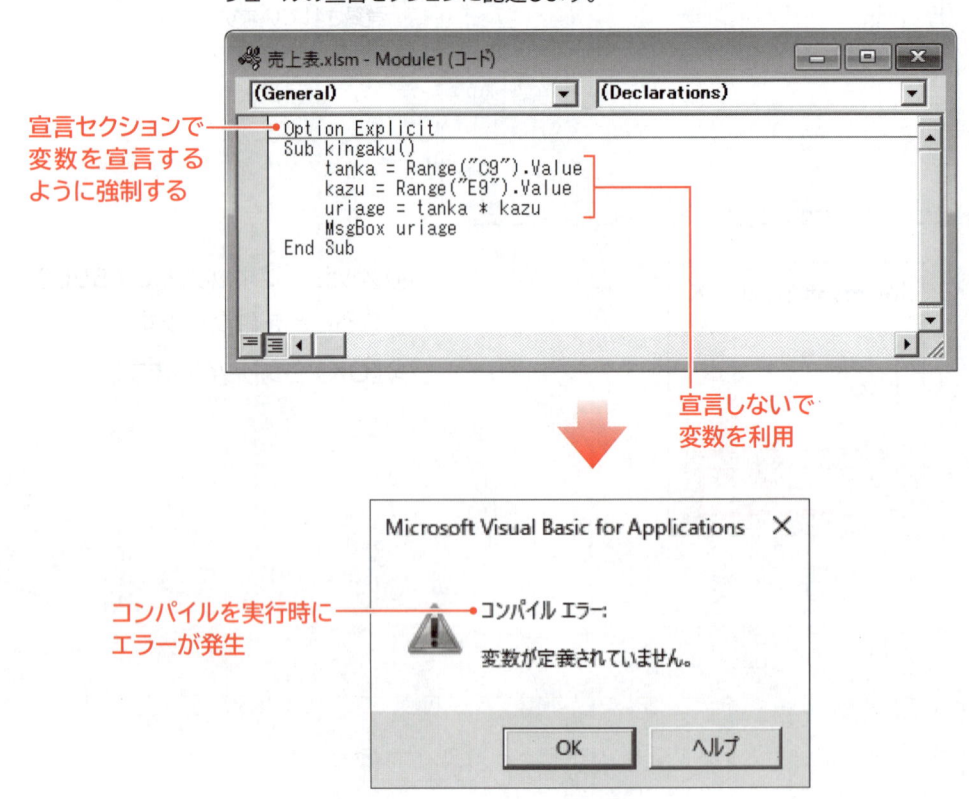

変数の宣言の強制を自動的に設定する方法は、次のとおりです。

◆VBEの《ツール》→《オプション》→《編集》タブ→《☑変数の宣言を強制する》

※設定後に作成したモジュールに適用されます。

制御構造を使用する

1 制御構造

プログラムは上から下に順に実行されますが、条件によって処理を分岐したり、同じ処理を繰り返したりする場合はプログラムを制御する必要があります。
プログラムの制御構造には、主に「**条件分岐**」と「**繰り返し**」の2つがあります。

●条件分岐

条件が成立した場合と条件が成立しなかった場合で処理を分岐することができる制御構造です。

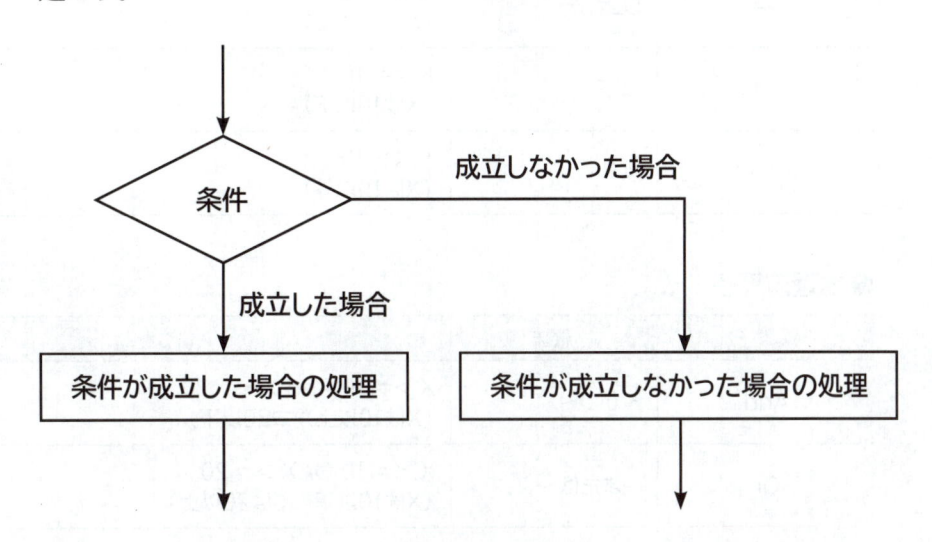

●繰り返し

条件によって同じ処理を繰り返すことができる制御構造です。

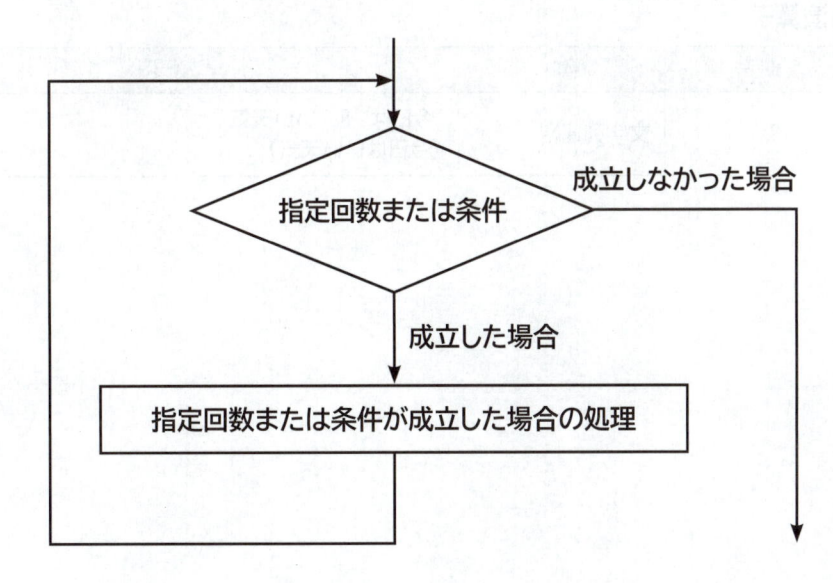

2 演算子

制御構造で条件式を設定する場合は、次のような演算子を使います。

● 比較演算子

演算子	意味	例
=	等しい	X = 10 （Xは10と等しい）
>	より大きい	X > 10 （Xは10より大きい）
<	より小さい	X < 10 （Xは10より小さい）
>=	以上	X >= 10 （Xは10以上）
<=	以下	X <= 10 （Xは10以下）
<>	以外	X <> 10 （Xは10以外）

● 論理演算子

演算子	意味	例
And	～かつ～	X >= 10 And X <= 20 （Xは10以上かつ20以下）
Or	～または～	X <= 10 Or X >= 20 （Xは10以下または20以上）
Not	～以外	Not X = 10 （Xは10以外）

● &演算子

演算子	意味	例
&	文字列連結	"今日は" & "いい天気" （今日はいい天気）

条件を分岐する（If〜Then）

1 If〜Thenステートメント

「If〜Thenステートメント」を使うと、条件が成立した場合の処理を指定できます。

> **■If〜Thenステートメント**
>
> 条件が成立した場合に処理を実行します。
>
> | 構 文 | If 条件 Then
　　　条件が成立した場合の処理
End If |
> |---|---|
>
> ※条件が成立した場合の処理は、何行でも記述できます。

1 作成するプロシージャの確認

セル【C8】の点数がセル【E8】の合格点以上の場合は、「**合格です**」とメッセージボックスを表示するプロシージャを確認しましょう。

File OPEN シート「If〜Then」に切り替えておきましょう。

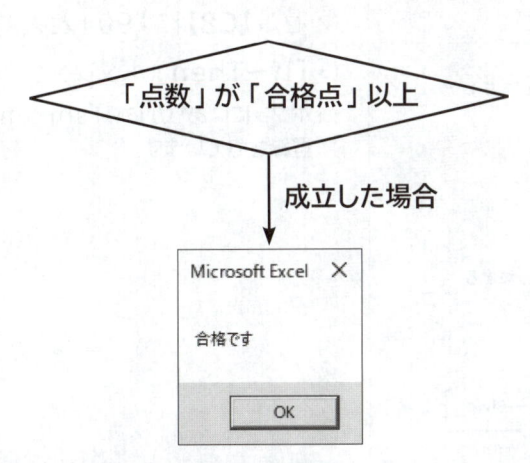

■「shiken1」プロシージャ

```
1. Sub shiken1 ()
2.     Dim tensuu As Integer
3.     Dim goukaku As Integer
4.     tensuu = Range ("C8").Value
5.     goukaku = Range ("E8").Value
6.     If tensuu >= goukaku Then
7.         MsgBox "合格です"
8.     End If
9. End Sub
```

■プロシージャの意味

```
1. 「shiken1」プロシージャ開始
2.     整数型の変数「tensuu」を使用することを宣言
3.     整数型の変数「goukaku」を使用することを宣言
4.     変数「tensuu」にセル【C8】の値を代入
5.     変数「goukaku」にセル【E8】の値を代入
6.     変数「tensuu」が変数「goukaku」以上の場合は
7.         「合格です」のメッセージを表示
8.     Ifステートメント終了
9. プロシージャ終了
```

2 プロシージャの作成

プロシージャを作成しましょう。

※VBEに切り替えておきましょう。

①プロジェクトエクスプローラーのモジュール「**Step4**」をダブルクリックします。

②次のようにプロシージャを入力します。

```
Sub shiken1 ()
    Dim tensuu As Integer
    Dim goukaku As Integer
    tensuu = Range ("C8").Value
    goukaku = Range ("E8").Value
    If tensuu >= goukaku Then
        MsgBox "合格です"
    End If
End Sub
```

※コンパイルを実行し、上書き保存しておきましょう。

3 動作の確認

プロシージャの動作を確認しましょう。

※Excelに切り替えておきましょう。

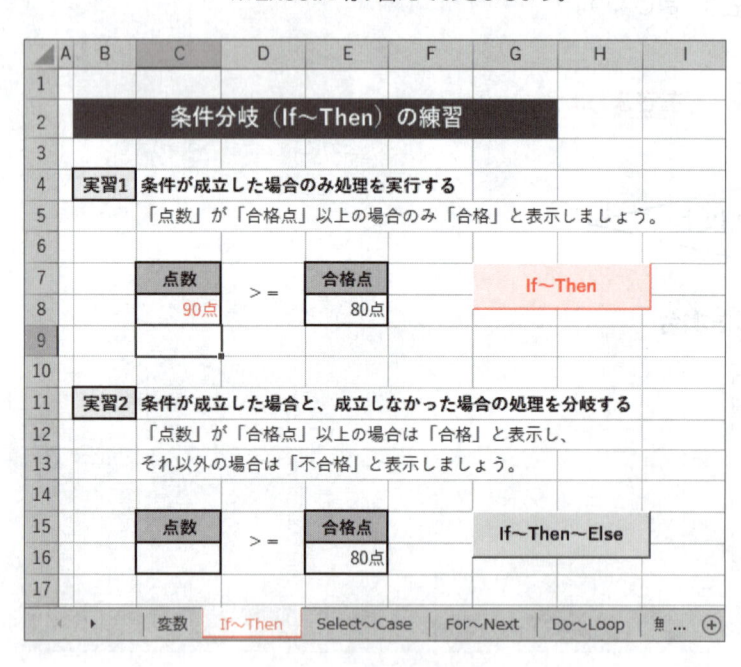

①シート「**If～Then**」が選択されていることを確認します。

②セル【C8】に「**90**」と入力します。

③「**If～Then**」ボタンをクリックします。

※ボタンにはあらかじめ「shiken1」プロシージャが登録されています。

④メッセージボックスに「**合格です**」と表示されることを確認します。

⑤《**OK**》をクリックします。

⑥同様に、セル【C8】に「**70**」と入力し、メッセージボックスが表示されないことを確認します。

If~Then~Elseステートメント

「If~Thenステートメント」に「Else」を組み合わせることで、条件が成立した場合の処理のほかに、条件が成立しなかった場合の処理も指定できます。

■If~Then~Elseステートメント

条件が成立した場合と成立しなかった場合に処理を分岐できます。

構　文	If 条件 Then
	　　　条件が成立した場合の処理
	Else
	　　　条件が成立しなかった場合の処理
	End If

1 作成するプロシージャの確認

セル【C16】の点数がセル【E16】の合格点以上の場合は「**合格です**」、それ以外の場合は「**不合格です**」とメッセージボックスを表示するプロシージャを確認しましょう。

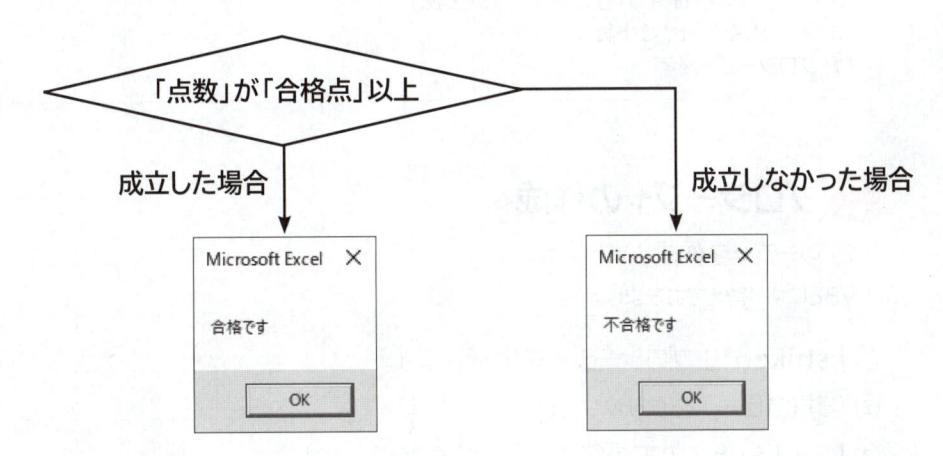

■「shiken2」プロシージャ

```
1. Sub shiken2()
2.     Dim tensuu As Integer
3.     Dim goukaku As Integer
4.     tensuu = Range("C16").Value
5.     goukaku = Range("E16").Value
6.     If tensuu >= goukaku Then
7.         MsgBox "合格です"
8.     Else
9.         MsgBox "不合格です"
10.    End If
11. End Sub
```

■プロシージャの意味

1. 「shiken2」プロシージャ開始
2.   整数型の変数「tensuu」を使用することを宣言
3.   整数型の変数「goukaku」を使用することを宣言
4.   変数「tensuu」にセル【C16】の値を代入
5.   変数「goukaku」にセル【E16】の値を代入
6.   変数「tensuu」が変数「goukaku」以上の場合は
7.   「合格です」のメッセージを表示
8.   それ以外の場合は
9.   「不合格です」のメッセージを表示
10.   Ifステートメント終了
11. プロシージャ終了

2 プロシージャの作成

プロシージャを作成しましょう。

※VBEに切り替えておきましょう。

① 「**shiken1**」プロシージャを選択します。

② 🗐 (コピー) をクリックします。

③ 「**End Sub**」の下の行にカーソルを移動します。

④ 📋 (貼り付け) をクリックします。

⑤ 次のようにプロシージャを編集します。

```
Sub shiken2()
    Dim tensuu As Integer
    Dim goukaku As Integer
    tensuu = Range("C16").Value
    goukaku = Range("E16").Value
    If tensuu >= goukaku Then
        MsgBox "合格です"
    Else
        MsgBox "不合格です"
    End If
End Sub
```

※コンパイルを実行し、上書き保存しておきましょう。

3 動作の確認

プロシージャの動作を確認しましょう。
※Excelに切り替えておきましょう。

①セル【C16】に「90」と入力します。
②「If~Then~Else」ボタンをクリックします。
※ボタンにはあらかじめ「shiken2」プロシージャが登録されています。

③メッセージボックスに「**合格です**」と表示されることを確認します。
④《**OK**》をクリックします。
⑤同様に、セル【C16】に「**70**」と入力し、メッセージボックスに「**不合格です**」と表示されることを確認します。
※《OK》をクリックし、メッセージボックスを閉じておきましょう。

---

3 If~Then~ElseIfステートメント

「If~Then~Else」ステートメントに「ElseIf」を組み合わせることで、条件が成立しなかった場合に、さらに条件を追加できます。

> ### ■If~Then~ElseIfステートメント
>
> 条件が複数ある場合に、それぞれの条件に応じて別の処理を実行できます。
>
> | 構　文 | If　条件1 Then
　　　条件1が成立した場合の処理
ElseIf　条件2 Then
　　　条件2が成立した場合の処理
Else
　　　条件1と条件2が成立しなかった場合の処理
End If |
> |---|---|
>
> ※Else以下の処理は省略できます。

1 作成するプロシージャの確認

セル【C24】の点数が「**80**」以上の場合は「**合格です**」、「**60**」以上の場合は「**追試です**」、それ以外の場合は「**不合格です**」とメッセージボックスを表示するプロシージャを確認しましょう。

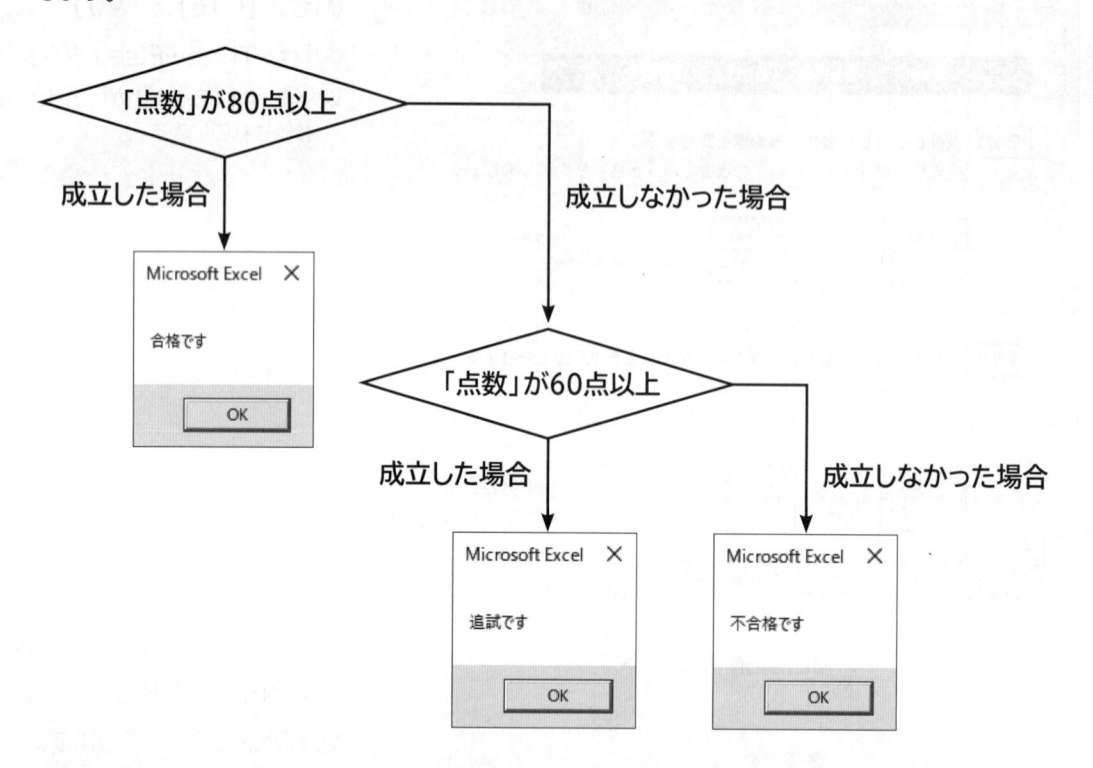

■「shiken3」プロシージャ

```
1. Sub shiken3 ()
2.      Dim tensuu As Integer
3.      tensuu = Range ("C24") .Value
4.      If tensuu >= 80 Then
5.          MsgBox "合格です"
6.      ElseIf tensuu >= 60 Then
7.          MsgBox "追試です"
8.      Else
9.          MsgBox "不合格です"
10.     End If
11. End Sub
```

■プロシージャの意味

1. 「shiken3」プロシージャ開始
2. 　　整数型の変数「tensuu」を使用することを宣言
3. 　　変数「tensuu」にセル【C24】の値を代入
4. 　　変数「tensuu」が「80」以上の場合は
5. 　　　　「合格です」のメッセージを表示
6. 　　変数「tensuu」が「60」以上の場合は
7. 　　　　「追試です」のメッセージを表示
8. 　　それ以外の場合は
9. 　　　　「不合格です」のメッセージを表示
10. 　　Ifステートメント終了
11. プロシージャ終了

2 プロシージャの作成

プロシージャを作成しましょう。
※VBEに切り替えておきましょう。

①最終行の「**End Sub**」の下の行にカーソルを移動します。
②次のようにプロシージャを入力します。

```
Sub shiken3()
    Dim tensuu As Integer
    tensuu = Range("C24").Value
    If tensuu >= 80 Then
        MsgBox "合格です"
    ElseIf tensuu >= 60 Then
        MsgBox "追試です"
    Else
        MsgBox "不合格です"
    End If
End Sub
```

※コンパイルを実行し、上書き保存しておきましょう。

3 動作の確認

プロシージャの動作を確認しましょう。
※Excelに切り替えておきましょう。

	A	B	C	D	E	F	G	H	I	J	K	L
18												
19		実習3	複数の条件によって処理を分岐する									
20			「点数」が80点以上の場合は「合格」、60点以上の場合は「追試」、									
21			それ以外の場合は「不合格」と表示しましょう。						試験結果			
22										点数	結果	
23			点数				If~Then~ElseIf			80点以上	合格	
24			80点							60点以上	追試	
25										それ以外	不合格	
26												
27		実習4	ネストを使ってさらに処理を分岐する									
28			「購入金額」と「区分」によって異なる割引率を表示しましょう。						割引率			
29											区分	
30			購入金額	区分			Ifのネスト			購入金額	一般	会員
31										50000円以上	15%	30%
32										30000円以上	10%	20%
33										10000円以上	5%	10%
34												

①セル【C24】に「**80**」と入力します。
②「**If~Then~ElseIf**」ボタンをクリックします。
※ボタンにはあらかじめ「shiken3」プロシージャが登録されています。

③メッセージボックスに「**合格です**」と表示されることを確認します。
④《**OK**》をクリックします。
⑤同様に、セル【**C24**】に「**70**」、「**50**」と入力し、表示されるメッセージを確認します。
※《OK》をクリックし、メッセージボックスを閉じておきましょう。

4 Ifステートメントのネスト

Ifステートメントの中にIfステートメントを入れることで、条件の中にさらに条件を付けて処理を分岐させることができます。これを「ネスト（入れ子）」といいます。

1 作成するプロシージャの確認

セル【C31】に入力した「購入金額」と、セル【D31】に入力した「区分」によって異なる割引率をメッセージボックスに表示するプロシージャを確認しましょう。

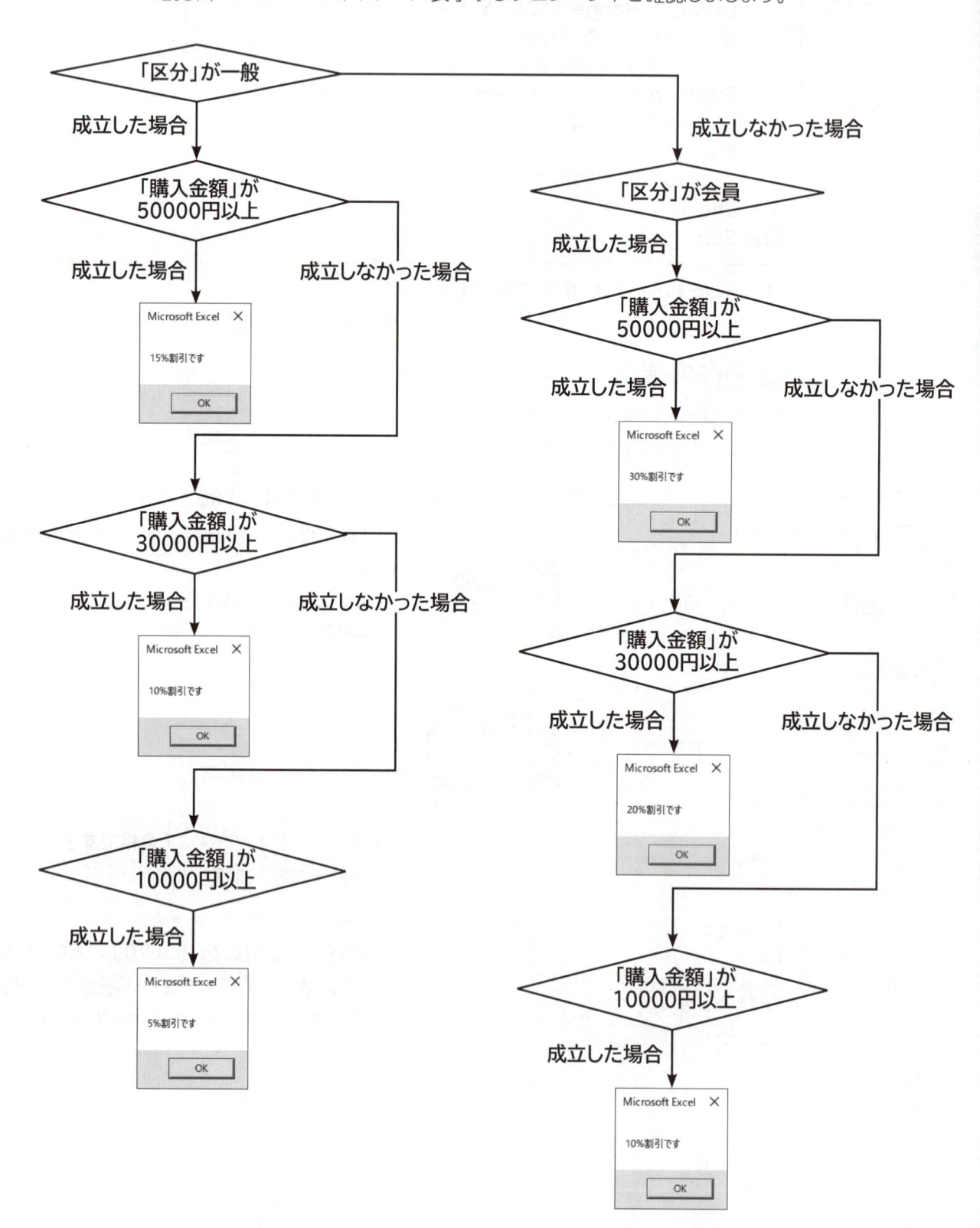

■「waribiki」プロシージャ

```
1. Sub waribiki ()
2.     Dim kingaku As Currency
3.     kingaku = Range ("C31").Value
4.     If Range ("D31").Value = "一般" Then
5.         If kingaku >= 50000 Then
6.             MsgBox "15%割引です"
7.         ElseIf kingaku >= 30000 Then
8.             MsgBox "10%割引です"
9.         ElseIf kingaku >= 10000 Then
10.             MsgBox "5%割引です"
11.         End If
12.     ElseIf Range ("D31").Value = "会員" Then
13.         If kingaku >= 50000 Then
14.             MsgBox "30%割引です"
15.         ElseIf kingaku >= 30000 Then
16.             MsgBox "20%割引です"
17.         ElseIf kingaku >= 10000 Then
18.             MsgBox "10%割引です"
19.         End If
20.     End If
21. End Sub
```

■プロシージャの意味

```
1. 「waribiki」プロシージャ開始
2.     通貨型の変数「kingaku」を使用することを宣言
3.     変数「kingaku」にセル【C31】の値を代入
4.     セル【D31】の値が「一般」の場合は5、7、9行目の条件で処理を分岐する
5.         変数「kingaku」の値が「50000」以上の場合は
6.             「15%割引です」のメッセージを表示
7.         変数「kingaku」の値が「30000」以上の場合は
8.             「10%割引です」のメッセージを表示
9.         変数「kingaku」の値が「10000」以上の場合は
10.             「5%割引です」のメッセージを表示
11.         「一般」の場合のIfステートメント終了
12.     セル【D31】の値が「会員」の場合は13、15、17行目の条件で処理を分岐する
13.         変数「kingaku」の値が「50000」以上の場合は
14.             「30%割引です」のメッセージを表示
15.         変数「kingaku」の値が「30000」以上の場合は
16.             「20%割引です」のメッセージを表示
17.         変数「kingaku」の値が「10000」以上の場合は
18.             「10%割引です」のメッセージを表示
19.         「会員」の場合のIfステートメント終了
20.     Ifステートメント終了
21. プロシージャ終了
```

2 プロシージャの作成

プロシージャを作成しましょう。

※VBEに切り替えておきましょう。

①最終行の「**End Sub**」の下の行にカーソルを移動します。

②次のようにプロシージャを入力します。

```
Sub waribiki()
    Dim kingaku As Currency
    kingaku = Range("C31").Value
    If Range("D31").Value = "一般" Then
        If kingaku >= 50000 Then
            MsgBox "15%割引です"
        ElseIf kingaku >= 30000 Then
            MsgBox "10%割引です"
        ElseIf kingaku >= 10000 Then
            MsgBox "5%割引です"
        End If
    ElseIf Range("D31").Value = "会員" Then
        If kingaku >= 50000 Then
            MsgBox "30%割引です"
        ElseIf kingaku >= 30000 Then
            MsgBox "20%割引です"
        ElseIf kingaku >= 10000 Then
            MsgBox "10%割引です"
        End If
    End If
End Sub
```

※コンパイルを実行して上書き保存し、モジュールを閉じておきましょう。

3 動作の確認

プロシージャの動作を確認しましょう。

※Excelに切り替えておきましょう。

①セル【C31】に「**50000**」、セル【D31】に「**一般**」と入力します。

②「**Ifのネスト**」ボタンをクリックします。

※ボタンにはあらかじめ「waribiki」プロシージャが登録されています。

③メッセージボックスに「**15%割引です**」と
表示されることを確認します。

④《**OK**》をクリックします。

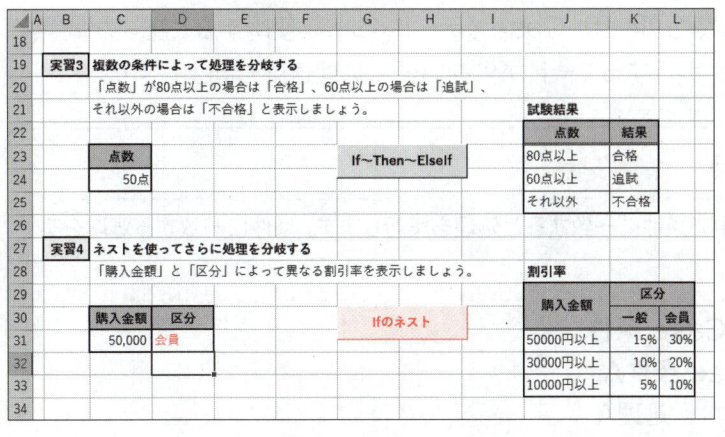

⑤セル【**D31**】に「**会員**」と入力します。

⑥「**Ifのネスト**」ボタンをクリックします。

⑦メッセージボックスに「**30%割引です**」と
表示されること確認します。

⑧《**OK**》をクリックします。

⑨同様に、セル【**C31**】に「**30000**」、「**10000**」
と入力し、セル【**D31**】の値がそれぞれ「**一
般**」と「**会員**」の場合に表示されるメッセー
ジを確認します。

※《OK》をクリックし、メッセージボックスを閉じてお
きましょう。

STEP UP And演算子を使った条件の記述

Ifステートメントのネストを使って記述する以外にも、And演算子を使って記述することもできま
す。どちらのプロシージャを実行しても同じ処理結果を返すことができますが、Ifステートメントの
ネストの方がすっきりしていてわかりやすいプロシージャを作成できます。

● And演算子で記述した場合

```
Sub waribiki()
    Dim kingaku As Currency
    kingaku = Range("C31").Value
    If Range("D31").Value = "一般" And kingaku >= 50000 Then
        MsgBox "15%割引です"
    ElseIf Range("D31").Value = "一般" And kingaku >= 30000 Then
        MsgBox "10%割引です"
    ElseIf Range("D31").Value = "一般" And kingaku >= 10000 Then
        MsgBox "5%割引です"
    ElseIf Range("D31").Value = "会員" And kingaku >= 50000 Then
        MsgBox "30%割引です"
    ElseIf Range("D31").Value = "会員" And kingaku >= 30000 Then
        MsgBox "20%割引です"
    ElseIf Range("D31").Value = "会員" And kingaku >= 10000 Then
        MsgBox "10%割引です"
    End If
End Sub
```

Step5 条件を分岐する（Select〜Case）

1 Select〜Caseステートメント

条件分岐には、If〜Thenステートメント以外に「**Select〜Caseステートメント**」があります。処理の分岐が多くなる場合は、Select〜Caseステートメントを使用すると記述が簡潔でわかりやすくなります。また、実行するコードが少ない分、処理速度も向上します。

■Select〜Caseステートメント

条件をチェックし、Caseの中で条件に一致すると処理を実行します。条件に一致する処理を実行した時点で終了します。

| 構　文 | ```
Select Case 条件
        Case 条件A
                処理A
        Case 条件B
                処理B
        Case 条件C
                処理C
        Case Else
                処理D
End Select
``` |
|---|---|

※ Case Elseには、いずれの条件とも一致しない場合の処理を記述します。Case Elseは省略できます。

2 数値を条件とするSelect〜Caseステートメント

Select〜Caseステートメントで数値を条件にする場合は、条件の値を直接入力します。

例：条件の値が「100」の場合

```
Case 100
```

1 作成するプロシージャの確認

セル【C8】のコードに対応する部署名をメッセージボックスに表示するプロシージャを確認しましょう。

 **File OPEN** シート「Select〜Case」に切り替えておきましょう。
```

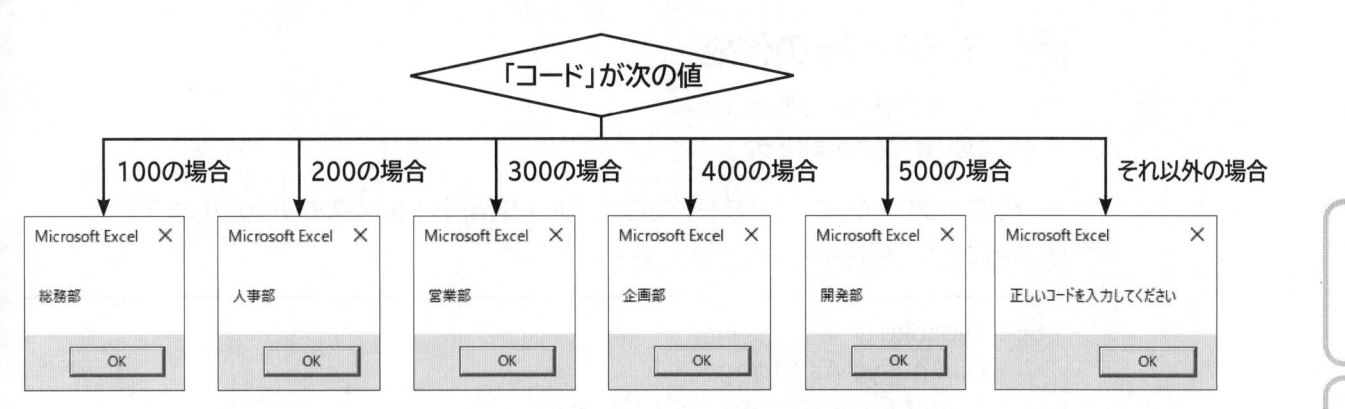

「コード」が次の値

100の場合	200の場合	300の場合	400の場合	500の場合	それ以外の場合
Microsoft Excel ×　総務部　OK	Microsoft Excel ×　人事部　OK	Microsoft Excel ×　営業部　OK	Microsoft Excel ×　企画部　OK	Microsoft Excel ×　開発部　OK	Microsoft Excel ×　正しいコードを入力してください　OK

1

2

3

4

■「syozoku」プロシージャ

```
1. Sub syozoku ()
2.      Dim busyo As String
3.      Select Case Range ("C8") .Value
4.          Case 100
5.              busyo = "総務部"
6.          Case 200
7.              busyo = "人事部"
8.          Case 300
9.              busyo = "営業部"
10.         Case 400
11.             busyo = "企画部"
12.         Case 500
13.             busyo = "開発部"
14.         Case Else
15.             busyo = "正しいコードを入力してください"
16.     End Select
17.     MsgBox busyo
18. End Sub
```

5

6

■プロシージャの意味

1.「syozoku」プロシージャ開始
2.　　　　文字列型の変数「busyo」を使用することを宣言
3.　　　　セル【C8】の値が
4.　　　　　「100」の場合は
5.　　　　　　変数「busyo」に「総務部」を代入
6.　　　　　「200」の場合は
7.　　　　　　変数「busyo」に「人事部」を代入
8.　　　　　「300」の場合は
9.　　　　　　変数「busyo」に「営業部」を代入
10.　　　　　「400」の場合は
11.　　　　　　変数「busyo」に「企画部」を代入
12.　　　　　「500」の場合は
13.　　　　　　変数「busyo」に「開発部」を代入
14.　　　　　それ以外の場合は
15.　　　　　　変数「busyo」に「正しいコードを入力してください」を代入
16.　　　　Select Caseステートメント終了
17.　　　　変数「busyo」の値を表示
18. プロシージャ終了

総合問題

付録

索引

2 プロシージャの作成

プロシージャを作成しましょう。

※VBEに切り替えておきましょう。

①プロジェクトエクスプローラーのモジュール「Step5」をダブルクリックします。

②次のようにプロシージャを入力します。

```
Sub syozoku()
    Dim busyo As String
    Select Case Range("C8").Value
        Case 100
            busyo = "総務部"
        Case 200
            busyo = "人事部"
        Case 300
            busyo = "営業部"
        Case 400
            busyo = "企画部"
        Case 500
            busyo = "開発部"
        Case Else
            busyo = "正しいコードを入力してください"
    End Select
    MsgBox busyo
End Sub
```

※コンパイルを実行し、上書き保存しておきましょう。

3 動作の確認

プロシージャの動作を確認しましょう。

※Excelに切り替えておきましょう。

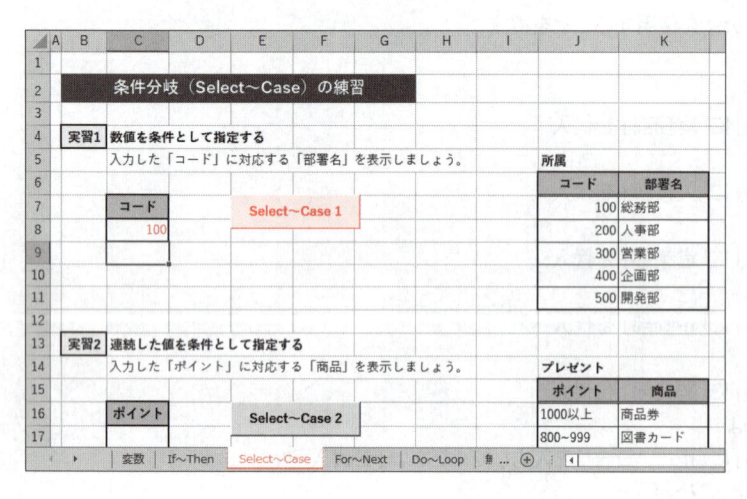

①シート「Select～Case」が選択されていることを確認します。

②セル【C8】に「100」と入力します。

③「Select～Case1」ボタンをクリックします。

※ボタンにはあらかじめ「syozoku」プロシージャが登録されています。

④メッセージボックスに「**総務部**」と表示されることを確認します。

⑤《**OK**》をクリックします。

⑥同様に、セル【**C8**】にコードを入力し、表示されるメッセージを確認します。

※《**OK**》をクリックし、メッセージボックスを閉じておきましょう。

STEP UP If~Then~ElseIfステートメントとSelect~Caseステートメントの比較

次の2つは、If~Then~ElseIfステートメントとSelect~Caseステートメントで記述したプロシージャです。Excel上ではどちらのプロシージャを実行しても同じ処理結果を返すことになりますが、2つのプロシージャを比較すると、Select~Caseステートメントの方がすっきりしていて記述が見やすいことがわかります。

If~Then~ElseIfステートメントでは各ElseIfステートメントごとに条件を指定し、Select~Caseステートメントでは最初に一度だけ条件を指定します。

● If~Then~ElseIfステートメントで記述した場合

```
Sub bunki ()
    Dim code As String
    If Range ("D9") .Value = 10 Then
        code = "A"
    ElseIf Range ("D9") .Value = 20 Then
        code = "B"
    ElseIf Range ("D9") .Value = 30 Then
        code = "C"
    Else
        code = "D"
    End If
    MsgBox code
End Sub
```

● Select~Caseステートメントで記述した場合

```
Sub bunki ()
    Dim code As String
    Select Case Range ("D9") .Value
        Case 10
            code = "A"
        Case 20
            code = "B"
        Case 30
            code = "C"
        Case Else
            code = "D"
    End Select
    MsgBox code
End Sub
```

3 連続した値を条件とするSelect〜Caseステートメント

Select〜Caseステートメントで「100」〜「200」などの連続した値を条件にする場合は、「値 To 値」で条件を指定します。

また、「〜以上」、「〜以下」などの条件にする場合は、比較演算子を使います。比較演算子を使う場合は「Is」と組み合わせて記述します。

例：条件の値が「100」〜「200」の場合

```
Case 100 To 200
```

例：条件の値が「100」以上の場合

```
Case Is >= 100
```

※「Is」は省略しても自動的に入力されます。

1 作成するプロシージャの確認

セル【C17】のポイントに対応する商品をメッセージボックスに表示するプロシージャを確認しましょう。

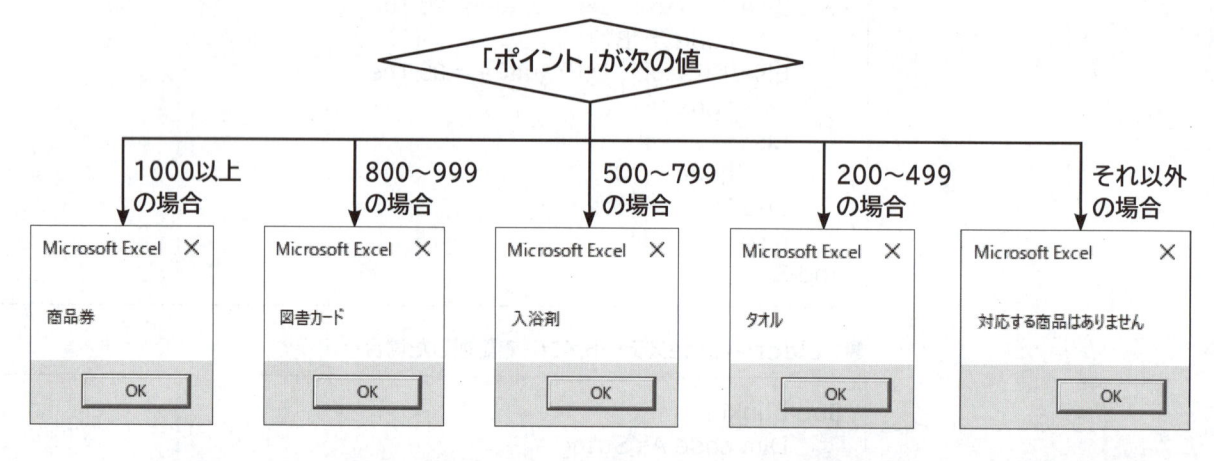

■「point」プロシージャ

```
1. Sub point ()
2.      Dim present As String
3.      Select Case Range ("C17") .Value
4.          Case Is >= 1000
5.              present = "商品券"
6.          Case 800 To 999
7.              present = "図書カード"
8.          Case 500 To 799
9.              present = "入浴剤"
10.         Case 200 To 499
11.             present = "タオル"
12.         Case Else
13.             present = "対応する商品はありません"
14.     End Select
15.     MsgBox present
16. End Sub
```

1. 「point」プロシージャ開始
2. 　　文字列型の変数「present」を使用することを宣言
3. 　　セル【C17】の値が
4. 　　　「1000」以上の場合は
5. 　　　　変数「present」に「商品券」を代入
6. 　　　「800」～「999」の場合は
7. 　　　　変数「present」に「図書カード」を代入
8. 　　　「500」～「799」の場合は
9. 　　　　変数「present」に「入浴剤」を代入
10. 　　　「200」～「499」の場合は
11. 　　　　変数「present」に「タオル」を代入
12. 　　　それ以外の場合は
13. 　　　　変数「present」に「対応する商品はありません」を代入
14. 　　Select Caseステートメント終了
15. 　　変数「present」の値を表示
16. プロシージャ終了

2 プロシージャの作成

プロシージャを作成しましょう。

※VBEに切り替えておきましょう。

①最終行の「**End Sub**」の下の行にカーソルを移動します。

②次のようにプロシージャを入力します。

```
Sub point()
    Dim present As String
    Select Case Range("C17").Value
        Case Is >= 1000
            present = "商品券"
        Case 800 To 999
            present = "図書カード"
        Case 500 To 799
            present = "入浴剤"
        Case 200 To 499
            present = "タオル"
        Case Else
            present = "対応する商品はありません"
    End Select
    MsgBox present
End Sub
```

※「To」の前後のスペースは直接入力します。
※コンパイルを実行し、上書き保存しておきましょう。

3 動作の確認

プロシージャの動作を確認しましょう。
※Excelに切り替えておきましょう。

	ポイント	商品
	1000以上	商品券
	800~999	図書カード
	500~799	入浴剤
	200~499	タオル

①セル【C17】に「1000」と入力します。

②「Select~Case2」ボタンをクリックします。

※ボタンにはあらかじめ「point」プロシージャが登録されています。

③メッセージボックスに「**商品券**」と表示されることを確認します。

④《OK》をクリックします。

⑤同様に、セル【C17】にポイントを入力し、表示されるメッセージを確認します。

※《OK》をクリックし、メッセージボックスを閉じておきましょう。

STEP UP 「値 To 値」を使わない記述

連続した値の範囲を条件とする場合、「値 To 値」を使わなくても指定できます。
Case文を「To」を使わずに指定した場合の記述は、次のとおりです。

```
Sub point ()
    Dim present As String
    Select Case Range ("C17") .Value
        Case Is >= 1000
            present = "商品券"
        Case Is >= 800
            present = "図書カード"
        Case Is >= 500
            present = "入浴剤"
        Case Is >= 200
            present = "タオル"
        Case Else
            present = "対応する商品はありません"
    End Select
    MsgBox present
End Sub
```

4 連続しない値を条件とするSelect～Caseステートメント

Select～Caseステートメントで連続しない値を条件にする場合は、条件の値を「,(カンマ)」で区切って指定します。

例：条件の値が「100」か「200」の場合

```
Case 100, 200
```

1 作成するプロシージャの確認

セル【C25】のコードに対応するタイプをメッセージボックスに表示するプロシージャを確認しましょう。

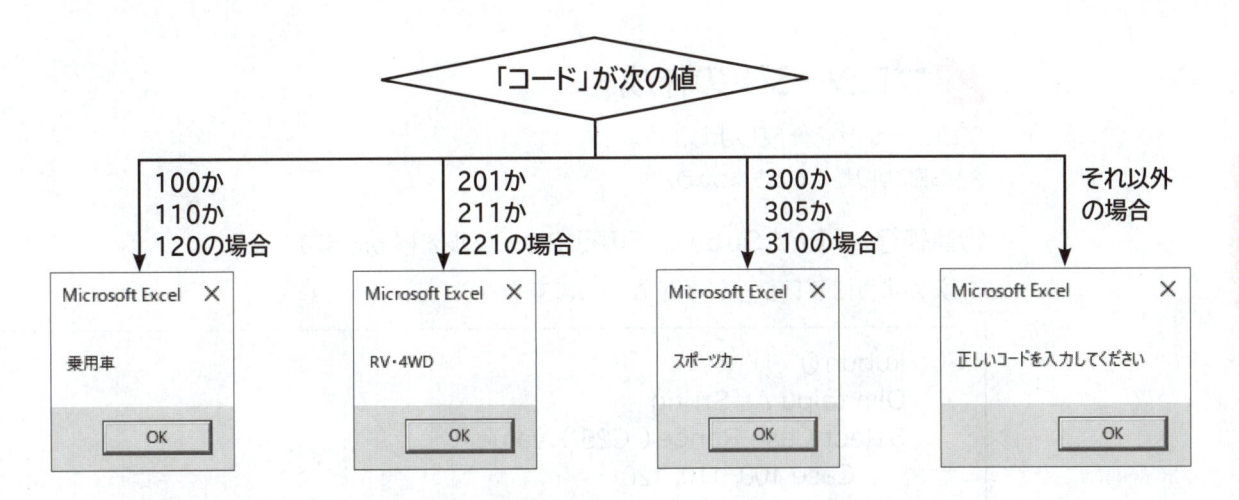

■「kubun」プロシージャ

```
1. Sub kubun ()
2.      Dim taipu As String
3.      Select Case Range ("C25") .Value
4.          Case   100, 110, 120
5.              taipu = "乗用車"
6.          Case   201, 211, 221
7.              taipu = "RV・4WD"
8.          Case   300, 305, 310
9.              taipu = "スポーツカー"
10.         Case   Else
11.             taipu = "正しいコードを入力してください"
12.     End Select
13.     MsgBox taipu
14. End Sub
```

1. 「kubun」プロシージャ開始
2. 文字列型の変数「taipu」を使用することを宣言
3. セル [C25] の値が
4. 「100」か「110」か「120」の場合は
5. 変数「taipu」に「乗用車」を代入
6. 「201」か「211」か「221」の場合は
7. 変数「taipu」に「RV・4WD」を代入
8. 「300」か「305」か「310」の場合は
9. 変数「taipu」に「スポーツカー」を代入
10. それ以外の場合は
11. 変数「taipu」に「正しいコードを入力してください」を代入
12. Select Case ステートメント終了
13. 変数「taipu」の値を表示
14. プロシージャ終了

2 プロシージャの作成

プロシージャを作成しましょう。

※VBEに切り替えておきましょう。

①最終行の「End Sub」の下の行にカーソルを移動します。

②次のようにプロシージャを入力します。

```
Sub kubun ()
Dim taipu As String
Select Case Range ("C25"). Value
    Case 100, 110, 120
        taipu = "乗用車"
    Case 201, 211, 221
        taipu = "RV・4WD"
    Case 300, 305, 310
        taipu = "スポーツカー"
    Case Else
        taipu = "正しいコードを入力してください"
End Select
MsgBox taipu
End Sub
```

※コンパイルを実行し、上書き保存しておきましょう。

3 動作の確認

プロシージャの動作を確認しましょう。

※Excelに切り替えておきましょう。

①セル [C25] に「100」と入力します。

②「Select～Case3」ボタンをクリックします。

※ボタンにはあらかじめ「kubun」プロシージャが登録されています。

実習3 連続しない値を条件として指定する

入力した「コード」に対応する「タイプ」を表示しましょう。

コード	タイプ
100	

Select～Case 3

自動車区分	
コード	タイプ
100,110,120	乗用車
201,211,221	RV・4WD
300,305,310	スポーツカー

③メッセージボックスに「**乗用車**」と表示されることを確認します。

④《**OK**》をクリックします。

⑤同様に、セル【**C25**】にコードを入力し、表示されるメッセージを確認します。

※《OK》をクリックし、メッセージボックスを閉じておきましょう。

STEP UP **Case に複数の条件や範囲を設定**

Caseには複数の条件や範囲を設定できます。
例えば、1000以上、または500～799の範囲、または100、110、120という複数の条件を設定する場合の記述は、次のとおりです。

```
Case Is >= 1000, 500 to 799, 100, 110, 120
```

---

5 文字列を条件とするSelect～Caseステートメント

Select～Caseステートメントで文字列を条件にする場合は、条件の値を「"(ダブルクォーテーション)」で囲みます。

例：条件の値が「ボールペン」の場合

```
Case "ボールペン"
```

1 作成するプロシージャの確認

セル【**C32**】の色に対応するフォントの色を設定するプロシージャを確認しましょう。

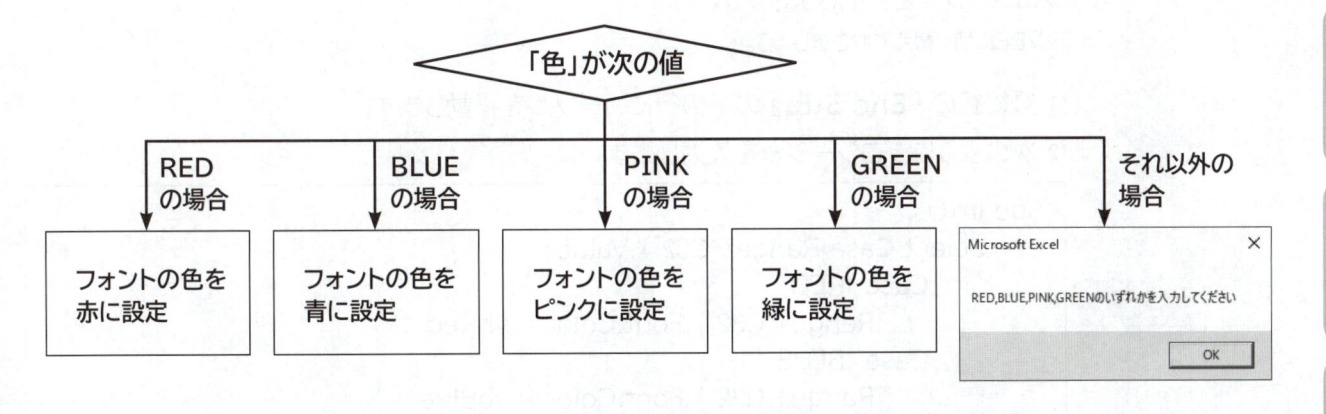

■「iro」プロシージャ

```
1. Sub iro ()
2.      Select Case Range ("C32") .Value
3.          Case "RED"
4.              Range ("C32") .Font.Color = vbRed
5.          Case "BLUE"
6.              Range ("C32") .Font.Color = vbBlue
7.          Case "PINK"
8.              Range ("C32") .Font.Color = vbMagenta
9.          Case "GREEN"
10.             Range ("C32") .Font.Color = vbGreen
11.         Case Else
12.             MsgBox "RED,BLUE,PINK,GREENのいずれかを入力してください"
13.     End Select
14. End Sub
```

■プロシージャの意味

```
1. 「iro」プロシージャ開始
2.      セル【C32】の値が
3.          「RED」の場合は
4.              セル【C32】のフォントの色を赤に設定
5.          「BLUE」の場合は
6.              セル【C32】のフォントの色を青に設定
7.          「PINK」の場合は
8.              セル【C32】のフォントの色をピンクに設定
9.          「GREEN」の場合は
10.             セル【C32】のフォントの色を緑に設定
11.         それ以外の場合は
12.             「RED,BLUE,PINK,GREENのいずれかを入力してください」のメッセージを表示
13.     Select Caseステートメント終了
14. プロシージャ終了
```

2 プロシージャの作成

プロシージャを作成しましょう。

※VBEに切り替えておきましょう。

①最終行の「**End Sub**」の下の行にカーソルを移動します。

②次のようにプロシージャを入力します。

```
Sub iro ()
    Select Case Range ("C32") .Value
        Case "RED"
            Range ("C32") .Font.Color = vbRed
        Case "BLUE"
            Range ("C32") .Font.Color = vbBlue
        Case "PINK"
            Range ("C32") .Font.Color = vbMagenta
        Case "GREEN"
            Range ("C32") .Font.Color = vbGreen
        Case Else
            MsgBox "RED,BLUE,PINK,GREENのいずれかを入力してください"
    End Select
End Sub
```

※コンパイルを実行して上書き保存し、モジュールを閉じておきましょう。

3 動作の確認

プロシージャの動作を確認しましょう。

※Excelに切り替えておきましょう。

▲	A	B	C	D	E	F	G	H	I	J	K
20											
21		実習3	連続しない値を条件として指定する								
22			入力した「コード」に対応する「タイプ」を表示しましょう。						自動車区分		
23										コード	タイプ
24			コード		Select～Case 3					100,110,120	乗用車
25			100							201,211,221	RV・4WD
26										300,305,310	スポーツカー
27											
28		実習4	文字列を条件として指定する								
29			入力した「色」に対応するフォントの色を設定しましょう。						Color表		
30										色	組み込み定数
31			色		Select～Case 4					RED	vbRed
32			RED							BLUE	vbBlue
33										PINK	vbMagenta
34										GREEN	vbGreen
35											

① セル【C32】に「RED」と入力します。

※半角大文字で入力します。

②「Select～Case4」ボタンをクリックします。

※ボタンにはあらかじめ「iro」プロシージャが登録されています。

③ セル【C32】のフォントの色が赤に設定されることを確認します。

④ 同様に、セル【C32】に色を入力し、フォントの色が設定されることを確認します。

STEP UP 条件にアルファベットを入力するときの注意

条件に使用する文字列がアルファベットの場合、大文字と小文字が区別されるので注意しましょう。条件の文字列を"red"にしている場合、セルに「RED」と入力しプロシージャを実行してもフォントの色は変更されません。

大文字・小文字のどちらを入力しても、同じように処理が実行されるようにするには、次のようにプロシージャを作成します。

例：小文字のみ認識できる場合

```
Select Case Range ("C32").Value
     Case "red"
            Range ("C32").Font.Color = vbRed
     Case "blue"
                 ⋮
End Select
```

例：小文字と大文字を認識できる場合

```
Select Case Range ("C32").Value
     Case "red","RED","Red"
            Range ("C32").Font.Color = vbRed
     Case "blue","BLUE","Blue"
                 ⋮
End Select
```

Step6 処理を繰り返す（For～Next）

1 指定した回数分繰り返すFor～Nextステートメント

「For～Nextステートメント」を使うと、指定された回数分の処理を繰り返します。

■For～Nextステートメント

For～Nextステートメントには、繰り返し処理をカウントするための「カウンタ変数」が必要となります。カウンタ変数に初期値から最終値まで代入される間、処理を繰り返します。増減値によってカウンタ変数の値が変化し、最終値を超えると処理が終了します。

構 文	For　カウンタ変数 ＝ 初期値 To 最終値 Step 増減値 　　　処理 Next カウンタ変数

※「Step 増減値」は省略できます。省略した場合は、自動的にカウンタ変数の値が1ずつ加算されます。
※Nextの後ろの「カウンタ変数」は省略できます。

例：カウンタ変数「i」が「1」から「1」ずつ増加し、「10」になるまで処理を繰り返す

```
For i = 1 To 10
```

例：カウンタ変数「i」が「10」から「5」ずつ増加し、「50」になるまで処理を繰り返す

```
For i = 10 To 50 Step 5
```

例：カウンタ変数「i」が「50」から「5」ずつ減少し、「10」になるまで処理を繰り返す

```
For i = 50 To 10 Step -5
```

👆POINT　カウンタ変数の宣言

カウンタ変数はほかの変数と同様に宣言します。一般的には変数名としてアルファベットの「i」や「n」などが使われることが多く、データ型を指定する場合は整数型（Integer）として定義します。

例：「i」をカウンタ変数名として整数型で指定

```
Dim i As Integer
```

1 作成するプロシージャの確認

メッセージボックスが3回繰り返し表示されるプロシージャを確認しましょう。メッセージボックスには何回目の実行なのかを表示します。

 シート「For〜Next」に切り替えておきましょう。

■「kaisuu」プロシージャ

```
1. Sub kaisuu ()
2.      Dim i As Integer
3.      For i = 1 To 3
4.          MsgBox i & "回目の実行です"
5.      Next
6. End Sub
```

■プロシージャの意味

1.「kaisuu」プロシージャ開始
2.　　　整数型の変数「i」を使用することを宣言
3.　　　変数「i」が「1」から「3」になるまで次の行以降の処理を繰り返す
4.　　　　　変数「i」と「回目の実行です」を連結した文字列を表示
5.　　　変数「i」に変数「i」＋ 1の結果を代入し、3行目に戻る
6. プロシージャ終了

2 プロシージャの作成

プロシージャを作成しましょう。
※VBEに切り替えておきましょう。

①プロジェクトエクスプローラーのモジュール「**Step6**」をダブルクリックします。
②次のようにプロシージャを入力します。

```
Sub kaisuu ()
    Dim i As Integer
    For i = 1 To 3
        MsgBox i & "回目の実行です"
    Next
End Sub
```

※「To」の前後のスペースは直接入力します。
※「&」の前のスペースは直接入力します。
※コンパイルを実行し、上書き保存しておきましょう。

3 動作の確認

プロシージャの動作を確認しましょう。
※Excelに切り替えておきましょう。

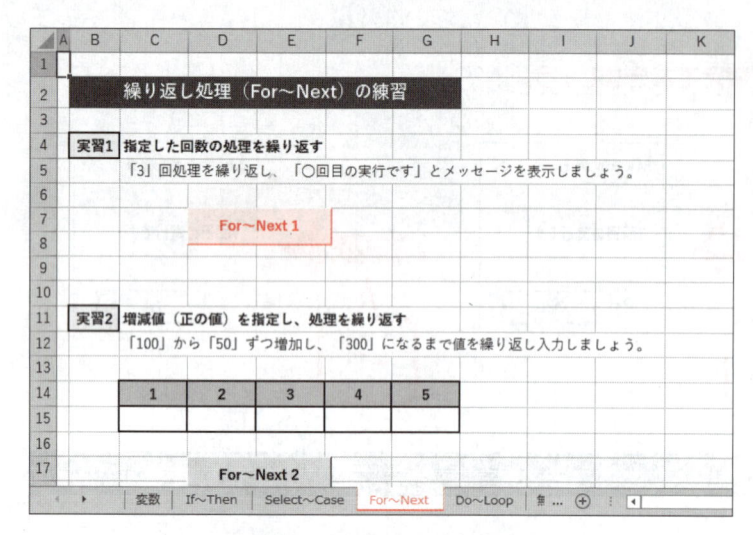

①シート「**For〜Next**」が選択されている
　ことを確認します。

②「**For〜Next1**」ボタンをクリックします。

※ ボタンにはあらかじめ「**kaisuu**」プロシージャが登
　録がされています。

③メッセージボックスに「**1回目の実行です**」
　と表示されることを確認します。

④《**OK**》をクリックします。

⑤メッセージボックスに「**2回目の実行です**」
　と表示されることを確認します。

⑥《**OK**》をクリックします。

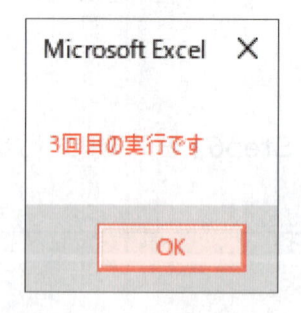

⑦メッセージボックスに「**3回目の実行です**」
　と表示されることを確認します。

⑧《**OK**》をクリックします。

2 増減値に正の値を指定したFor～Nextステートメント

「Step 増減値」に正の値を指定すると、指定した値でカウンタ変数を増加できます。

例：カウンタ変数「i」が「10」から「10」ずつ増加し、「100」になるまで処理を繰り返す

```
For i = 10 To 100 Step 10
```

1 作成するプロシージャの確認

「100」から「50」ずつ増加し、「300」になるまで値を繰り返し入力するプロシージャを確認しましょう。値を入力するセルは、アクティブセルから1列右のセルに移動するようにします。

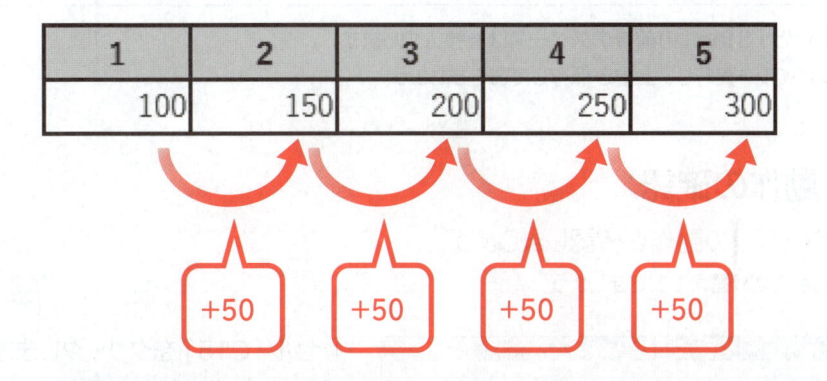

1	2	3	4	5
100	150	200	250	300

+50 +50 +50 +50

■「zouka」プロシージャ

```
1. Sub zouka ()
2.      Dim i As Integer
3.      For i = 100 To 300 Step 50
4.          ActiveCell.Value = i
5.          ActiveCell.Offset (0, 1).Select
6.      Next
7. End Sub
```

■プロシージャの意味

1. 「zouka」プロシージャ開始
2. 　　整数型の変数「i」を使用することを宣言
3. 　　変数「i」が「100」から「50」ずつ増加し、「300」になるまで次の行以降の処理を繰り返す
4. 　　　変数「i」の値をアクティブセルに代入
5. 　　　1列右のセルにアクティブセルを移動
6. 　　変数「i」に変数「i」＋ 50の結果を代入し、3行目に戻る
7. プロシージャ終了

2 プロシージャの作成

プロシージャを作成しましょう。

※VBEに切り替えておきましょう。

①最終行の「End Sub」の下の行にカーソルを移動します。

②次のようにプロシージャを入力します。

```
Sub zouka()
    Dim i As Integer
    For i = 100 To 300 Step 50
        ActiveCell.Value = i
        ActiveCell.Offset(0, 1).Select
    Next
End Sub
```

※「To」と「Step」の前後のスペースは直接入力します。
※コンパイルを実行し、上書き保存しておきましょう。

3 動作の確認

プロシージャの動作を確認しましょう。

※Excelに切り替えておきましょう。

①セル【C15】をクリックします。

②「For～Next2」ボタンをクリックします。

※ボタンにはあらかじめ「zouka」プロシージャが登録されています。

③セル範囲【C15：G15】に数値が入力されることを確認します。

増減値に負の値を指定したFor〜Nextステートメント

全シートの枚数からカウンタ変数を減算して、不要なシートを削除します。
「**Step 増減値**」に負の値を指定すると、指定した値でカウンタ変数を減算できます。

例：カウンタ変数「i」が「100」から「10」ずつ減算し、「50」になるまで処理を繰り返す

```
For i = 100 To 50 Step -10
```

オブジェクトの数を数えるには、「**Countプロパティ**」を使います。

■Countプロパティ

オブジェクトの数を返します。

構 文	オブジェクト.Count

例：変数「i」にブック内のシート枚数を代入

```
i = Worksheets.Count
```

1 作成するプロシージャの確認

「**全シートの枚数**」から「**1**」枚ずつ減算し、「**7**」枚目以降のシートを繰り返し削除するプロシージャを確認しましょう。
今回削除の対象となるシートは、あらかじめ作成されているシート「**練習1**」〜「**練習3**」の3枚のシートです。

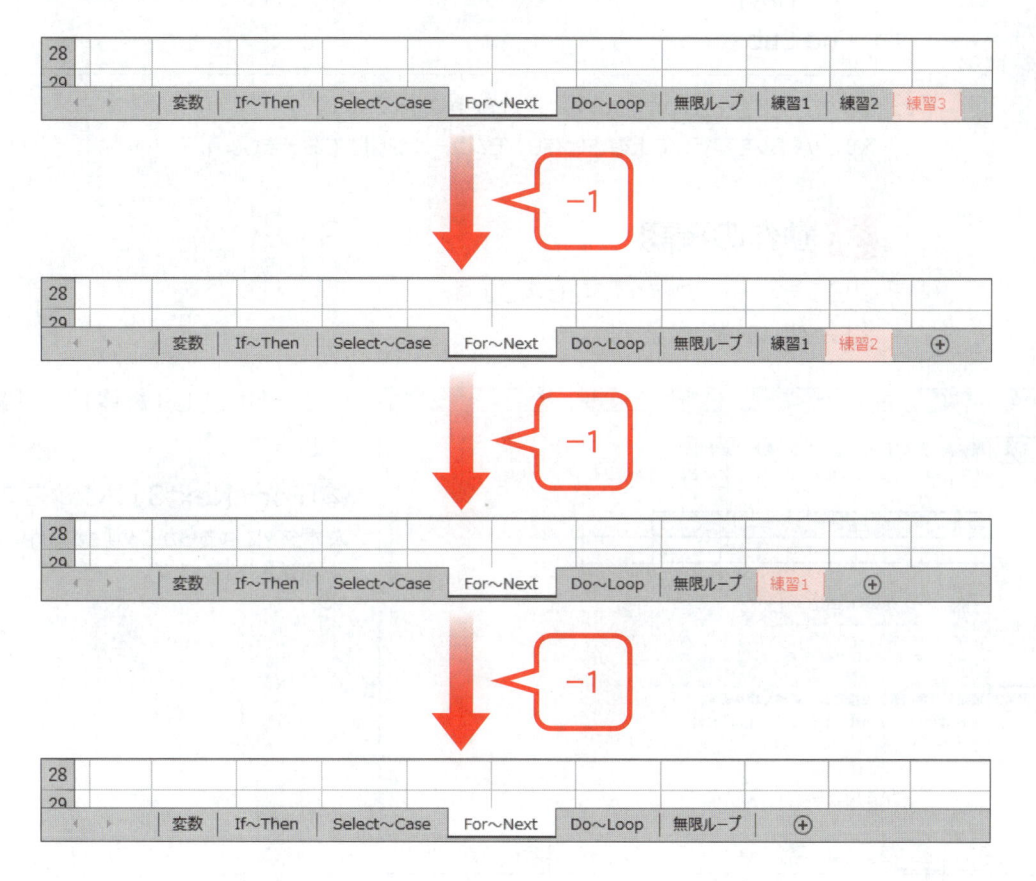

■「sakujyo」プロシージャ

```
1. Sub sakujyo ()
2.      Dim i As Integer
3.      For i = Worksheets.Count To 7 Step -1
4.          Worksheets (i).Delete
5.      Next
6. End Sub
```

■プロシージャの意味

```
1. 「sakujyo」プロシージャ開始
2.      整数型の変数「i」を使用することを宣言
3.      変数「i」が「全シートの枚数」から「1」ずつ減算し、「7」になるまで次の行以降の処理を繰り返す
4.          インデックス番号が変数「i」のシートを削除
5.      変数「i」に変数「i」- 1の結果を代入し、3行目に戻る
6. プロシージャ終了
```

2 プロシージャの作成

プロシージャを作成しましょう。

※VBEに切り替えておきましょう。

①最終行の「**End Sub**」の下の行にカーソルを移動します。

②次のようにプロシージャを入力します。

```
Sub sakujyo ()
    Dim i As Integer
    For i = Worksheets.Count To 7 Step -1
        Worksheets (i).Delete
    Next
End Sub
```

※「To」と「Step」の前後のスペースは直接入力します。
※コンパイルを実行して上書き保存し、モジュールを閉じておきましょう。

3 動作の確認

プロシージャの動作を確認しましょう。
※Excelに切り替えておきましょう。

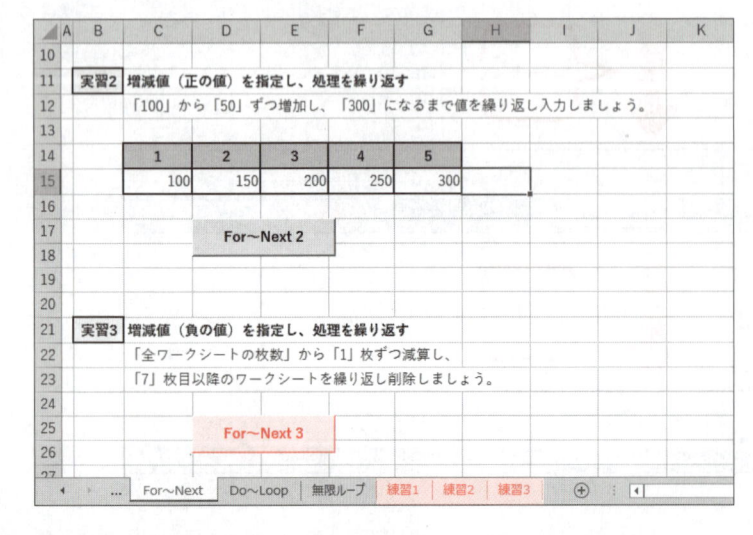

①シート見出し「練習1」～「練習3」を表示します。

②「For～Next3」ボタンをクリックします。

※ボタンにはあらかじめ「sakujyo」プロシージャが登録されています。

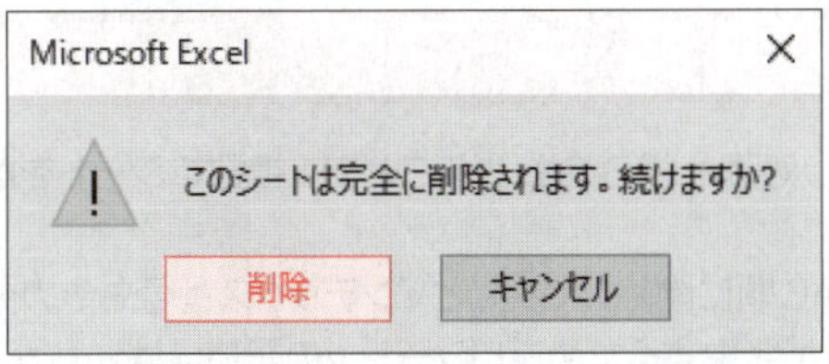

図のようなメッセージが表示されます。

③《削除》をクリックします。

④同様に、メッセージが表示されたら《削除》をクリックします。

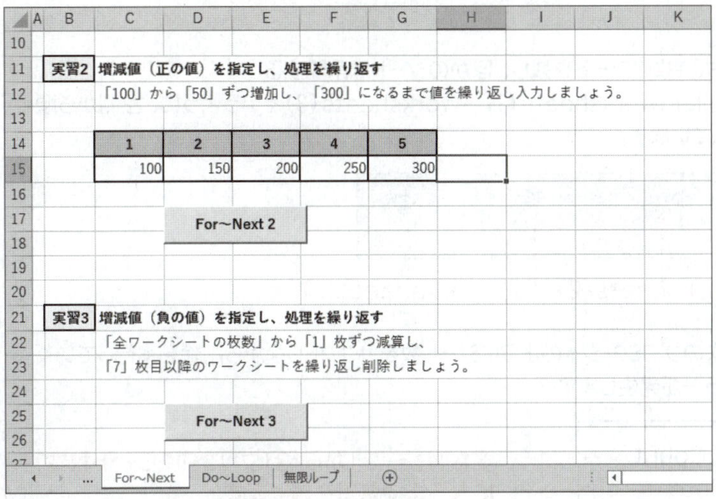

⑤シート「練習1」～「練習3」が削除されたことを確認します。

STEP UP For～Nextステートメントのネスト

For～Nextステートメントでは、If～Thenステートメントと同様に、ネストが可能です。
For～Nextステートメントをネストする場合、それぞれ異なるカウンタ変数を使用しなければなりません。同じカウンタ変数を使用すると、正しくループ処理が行われないことがあるので注意しましょう。
また、Nextステートメントの後ろに入力するカウンタ変数は省略できますが、ネストにした場合はそれぞれのNextステートメントの後ろにカウンタ変数を入力しましょう。

●For～Nextステートメント

```
For i = 1 To 3
    処理
Next i
```

Nextステートメントの後ろにカウンタ変数「i」を入力
このカウンタ変数は省略が可能

●For～Nextステートメントのネスト

```
For i = 1 To 3
    For n = 1 To 5
        処理
    Next n
Next i
```

ネストしている場合はカウンタ変数を入力

🖒 POINT　複数のシートの削除

変数をシートのインデックス番号として繰り返し処理と組み合わせることで、複数のシートを削除するステートメントを作成できます。

ただし、シートを削除する場合に、左のシートから順に削除していくとインデックス番号もその分ずれていきます。インデックス番号のずれにより、エラーが発生するためプロシージャの記述には注意が必要です。

●エラーが発生する理由
例：ブック内の3枚のシートのうち、1枚のシートを残し、ほかのシートは削除する

シート「Sheet1」～「Sheet3」にはWorksheets（1）～Worksheets（3）というように、左側から順番にインデックス番号が付けられています。

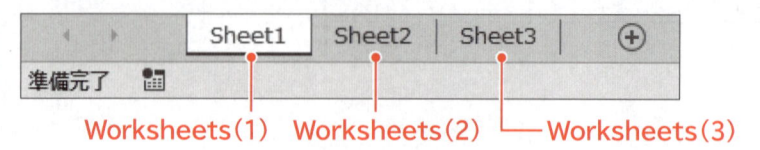

For～Nextステートメントで、次のプロシージャのようにシート数をカウントしながら削除を実行していくと、インデックス番号がずれ、エラーが発生します。

```
For i = 2 To Worksheets.Count
        Worksheets (i).Delete
Next
```

変数「i」を「2」から「3（ブック内のシート枚数）」になるまで処理を繰り返す

ブック内のインデックス番号「i」のシートを削除

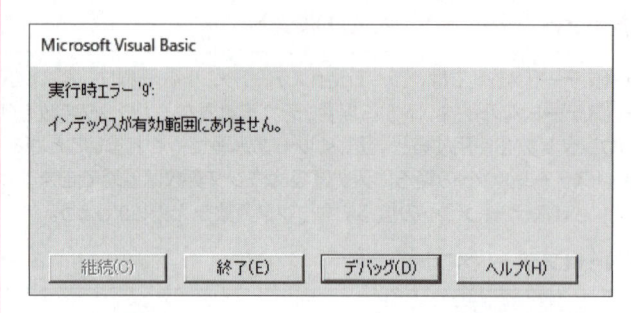

Microsoft Visual Basic

実行時エラー '9':

インデックスが有効範囲にありません。

継続(C)　終了(E)　デバッグ(D)　ヘルプ(H)

●エラーを回避する方法

エラーを回避するには、末尾のシートから削除すればインデックス番号にずれが生じないため、エラーは発生しません。

末尾のシートから削除するためには、ステートメントを次のように変更します。

```
For i = Worksheets.Count To 2 Step -1
        Worksheets (i).Delete
Next
```

変数「i」を「3（ブック内のシート枚数）」から「2」になるまで処理を繰り返す

ブック内のインデックス番号「i」のシートを削除

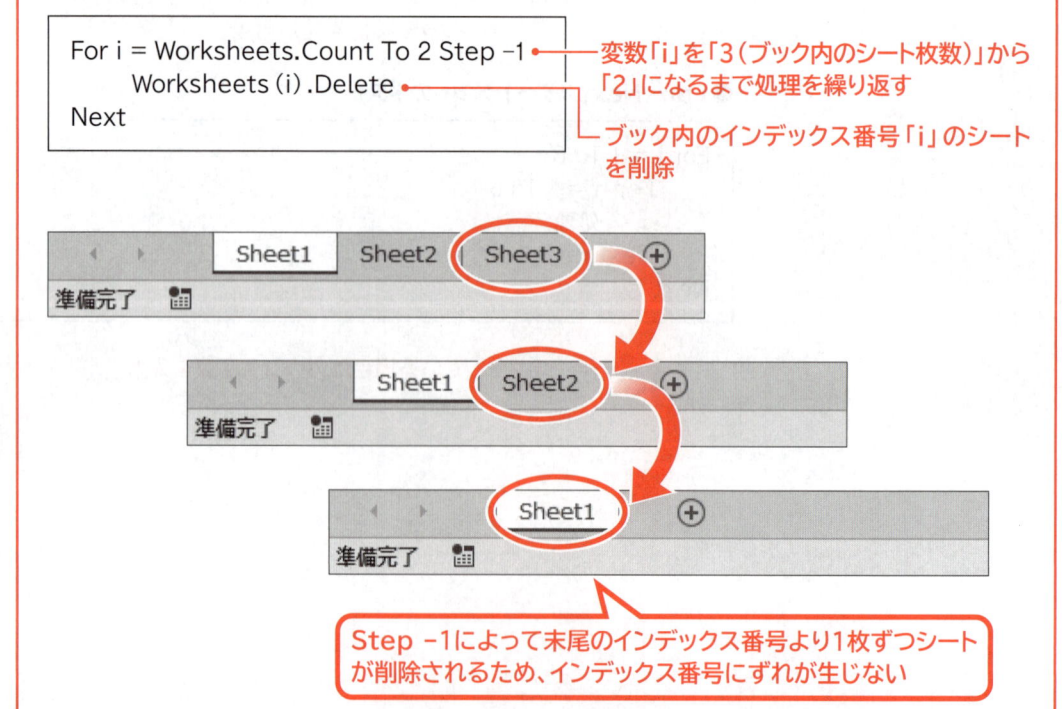

Step -1によって末尾のインデックス番号より1枚ずつシートが削除されるため、インデックス番号にずれが生じない

処理を繰り返す（Do～Loop）

1 Do～Loopステートメント

For～Nextステートメントは指定した回数で処理の繰り返しが決まるのに対し、指定した条件が真（True）の間、もしくは、真（True）になるまで処理を繰り返したい場合は「Do～Loopステートメント」を使用します。

Do～Loopステートメントは条件が成立している間、もしくは、成立するまで処理を繰り返します。

Do～Loopステートメントには次の4種類があります。

ステートメント	条件を判断するタイミング	繰り返し処理
Do While～Loop	最初	条件が成立している間は処理を繰り返す
Do～Loop While	最後	
Do Until～Loop	最初	条件が成立するまで処理を繰り返す
Do～Loop Until	最後	

2 Do While～Loopステートメント

「Do While～Loopステートメント」を使うと、条件が成立している間は処理を繰り返すことができます。最初に条件を判断するので、条件が成立しない場合は処理が実行されません。

> **■Do While～Loopステートメント**
>
> 条件が成立している間、処理を繰り返します。最初に条件を判断します。
>
> | 構　文 | Do While 条件
　　　処理
Loop |
> |---|---|
>
> 例：アクティブセルが空白でない間、フォントの色を青にし、1列右のセルにアクティブセルを移動する
>
> ```
> Do While ActiveCell.Value <> ""
>     ActiveCell.Font.Color = vbBlue
>     ActiveCell.Offset(0, 1).Select
> Loop
> ```

1 作成するプロシージャの確認

セル【C7】から1列右のセルにアクティブセルを移動し、セルが空白でない間はメッセージボックスを表示するプロシージャを確認しましょう。メッセージボックスには何回目の実行なのかを表示します。

 シート「Do~Loop」に切り替えておきましょう。

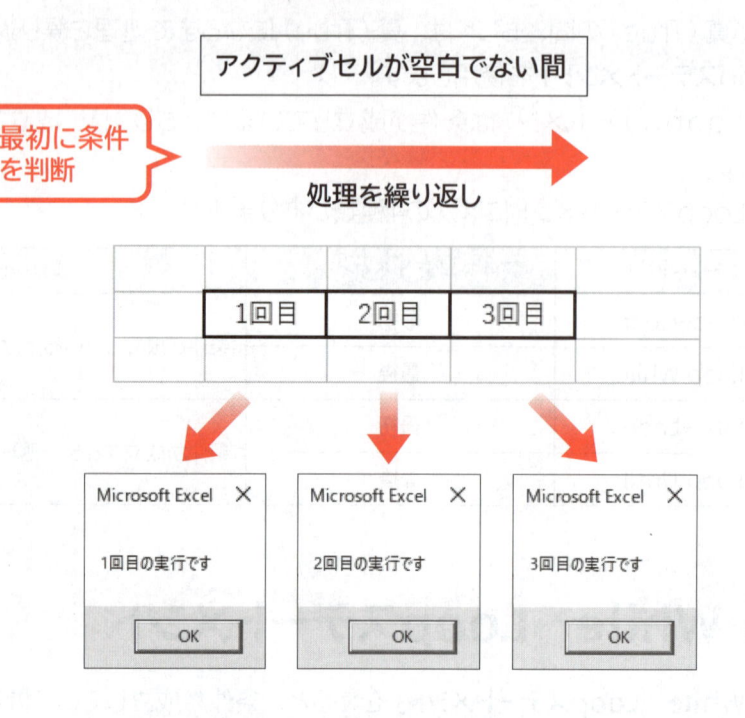

■「Loop1」プロシージャ

```
 1. Sub Loop1 ()
 2.      Dim i As Integer
 3.      i = 1
 4.      Range ("C7") .Select
 5.      Do While ActiveCell.Value <> ""
 6.          MsgBox i & "回目の実行です"
 7.          i = i + 1
 8.          ActiveCell.Offset (0, 1) .Select
 9.      Loop
10. End Sub
```

■プロシージャの意味

1. 「Loop1」プロシージャ開始
2.   整数型の変数「i」を使用することを宣言
3.   変数「i」に「1」を代入
4.   セル【C7】を選択
5.   アクティブセルの値が空白でない間は次の行以降の処理を繰り返す
6.   変数「i」と「回目の実行です」を連結した文字列を表示
7.   変数「i」に変数「i」+ 1の結果を代入
8.   1列右のセルにアクティブセルを移動
9.   5行目に戻る
10. プロシージャ終了

2 プロシージャの作成

プロシージャを作成しましょう。
※VBEに切り替えておきましょう。

①プロジェクトエクスプローラーのモジュール「**Step7**」をダブルクリックします。
②次のようにプロシージャを入力します。

```
Sub Loop1()
    Dim i As Integer
    i = 1
    Range("C7").Select
    Do While ActiveCell.Value <> ""
        MsgBox i & "回目の実行です"
        i = i + 1
        ActiveCell.Offset(0, 1).Select
    Loop
End Sub
```

※「&」の前のスペースは直接入力します。
※コンパイルを実行し、上書き保存しておきましょう。

3 動作の確認

プロシージャの動作を確認しましょう。
※Excelに切り替えておきましょう。

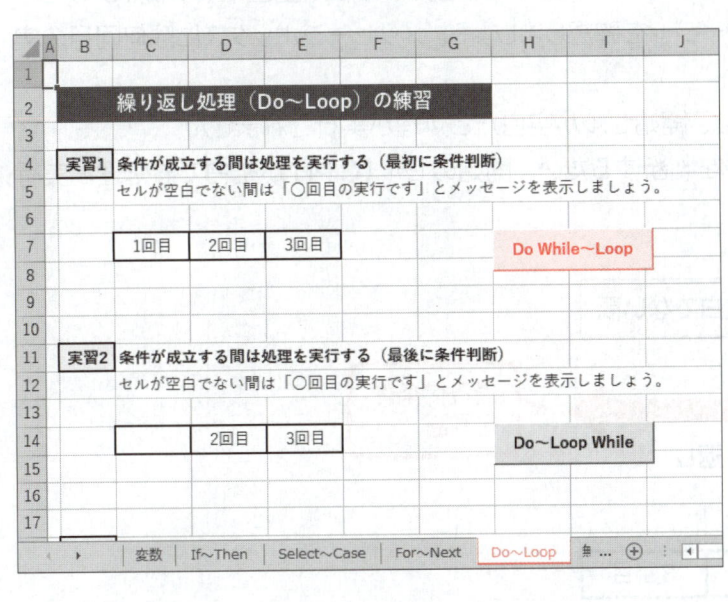

①シート「**Do～Loop**」が選択されていることを確認します。
②「**Do While～Loop**」ボタンをクリックします。
※ボタンにはあらかじめ「Loop1」プロシージャが登録されています。

③メッセージボックスに「**1回目の実行です**」と表示されることを確認します。
④《**OK**》をクリックします。
⑤同様に、メッセージボックスに「**2回目の実行です**」「**3回目の実行です**」と表示されることを確認し、《**OK**》をクリックします。
※アクティブセルが列方向に移動し、セルが空白でない間(セル範囲【C7:E7】まで)、繰り返しメッセージが表示されることを確認しましょう。

3 ┃ Do～Loop Whileステートメント

「Do～Loop Whileステートメント」を使うと、条件が成立している間は処理を繰り返すことができます。最後に条件を判断するので、条件が成立しない場合でも最低1回は処理を実行します。

■Do～Loop Whileステートメント

条件が成立している間、処理を繰り返します。最後に条件を判断します。

構 文	Do 　　　処理 Loop While 条件

例：アクティブセルが空白でない間、フォントの色を青にし、1列右のセルにアクティブセルを移動する

```
Do
    ActiveCell.Font.Color = vbBlue
    ActiveCell.Offset(0, 1).Select
Loop While ActiveCell.Value <> ""
```

---

1 作成するプロシージャの確認

セル【C14】から1列右のセルにアクティブセルを移動し、セルが空白でない間はメッセージボックスを表示するプロシージャを確認しましょう。メッセージボックスには何回目の実行なのかを表示します。

最初に条件を判断する場合は、開始セルが空白だと処理が実行されません。

しかし、ここでは最後に条件を判断するため、開始のセル【C14】が空白でも処理が実行されます。

アクティブセルが空白でない間

最後に条件を判断

処理を繰り返し

		2回目	3回目	

Microsoft Excel ✕

1回目の実行です

〔 OK 〕

Microsoft Excel ✕

2回目の実行です

〔 OK 〕

Microsoft Excel ✕

3回目の実行です

〔 OK 〕

```
1. Sub Loop2 ()
2.     Dim i As Integer
3.     i = 1
4.     Range ("C14") .Select
5.     Do
6.         MsgBox i & "回目の実行です"
7.         i = i + 1
8.         ActiveCell.Offset (0, 1) .Select
9.     Loop While ActiveCell.Value <> ""
10. End Sub
```

■プロシージャの意味

1. 「Loop2」プロシージャ開始
2.   整数型の変数「i」を使用することを宣言
3.   変数「i」に「1」を代入
4.   セル【C14】を選択
5.   次の行以降の処理を繰り返す
6.   変数「i」と「回目の実行です」を連結した文字列を表示
7.   変数「i」に変数「i」+ 1の結果を代入
8.   1列右のセルにアクティブセルを移動
9.   アクティブセルの値が空白でない間は5行目に戻る
10. プロシージャ終了

2 プロシージャの作成

プロシージャを作成しましょう。
※VBEに切り替えておきましょう。

① 「**Loop1**」プロシージャを選択します。

② 📋 (コピー) をクリックします。

③ 「**End Sub**」の下の行にカーソルを移動します。

④ 📋 (貼り付け) をクリックします。

⑤次のようにプロシージャを編集します。

```
Sub Loop2 ()
    Dim i As Integer
    i = 1
    Range ("C14") .Select
    Do
        MsgBox i & "回目の実行です"
        i = i + 1
        ActiveCell.Offset (0, 1) .Select
    Loop While ActiveCell.Value <> ""
End Sub
```

※コンパイルを実行し、上書き保存しておきましょう。

3 動作の確認

プロシージャの動作を確認しましょう。

※Excelに切り替えておきましょう。

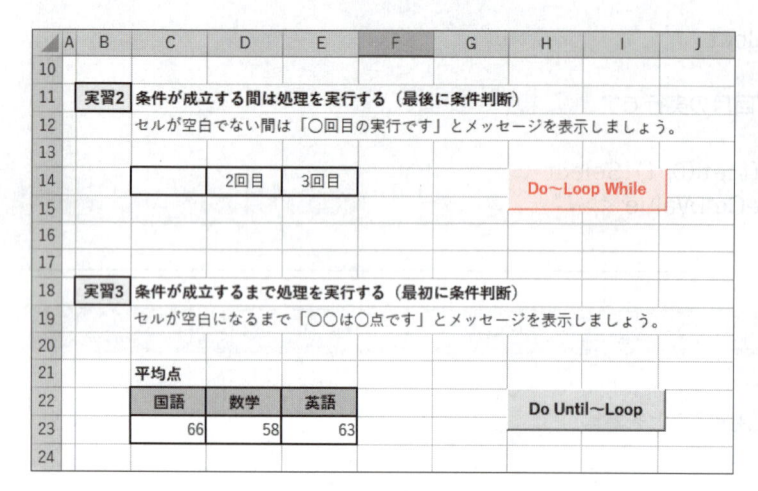

① 「Do～Loop While」ボタンをクリックします。

※ボタンにはあらかじめ「Loop2」プロシージャが登録されています。

② メッセージボックスに「**1回目の実行です**」と表示されることを確認します。

③《**OK**》をクリックします。

④ 同様に、メッセージボックスに「**2回目の実行です**」「**3回目の実行です**」と表示されることを確認し、《**OK**》をクリックします。

※最初のアクティブセルが空白でも最低1回は処理を実行します。そのあとアクティブセルが列方向に移動し、セルが空白でない間（セル範囲【D14:E14】まで）、繰り返しメッセージが表示されることを確認しましょう。

4 Do Until～Loopステートメント

「Do Until～Loopステートメント」を使うと、条件が成立するまで処理を繰り返すことができます。最初に条件を判断するので、条件が成立する場合は処理が実行されません。

■Do Until～Loopステートメント

条件が成立するまで、処理を繰り返します。最初に条件を判断します。

構 文	Do Until 条件 　　処理 Loop

例：アクティブセルが空白になるまで、フォントの色を青にし、1列右のセルにアクティブセルを移動する

```
Do Until ActiveCell.Value = ""
    ActiveCell.Font.Color = vbBlue
    ActiveCell.Offset(0, 1).Select
Loop
```

1 作成するプロシージャの確認

セル【C23】から1列右のセルにアクティブセルを移動し、セルが空白になるまでメッセージボックスを表示するプロシージャを確認しましょう。メッセージボックスには「**(科目)は(点数)点です**」と表示されるように、アクティブセルの1行上のセル（科目）とアクティブセル（点数）を連結した文字列を表示します。

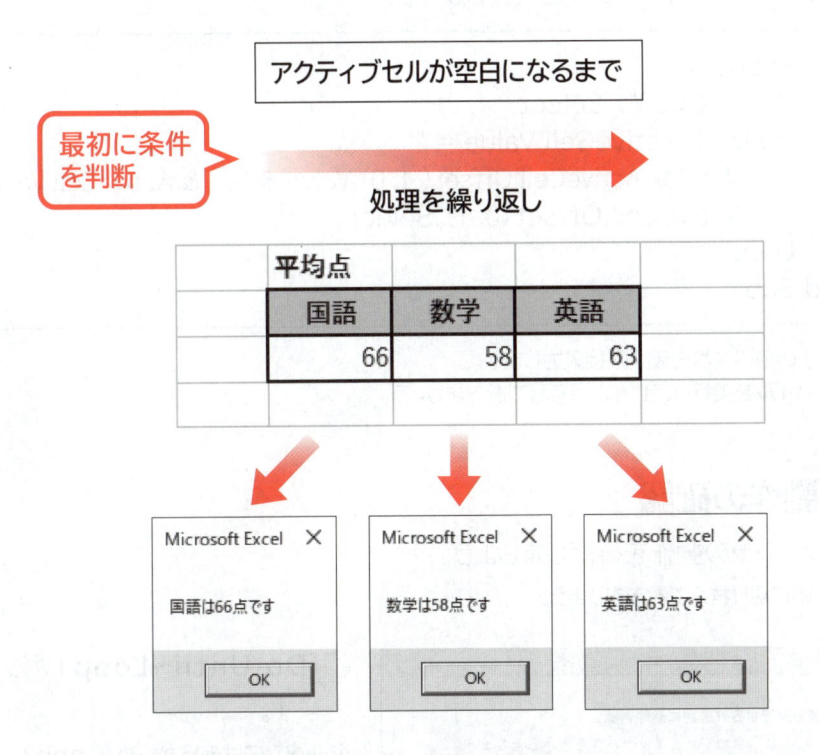

■「Loop3」プロシージャ

```
1. Sub Loop3 ()
2.     Range ("C23") .Select
3.     Do Until ActiveCell.Value = ""
4.         MsgBox ActiveCell.Offset (-1, 0).Value & "は" & ActiveCell.Value & "点です"
5.         ActiveCell.Offset (0, 1) .Select
6.     Loop
7. End Sub
```

■プロシージャの意味

```
1. 「Loop3」プロシージャ開始
2.     セル【C23】を選択
3.     アクティブセルの値が空白になるまで次の行以降の処理を繰り返す
4.         アクティブセルの1行上のセルの値と「は」とアクティブセルの値と「点です」を連結した文字列を表示
5.         1列右のセルにアクティブセルを移動
6.     3行目に戻る
7. プロシージャ終了
```

2 プロシージャの作成

プロシージャを作成しましょう。

※VBEに切り替えておきましょう。

①最終行の「**End Sub**」の下の行にカーソルを移動します。

②次のようにプロシージャを入力します。

```
Sub Loop3()
    Range("C23").Select
    Do Until ActiveCell.Value = ""
        MsgBox ActiveCell.Offset(-1, 0).Value & "は" & ActiveCell.Value & "点です"
        ActiveCell.Offset(0, 1).Select
    Loop
End Sub
```

※「&」の前のスペースは直接入力します。
※コンパイルを実行し、上書き保存しておきましょう。

3 動作の確認

プロシージャの動作を確認しましょう。

※Excelに切り替えておきましょう。

	A	B	C	D	E	F	G	H	I	J
17										
18		実習3	条件が成立するまで処理を実行する（最初に条件判断）							
19			セルが空白になるまで「○○は○点です」とメッセージを表示しましょう。							
20										
21			平均点							
22			国語	数学	英語					
23			66	58	63		Do Until~Loop			
24										
25										
26		実習4	条件が成立するまで処理を実行する（最後に条件判断）							
27			セルが空白になるまでフォントの書式を変更しましょう。							
28										
29				1月	2月	3月	Do~Loop Until			
30										
31										

①「**Do Until~Loop**」ボタンをクリックします。

※ボタンにはあらかじめ「Loop3」プロシージャが登録されています。

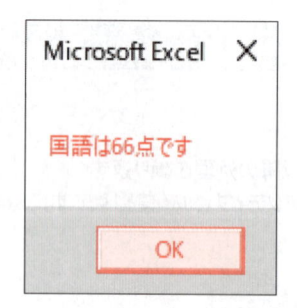

②メッセージボックスに「**国語は66点です**」と表示されることを確認します。

③《**OK**》をクリックします。

④同様に、メッセージボックスに「**数学は58点です**」「**英語は63点です**」と表示されることを確認し、《**OK**》をクリックします。

※アクティブセルが列方向に移動し、セルが空白になるまで（セル【F23】まで）、繰り返しメッセージが表示されることを確認しましょう。

Do~Loop Untilステートメント

「Do~Loop Untilステートメント」を使うと、条件が成立するまで処理を繰り返すことができます。最後に条件を判断するので、条件が成立する場合でも最低1回は処理を実行します。

■Do~Loop Untilステートメント

条件が成立するまで、処理を繰り返します。最後に条件を判断します。

構 文	**Do** 　　**処理** **Loop Until 条件**

例：アクティブセルが空白になるまで、フォントの色を青にし、1列右のセルにアクティブセルを移動する

```
Do
    ActiveCell.Font.Color = vbBlue
    ActiveCell.Offset(0, 1).Select
Loop Until ActiveCell.Value = ""
```

---

1 作成するプロシージャの確認

セル【C29】から1列右のセルにアクティブセルを移動し、セルが空白になるまでフォントの書式を変更するプロシージャを確認しましょう。

最初に条件を判断する場合は、開始セルが空白だと処理が実行されません。

しかし、ここでは最後に条件を判断するため、開始のセル【C29】が空白でも処理が実行されます。

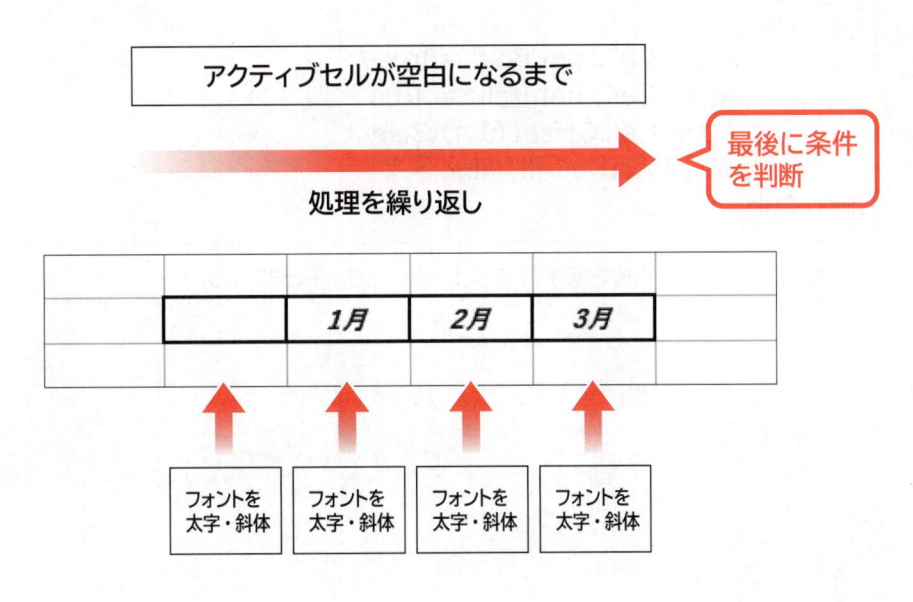

138

■「Loop4」プロシージャ

```
1. Sub Loop4 ()
2.      Range ("C29") . Select
3.      Do
4.          ActiveCell.Font.Bold = True
5.          ActiveCell.Font.Italic = True
6.          ActiveCell.Offset (0, 1) . Select
7.      Loop Until ActiveCell.Value = ""
8. End Sub
```

■プロシージャの意味

1. 「Loop4」プロシージャ開始
2.   セル【C29】を選択
3.   次の行以降の処理を繰り返す
4.   アクティブセルのフォントを太字に設定
5.   アクティブセルのフォントを斜体に設定
6.   1列右のセルにアクティブセルを移動
7.   アクティブセルの値が空白になるまで3行目に戻る
8. プロシージャ終了

2 プロシージャの作成

プロシージャを作成しましょう。

※VBEに切り替えておきましょう。

①最終行の「**End Sub**」の下の行にカーソルを移動します。

②次のようにプロシージャを入力します。

```
Sub Loop4 ()
    Range ("C29") . Select
    Do
        ActiveCell.Font.Bold = True
        ActiveCell.Font.Italic = True
        ActiveCell.Offset (0, 1) . Select
    Loop Until ActiveCell.Value = ""
End Sub
```

※コンパイルを実行して上書き保存し、モジュールを閉じておきましょう。

3 動作の確認

プロシージャの動作を確認しましょう。

※Excelに切り替えておきましょう。

	A	B	C	D	E	F	G	H	I
17									
18		実習3	条件が成立するまで処理を実行する（最初に条件判断）						
19			セルが空白になるまで「〇〇は〇点です」とメッセージを表示しましょう。						
20									
21			平均点						
22			国語	数学	英語		Do Until～Loop		
23			66	58	63				
24									
25									
26		実習4	条件が成立するまで処理を実行する（最後に条件判断）						
27			セルが空白になるまでフォントの書式を変更しましょう。						
28									
29				1月	2月	3月	Do～Loop Until		
30									
31									

① 「Do～Loop Until」ボタンをクリックします。

※ ボタンにはあらかじめ「Loop4」プロシージャが登録されています。

	A	B	C	D	E	F	G	H	I
17									
18		実習3	条件が成立するまで処理を実行する（最初に条件判断）						
19			セルが空白になるまで「〇〇は〇点です」とメッセージを表示しましょう。						
20									
21			平均点						
22			国語	数学	英語		Do Until～Loop		
23			66	58	63				
24									
25									
26		実習4	条件が成立するまで処理を実行する（最後に条件判断）						
27			セルが空白になるまでフォントの書式を変更しましょう。						
28									
29				1月	2月	3月	Do～Loop Until		
30									
31									

セル範囲【C29:F29】の書式が変更されます。

※ 最初のアクティブセルが空白でも最低1回は処理を実行します。そのあとアクティブセルが列方向に移動し、セルが空白になるまで（セル【G29】まで）、フォントの書式が変更されることを確認しましょう。

※ ブックを上書き保存し、閉じておきましょう。

👆POINT　強制的に繰り返し処理を抜け出す

Do～Loopステートメントは条件が成立するまで処理を繰り返しますが、途中で処理を終了するには「Exitステートメント」を使います。Do～Loopステートメントの中に「Exit Do」を記述すると、Do～Loopステートメントの次のステートメントに処理を移します。

例：処理1の途中で、Bが空白になった場合は繰り返し処理を終了して処理2に移る

```
Do Until A > 10
    処理1
     ：
    If B = "" Then
        Exit Do
    End If
Loop
処理2
```

STEP UP
無限ループ

Do～Loopステートメントは、For～Nextステートメントのように処理の実行回数が決まっていないため、終了するための条件が成立しないと永久に処理を繰り返すことになります。これを「無限ループ」といいます。

次のプロシージャは、変数「i」の値を1ずつ増やすステートメントを省略することで、変数には1が代入され続け、無限ループになります。

※ブック「第4章」のシート「無限ループ」を開いて「無限ループ」ボタンをクリックしましょう。ボタンにはあらかじめ「Loop5」プロシージャが登録されています。

■「Loop5」プロシージャ

```
1. Sub Loop5 ()
2.     Dim i As Integer
3.     i = 1
4.     Do While i <= 3
5.         MsgBox "無限ループです。強制終了する場合はCtrl+Pauseを押してください"
6.         '<i = i + 1を省略>
7.     Loop
8. End Sub
```

■プロシージャの意味

1.「Loop5」プロシージャ開始
2.　　整数型の変数「i」を使用することを宣言
3.　　変数「i」に1を代入
4.　　変数「i」が「3」以下の間は次の行以降の処理を繰り返す
5.　　　　「無限ループです。強制終了する場合はCtrl+Pauseを押してください」のメッセージを表示
6.　　　　<コメント行>
7.　　　　4行目に戻る
8. プロシージャ終了

無限ループになった場合は Ctrl + Pause/Break でプロシージャを強制中断します。

Ctrl + Pause/Break を押すと、次のようなダイアログボックスが表示され、《終了》をクリックすると処理を中断できます。

※キーボードに Pause/Break がない場合は、お使いのパソコンのキーボードの割りあてを確認してください。

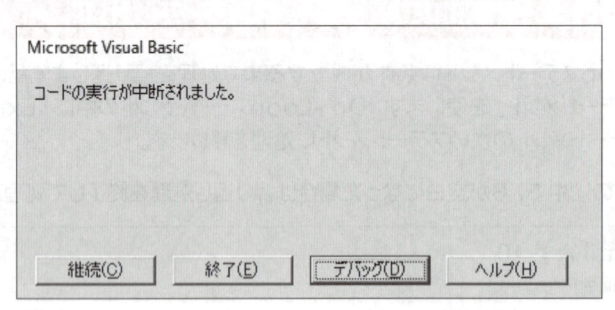

PDF 解答 ▶ P.3

練習問題1

File OPEN ブック「第4章練習問題」のシート「練習問題1」を開いておきましょう。

	A	B	C	D	E	F	G	H
1								
2		If~Thenステートメントの練習						
3								
4		曜日	時給			練習1		
5		平日	¥1,000					
6		休日	¥1,200					
7								
8		アルバイト日給計算						
9		氏名	曜日	勤務時間	日給			
10		鈴木次郎	休日	4	¥4,800			
11								
12								

① セル【D10】が空白の場合はセル【E10】に「**休み**」、そうでなければセル【E10】に日給を表示する「**練習1**」プロシージャを作成し、実行しましょう。
　なお、日給はセル【C10】に「**平日**」と入力された場合は「**1000×勤務時間**」、「**休日**」と入力された場合は「**1200×勤務時間**」で求めます。

※ プロシージャはモジュール「Module1」に作成します。
※「練習1」ボタンにはあらかじめ「練習1」プロシージャが登録されています。

練習問題2

 シート「練習問題2」に切り替えておきましょう。

●グラフ名を入力しプロシージャを実行

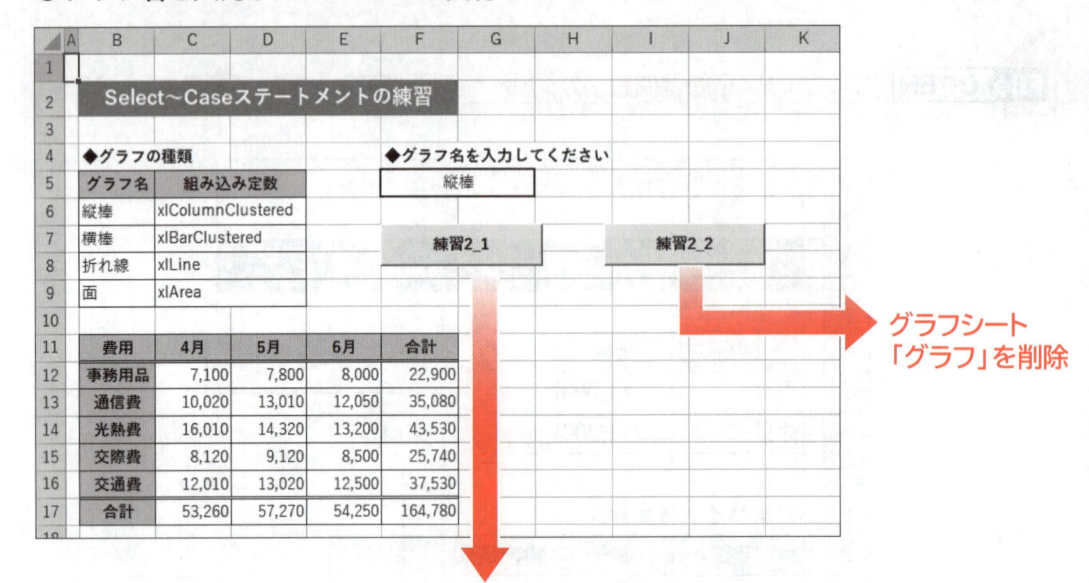

費用	4月	5月	6月	合計
事務用品	7,100	7,800	8,000	22,900
通信費	10,020	13,010	12,050	35,080
光熱費	16,010	14,320	13,200	43,530
交際費	8,120	9,120	8,500	25,740
交通費	12,010	13,020	12,500	37,530
合計	53,260	57,270	54,250	164,780

グラフシート「グラフ」を削除

●正しいグラフ名が入力されたとき、グラフシート「グラフ」を表示

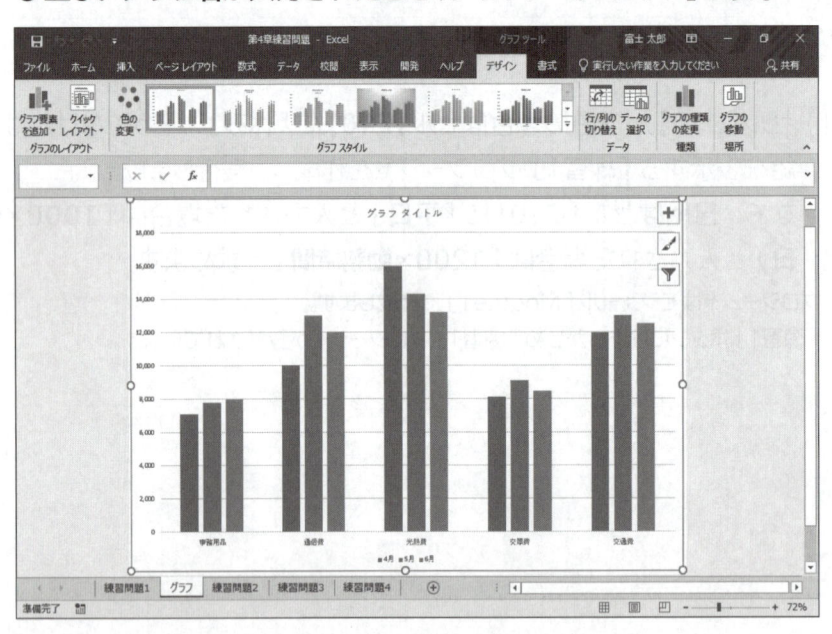

●誤ったグラフ名が入力されたとき、メッセージボックスを表示

① マクロの記録を使って、グラフシート **「グラフ」** にグラフを作成する **「練習2_1」** プロシージャを作成しましょう。
セル範囲 **【B11：E16】** をもとに集合縦棒グラフを作成したあと、グラフの種類を集合横棒グラフに変更し、グラフシートに移動します。

Hint! ②でセル【F5】に入力された「グラフ名」のグラフを作成するようにVBEを使って編集するため、グラフの種類を変更する操作をあらかじめマクロで記録しておきます。

② VBEを使って、次のように **「練習2_1」** プロシージャを編集し、実行しましょう。

> ・組み込み定数としてグラフの種類を代入するための変数「syurui」を宣言する
> ・セル【F5】にグラフ名（セル範囲【B6：B9】の値）が入力された場合は、それぞれのグラフの種類の組み込み定数（セル範囲【C6：C9】の値）を変数「syurui」に代入する
> ・グラフ名とグラフの種類の組み込み定数は以下のとおりとする
>
> | グラフ名 | 組み込み定数 |
> | --- | --- |
> | 縦棒 | xlColumnClustered |
> | 横棒 | xlBarClustered |
> | 折れ線 | xlLine |
> | 面 | xlArea |
>
> ・セル【F5】にグラフ名（セル範囲【B6：B9】の値）以外の値が入力された場合は、メッセージボックスを表示し、「Exit Sub」でSubプロシージャを終了する
> ・マクロの記録で記述された箇所の「ChartTypeプロパティ」に、変数「syurui」の値を代入する

※グラフシート「グラフ」が表示されていると、「練習2_1」プロシージャは実行できません。グラフシート「グラフ」を削除してから実行しましょう。
※「練習2_1」ボタンにはあらかじめ「練習2_1」プロシージャが登録されています。

Hint! 変数「syurui」のデータ型は組み込み定数の数値を代入できるように整数型にします。

③ **「練習2_1」** プロシージャで作成したグラフシート **「グラフ」** を削除する **「練習2_2」** プロシージャを作成し、実行しましょう。

※グラフシート「グラフ」がない場合は、「練習2_2」プロシージャは実行できません。
※「練習2_2」ボタンにはあらかじめ「練習2_2」プロシージャが登録されています。

Hint! グラフシートを選択するときは「Sheets」プロパティを使用します。

練習問題3

 シート「練習問題3」に切り替えておきましょう。

	A	B	C	D	E	F	G	H	I
1									
2		For～Nextステートメントの練習							
3									
4		採点結果表							
5		受験番号	氏名	点数	結果		練習3		
6		10001	久保　竜希	100	合格				
7		10002	小川　由紀	58	不合格				
8		10003	松井　幸治	75	不合格				
9		10004	藤沢　雄介	82	合格				
10		10005	山田　隆	81	合格				
11									

① セル【E6】をアクティブセルにし、点数が80点以上の場合は結果に「**合格**」、それ以外の場合は「**不合格**」と表示させる「**練習3**」プロシージャを作成し、実行しましょう。
ただし、採点結果表の人数は常に5人で人数に変更はないものとします。

※プロシージャはモジュール「Module3」に作成します。
※「練習3」ボタンにはあらかじめ「練習3」プロシージャが登録されています。

Hint! 1.「For～Nextステートメント」と「If～Then～Elseステートメント」を組み合わせて使用します。
2. 処理する行は常に5行であるため、次のような「For～Nextステートメント」を使って処理します。

```
For i = 1 To 5
        ～
Next
```

練習問題4

 シート「練習問題4」に切り替えておきましょう。

	A	B	C	D	E	F	G	H	I
1									
2		Do～Loopステートメントの練習							
3									
4		売上累計表（単位：千円）							
5		売上月	金額	累計		練習4			
6		4月	32,500	32,500					
7		5月	27,030	59,530					
8		6月	26,800	86,330					
9		7月	25,700	112,030					
10		8月	30,200	142,230					
11		9月	31,100	173,330					
12									

① セル範囲【D6:D11】に累計を求める「**練習4**」プロシージャを作成し、実行しましょう。

※プロシージャはモジュール「Module4」に作成します。
※「練習4」ボタンにはあらかじめ「練習4」プロシージャが登録されています。

Hint! 1. 動作を継続する条件を「アクティブセルが空白でない間」とします。
2. 累計結果を代入する変数を「total」とし、次のようにアクティブセルの値を加算します。

```
total = total + ActiveCell.Value
```

3. 変数「total」のデータ型は長整数型にします。

※ブックを上書き保存し、閉じておきましょう。

第5章

販売管理プログラムの作成

1 販売管理プログラム

第5章では、販売管理を効率よく行うために処理を自動化するプログラムを作成します。
完成版のブック「**第5章（完成）**」にはシート「**メイン**」、「**商品リスト**」、「**得意先リスト**」、
「**9月度**」、「**10月度**」が作成されています。このブックの処理の流れを確認しましょう。

File OPEN フォルダー「完成」のブック「第5章（完成）」を開いておきましょう。

※メッセージバーの《コンテンツの有効化》をクリックしておきましょう。

●シート「商品リスト」

商品コード	商品名	色	単価	輸入国	入荷状況
R101	アマローネ　クラシッコ	赤	¥3,000	イタリア	
R102	バルール	赤	¥2,500	イタリア	
R103	キャンティ　クラシカル	赤	¥1,050	イタリア	
R104	バルバルスコ	赤	¥3,150	イタリア	未入荷
R105	ヴァルポリチラ　クラシコ	赤	¥2,980	イタリア	
W101	ガベガベ	白	¥1,800	イタリア	
W102	オリブエート　クラシッコ	白	¥800	イタリア	
W103	スアーヴェ　クラシコ	白	¥2,500	イタリア	
W104	シャルドネ　スチリア	白	¥3,890	イタリア	未入荷
R201	ルージュ　ドゥ　シャトー　マルゴー	赤	¥4,980	フランス	
R202	ボージョレ　ブラージュ	赤	¥2,980	フランス	
R203	カベルネ　スービニヨン	赤	¥2,800	フランス	

●シート「9月度」

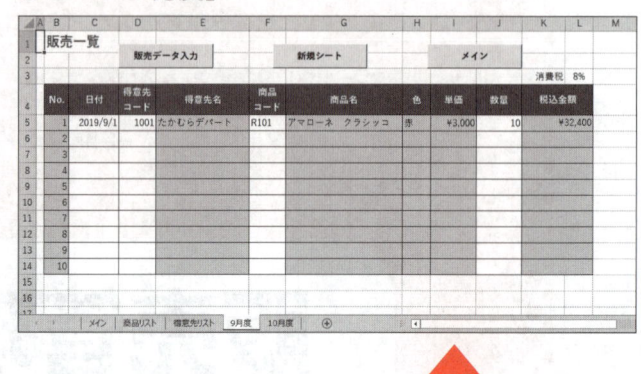

●シート「メイン」

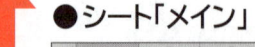

●シート「得意先リスト」

得意先コード	得意先名	フリガナ	郵便番号	住所	TEL
1001	たかむらデパート	タカムラデパート	150-0041	東京都渋谷区神南X-X-X	03-3465-XXXX
1002	スターマーケット	スターマーケット	101-0021	東京都千代田区外神田X-X-X	03-3581-XXXX
1003	中原商店	ナカハラショウテン	150-0031	東京都渋谷区桜丘町X-X-X	03-5458-XXXX
1004	ワインショップ	ワインショップ	162-0835	東京都新宿区中町X-X-X	03-3267-XXXX
1005	大田商店	オオタショウテン	105-0022	東京都港区海岸X-X-X	03-5401-XXXX
1006	北丸デパート	キタマルデパート	104-0061	東京都中央区銀座X-X-X	03-3562-XXXX
1007	ヘルシーストアー	ヘルシーストアー	102-0072	東京都千代田区飯田橋X-X-X	03-3261-XXXX
1008	ワイン マーケット	ワイン マーケット	104-0045	東京都中央区築地X-X-X	03-3543-XXXX
1009	スーパー大原	スーパーダイハラ	151-0053	東京都渋谷区代々木X-X-X	03-3376-XXXX
1010	スーパー八巻	スーパーハチカン	162-0061	東京都新宿区市谷柳町X-X-X	03-5367-XXXX
1011	白山デパート	シラヤマデパート	106-0041	東京都港区麻布台X-X-X	03-3585-XXXX
1012	藤山デパート	フジヤマデパート	151-0051	東京都渋谷区千駄ヶ谷X-X-X	03-5361-XXXX

●Excelを終了

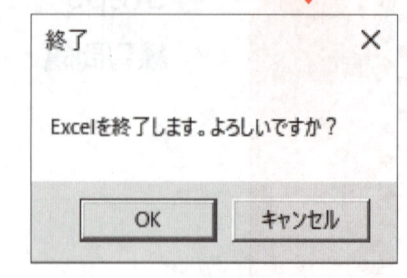

2 シート「メイン」の確認

シート「**メイン**」を確認しましょう。

シート「商品リスト」に切り替え

売上月を入力して該当月のシートに切り替え

シート「得意先リスト」に切り替え

1 シートの切り替え

「**商品リスト**」ボタンと「**得意先リスト**」ボタンをクリックし、シートが切り替わることを確認しましょう。

① シート「**メイン**」が表示されていることを確認します。

② 「**商品リスト**」ボタンをクリックします。

シート「**商品リスト**」が表示されます。

③ 「**メイン**」ボタンをクリックします。

シート「**メイン**」が表示されます。

④ 同様に、「**得意先リスト**」ボタンをクリックし、シートが切り替わることを確認します。

※シート「**メイン**」に切り替えておきましょう。

商品コード	商品名	色	単価	輸入国	入荷状況
R101	アマローネ　クラシッコ	赤	¥3,000	イタリア	
R102	バルール	赤	¥2,500	イタリア	
R103	キャンティ　クラシカル	赤	¥1,050	イタリア	
R104	バルバレスコ	赤	¥3,150	イタリア	未入荷
R105	ヴァルポリチラ　クラシコ	赤	¥2,980	イタリア	
W101	ガベガベ	白	¥1,800	イタリア	
W102	オリブエート　クラシッコ	白	¥800	イタリア	
W103	スアーヴェ　クラシコ	白	¥2,500	イタリア	
W104	シャルドネ　スチリア	白	¥3,890	イタリア	未入荷
R201	ルージュ　ドゥ　シャトー　マルゴー	赤	¥4,980	フランス	
R202	ボージョレ　ブラージュ	赤	¥2,980	フランス	
R203	カベルネ　スービニョン	赤	¥2,800	フランス	

2 月別販売データの表示

「**月別販売データ**」ボタンをクリックすると、売上月を入力するダイアログボックスが表示され、入力した月のシートに切り替わることを確認しましょう。

①シート「**メイン**」が表示されていることを確認します。

②「**月別販売データ**」ボタンをクリックします。

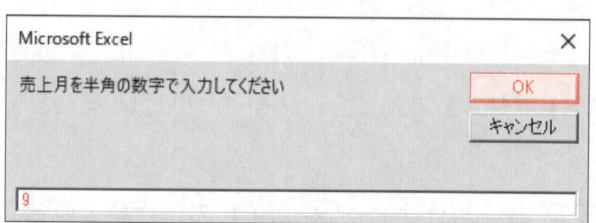

売上月を入力するダイアログボックスが表示されます。

③「**9**」と入力します。

※半角で入力します。

④《**OK**》をクリックします。

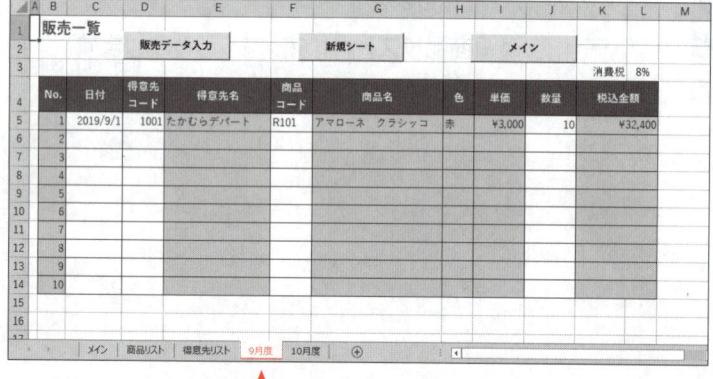

シート「**9月度**」が表示されます。

※ブックに存在しない月数を入力したり《キャンセル》をクリックしたりした場合は、「シートがありません」というメッセージが表示されます。

※シート「商品リスト」に切り替えておきましょう。

9月度

3 シート「商品リスト」の確認

シート「**商品リスト**」を確認しましょう。

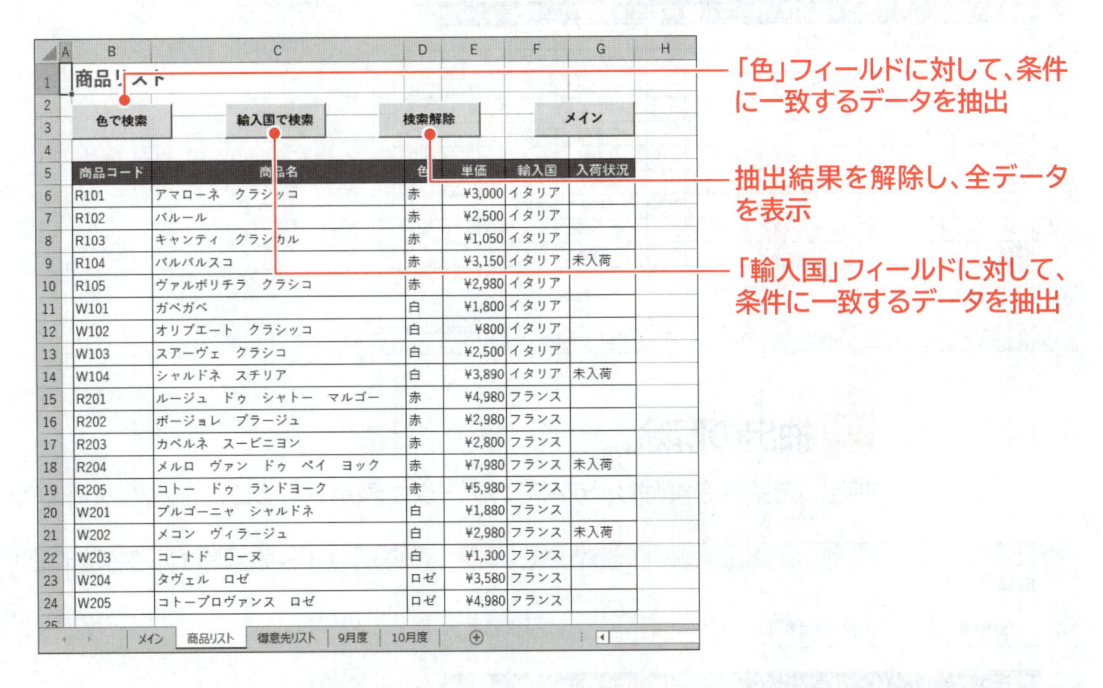

- 「色」フィールドに対して、条件に一致するデータを抽出
- 抽出結果を解除し、全データを表示
- 「輸入国」フィールドに対して、条件に一致するデータを抽出

1 「色」フィールドの検索

「**色**」フィールドに対して検索条件を入力し、条件に一致するデータだけが抽出されることを確認しましょう。

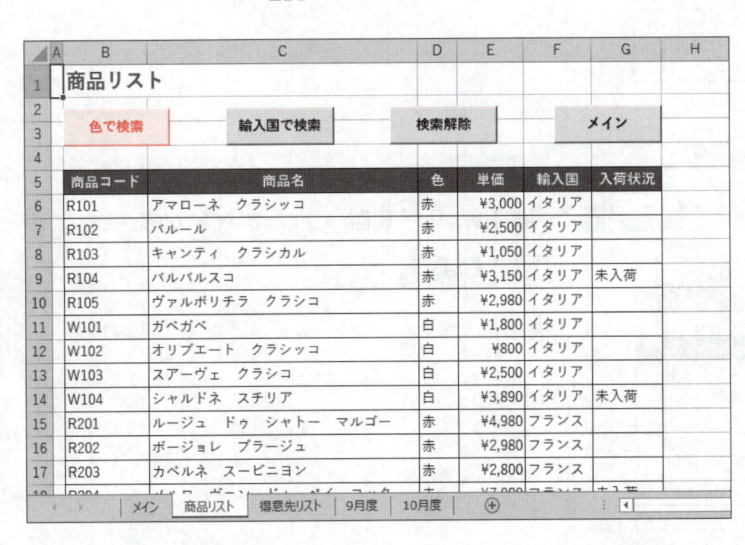

①「**色で検索**」ボタンをクリックします。

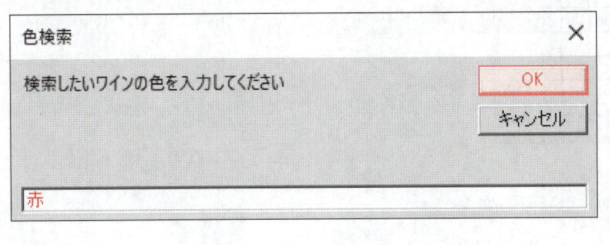

検索条件を入力するダイアログボックスが表示されます。

②「**赤**」と入力します。

③《**OK**》をクリックします。

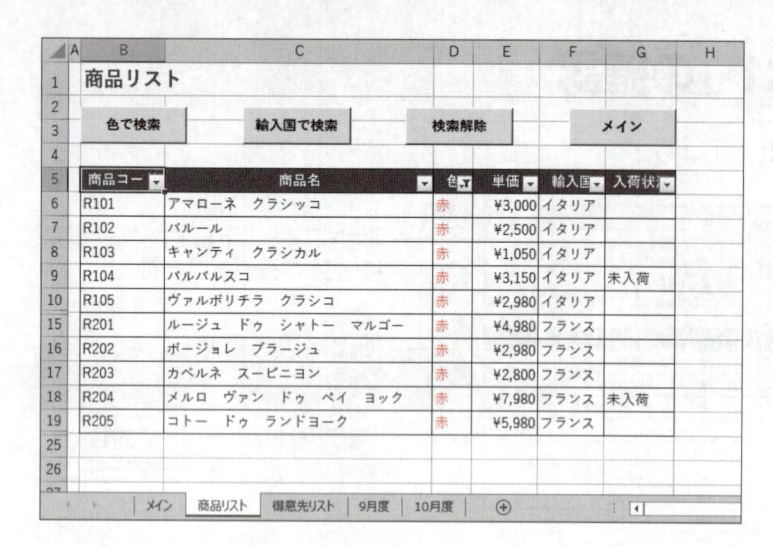

「**色**」フィールドが「**赤**」の商品が抽出され
ます。

2 抽出の解除

抽出した条件を解除し、すべてのデータが表示されることを確認しましょう。

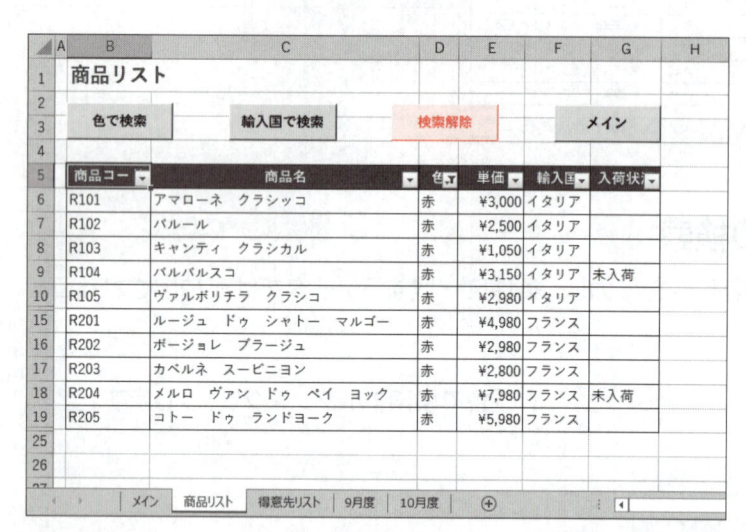

①「**検索解除**」ボタンをクリックします。

抽出結果が解除され、すべてのデータが表
示されます。

3 「輸入国」フィールドの検索

「輸入国」フィールドに対して検索条件を入力し、条件に一致するデータだけが抽出されることを確認しましょう。

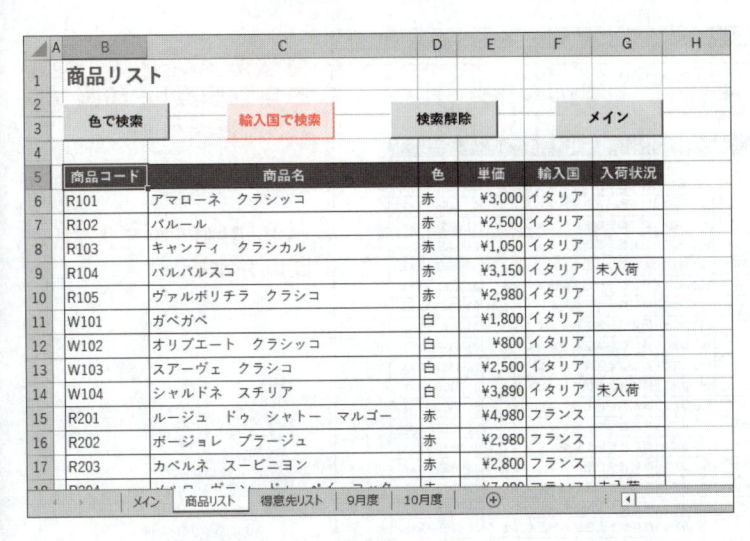

①「輸入国で検索」ボタンをクリックします。

検索条件を入力するダイアログボックスが表示されます。

②「イタリア」と入力します。

③《OK》をクリックします。

「輸入国」フィールドが「イタリア」の商品が抽出されます。

抽出した条件を解除します。

④《検索解除》ボタンをクリックします。

抽出結果が解除され、すべてのデータが表示されます。

※シート「得意先リスト」に切り替えておきましょう。

4　シート「得意先リスト」の確認

シート「**得意先リスト**」を確認しましょう。

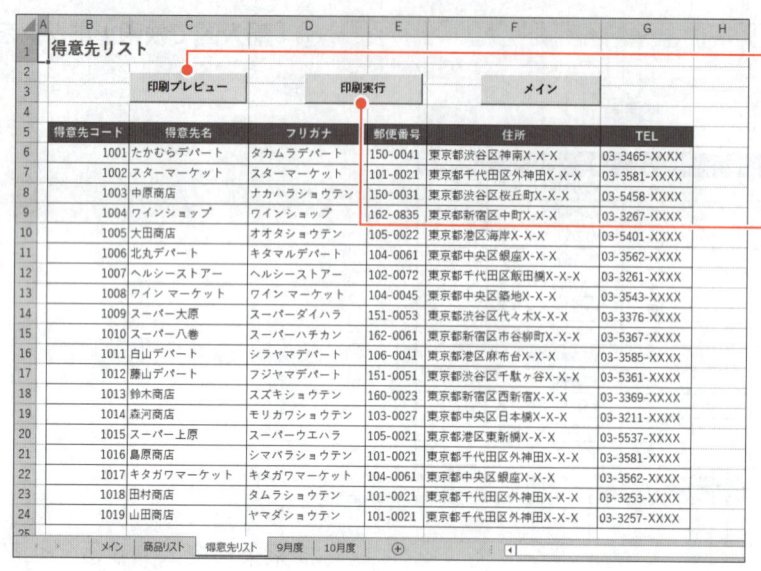

得意先リストの入力範囲を自動認識し、印刷プレビューを表示

必要印刷部数を入力し、印刷を実行

1　印刷プレビューの表示

データが入力された範囲の印刷プレビューが全画面で表示されることを確認しましょう。

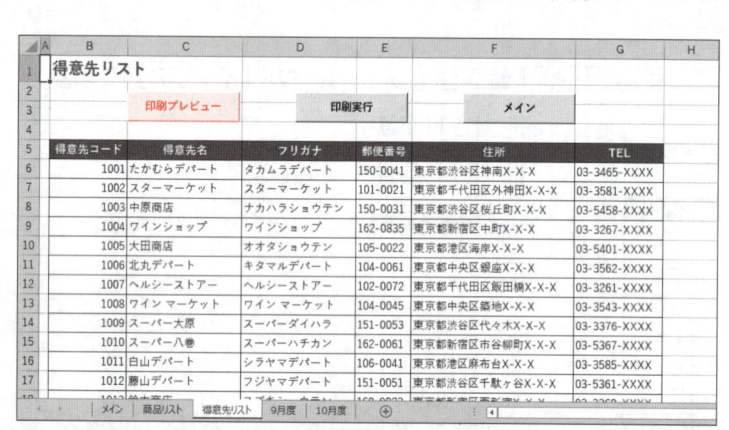

①「**印刷プレビュー**」ボタンをクリックします。

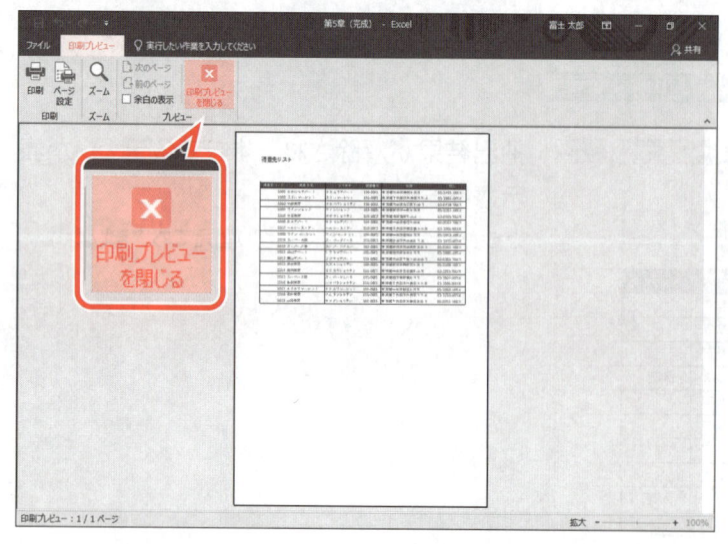

データ入力範囲が認識され、全画面で印刷プレビューが表示されます。

②《**印刷プレビュー**》タブを選択します。

③《**プレビュー**》グループの（印刷プレビューを閉じる）をクリックします。

2 印刷の実行

印刷部数を入力するダイアログボックスが表示され、印刷が実行されることを確認しましょう。

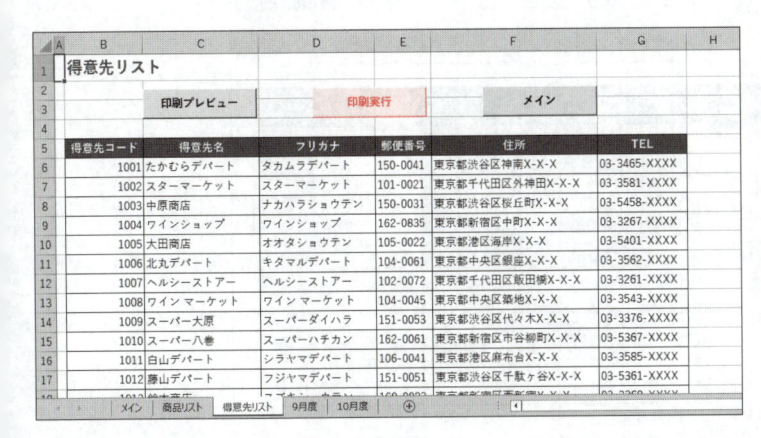

① 「**印刷実行**」ボタンをクリックします。

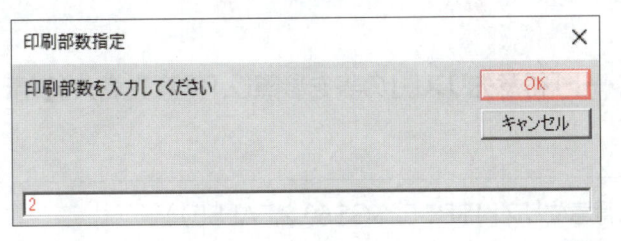

印刷部数を入力するダイアログボックスが表示されます。

② 「**2**」と入力します。

※半角で入力します。

③ 《**OK**》をクリックします。

印刷が実行されます。

※コンピューターにプリンターが設定されていない場合は、《キャンセル》をクリックします。

※《キャンセル》をクリックした場合は、印刷をキャンセルするメッセージが表示されます。

※シート「9月度」に切り替えておきましょう。

5　シート「9月度」の確認

シート「**9月度**」を確認しましょう。

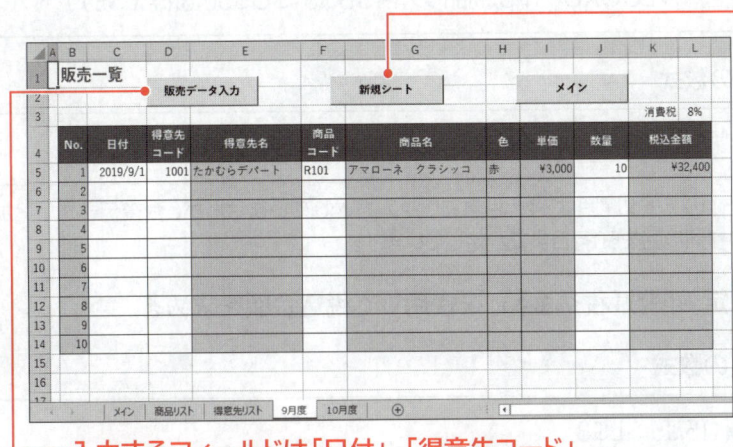

シートをコピーし入力されているデータを削除後、シート名を変更

入力するフィールドは「日付」、「得意先コード」、「商品コード」、「数量」
入力を終了する場合は、「日付」フィールドで「end」と入力

1 シート「9月度」の設定

シート「9月度」には、次の数式が入力されています。

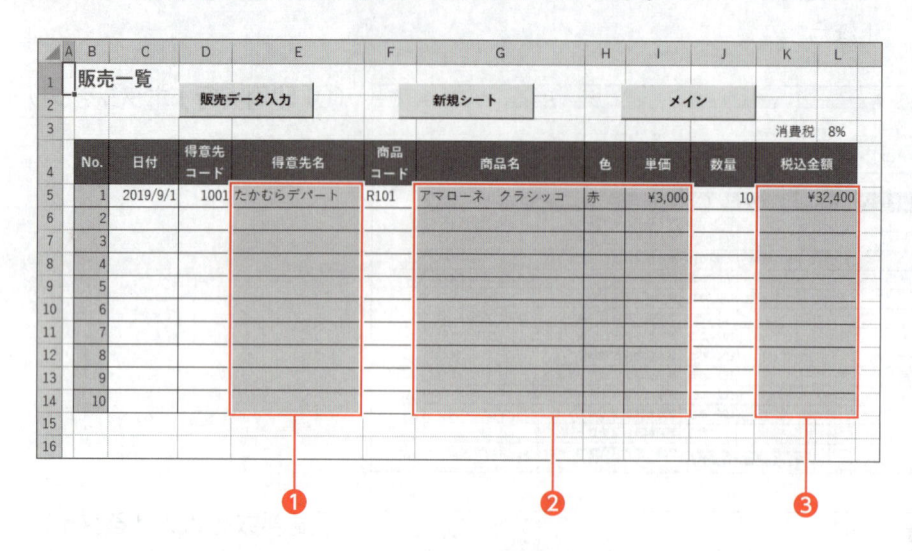

❶「得意先コード」を入力するとシート「得意先リスト」の表を参照し、「得意先名」を表示する

・セル【E5】の数式

```
=IF(D5="","",VLOOKUP(D5,得意先リスト!$B$5:$G$50,2,FALSE))
```

※「得意先リスト」のデータ範囲は24行目までしか入力されていませんが、今後データが追加されることを想定し、リストの参照範囲を50行目まで設定しています。

❷「商品コード」を入力するとシート「商品リスト」の表を参照し、「商品名」、「色」、「単価」を表示する

・セル【G5】の数式

```
=IF(F5="","",VLOOKUP(F5,商品リスト!$B$5:$G$50,2,FALSE))
```

・セル【H5】の数式

```
=IF(F5="","",VLOOKUP(F5,商品リスト!$B$5:$G$50,3,FALSE))
```

・セル【I5】の数式

```
=IF(F5="","",VLOOKUP(F5,商品リスト!$B$5:$G$50,4,FALSE))
```

※「商品リスト」のデータ範囲は24行目までしか入力されていませんが、今後データが追加されることを想定し、リストの参照範囲を50行目まで設定しています。

❸ユーザー定義関数「税込金額」を使用して税込金額を求める

・セル【K5】の数式

```
=税込金額(I5,J5,$L$3)
```

2 販売データの入力

「**日付**」、「**得意先コード**」、「**商品コード**」、「**数量**」を入力するダイアログボックスが表示され、販売データが入力できることを確認しましょう。それぞれのコードが参照できるようにシート「**得意先リスト**」、「**商品リスト**」が新しいウィンドウで開かれます。

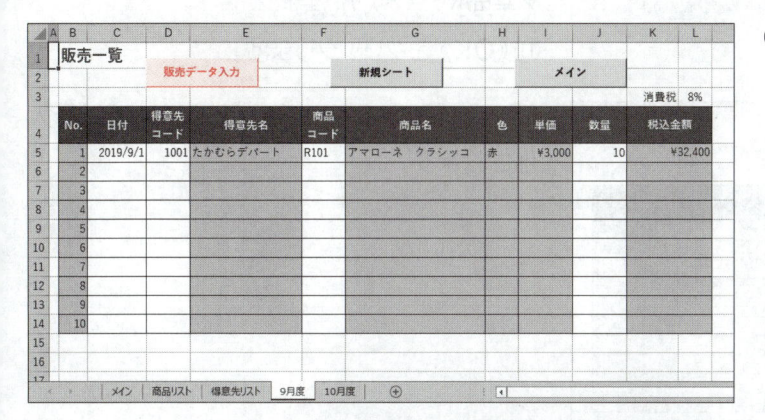

①「**販売データ入力**」ボタンをクリックします。

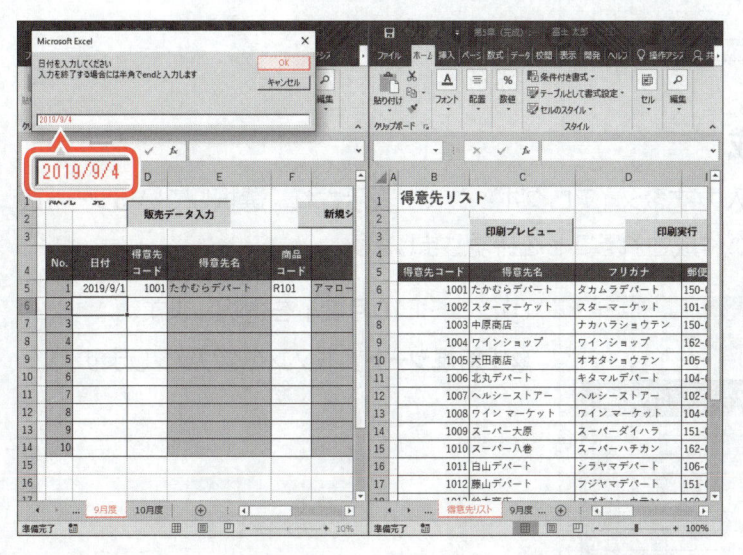

シート「**得意先リスト**」が開かれ、シート「**9月度**」と並べて表示されます。また、日付を入力するダイアログボックスが表示されます。

②「**2019/9/4**」と入力します。

③《OK》をクリックします。

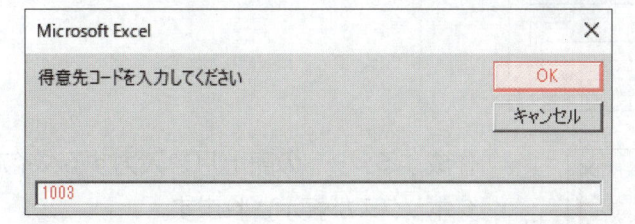

得意先コードを入力するダイアログボックスが表示されます。

④「**1003**」と入力します。

⑤《OK》をクリックします。

シート「**得意先リスト**」がシート「**商品リスト**」に切り替わり、商品コードを入力するダイアログボックスが表示されます。

⑥「**W104**」と入力します。

※半角で入力します。

⑦《OK》をクリックします。

数量を入力するダイアログボックスが表示されます。

⑧「**3**」と入力します。

⑨《OK》をクリックします。

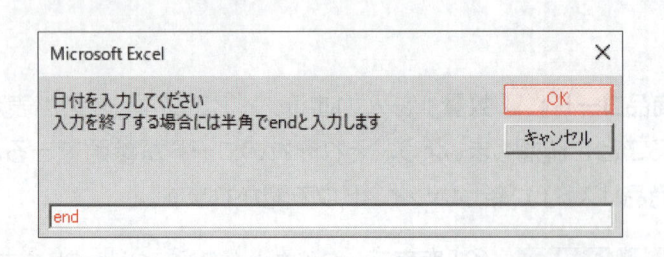

日付を入力するダイアログボックスが表示されます。

販売データの入力を終了します。

⑩「**end**」と入力します。

※半角小文字で入力します。

⑪《**OK**》をクリックします。

データが入力され、ウィンドウサイズが最大化されます。

3 新規シートの作成

作成するシートの売上月を入力するダイアログボックスが表示され、選択しているシートの右側に入力した月のシートが作成されることを確認しましょう。

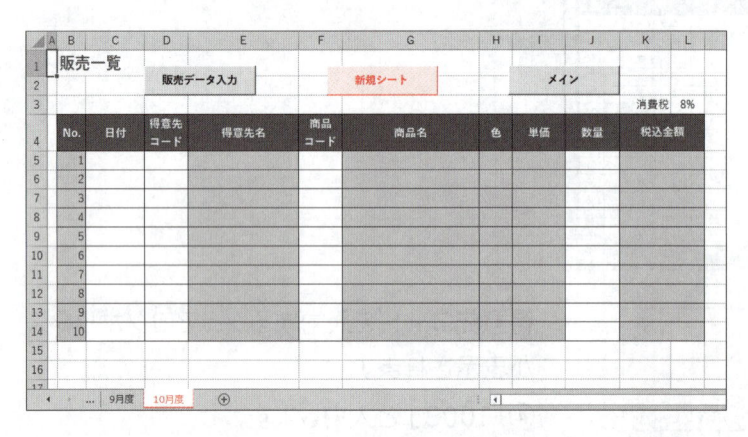

①シート「**10月度**」を選択します。

②「**新規シート**」ボタンをクリックします。

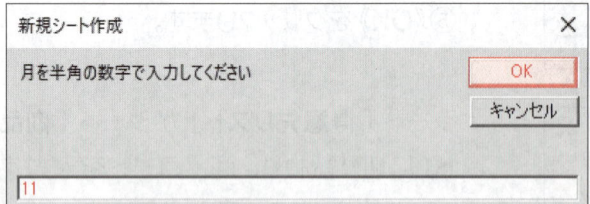

作成するシートの売上月を入力するダイアログボックスが表示されます。

③「**11**」と入力します。

※半角で入力します。

④《**OK**》をクリックします。

シート「**10月度**」をコピーし、シート「**11月度**」が作成されます。

※《キャンセル》をクリックしたり、すでにある売上月を入力したりした場合は、シートのコピーがキャンセルされます。

※シート「メイン」に切り替えておきましょう。

6 Excelの終了

Excelが終了することを確認しましょう。

①シート**「メイン」**が表示されていることを
確認します。
②**「終了」**ボタンをクリックします。

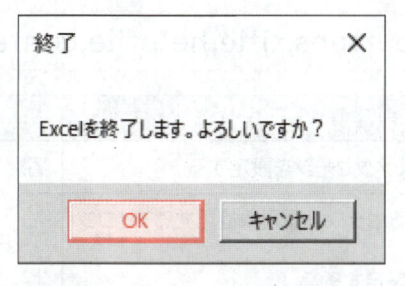

図のようなメッセージが表示されます。
③《**OK**》をクリックします。

ブックを保存せずに閉じます。
④《**保存しない**》をクリックします。
Excelが終了します。

Step2 プログラムを対話形式で実行する

1 対話形式のプログラム

確認や警告を表示するメッセージボックスを表示したり、ユーザーにデータの入力を促すダイアログボックスを表示したりすることで、対話形式のプログラムを作成できます。

2 メッセージの表示

確認や警告のメッセージボックスを表示するには、「MsgBox関数」を使います。

■MsgBox関数

メッセージボックスにメッセージを表示します。クリックされたボタンに応じた値を返します。

構　文	MsgBox (prompt,buttons,title,helpfile,context)

引数	内容	省略
prompt	メッセージボックスに表示するメッセージを設定する	省略できない
buttons	メッセージボックスに表示するボタンの種類や使用するアイコンのスタイルを設定する 省略すると《OK》のボタンを表示する	省略できる
title	メッセージボックスのタイトルを設定する	省略できる
helpfile	《ヘルプ》のボタンをクリックしたときに表示するヘルプのファイル名を設定する	省略できる
context	表示するヘルプの内容に対応したコンテキスト番号を設定する 設定した場合は引数helpfileの設定が必要	省略できる

例：メッセージボックスを表示し、クリックされたボタンに応じた値を変数「mymsg」に代入する

```
mymsg = MsgBox("データが削除されます", vbOKCancel + vbExclamation, "データ削除")
```
　　　　　　　　　　　　　メッセージ　　　　ボタン　　　　アイコン　　　タイトル

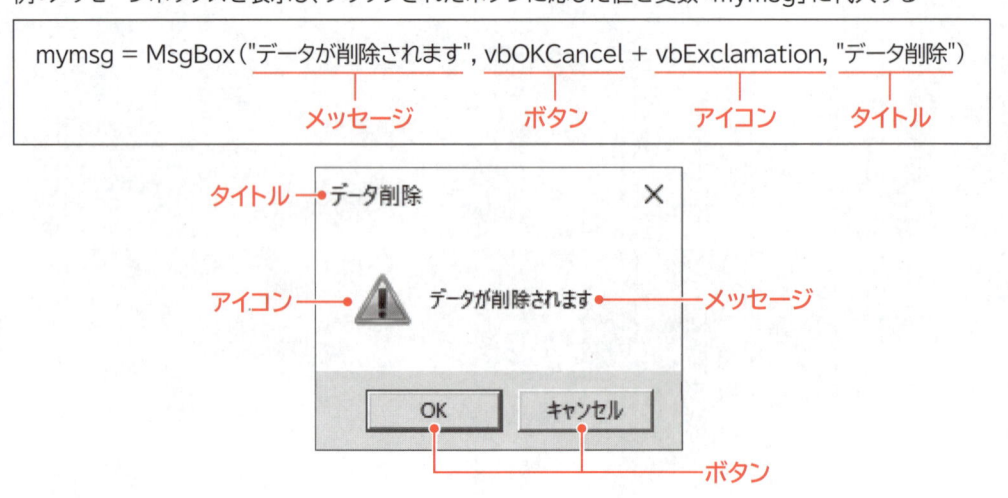

MsgBox関数では、引数buttonsに次のような組み込み定数を設定することで、ボタンとアイコンを表示できます。ボタンとアイコンを同時に表示する場合は、「vbOKOnly+vbCritical」のように組み込み定数を「＋」で組み合わせて引数として指定したり、「16」（0+16）のように計算した値を引数として指定したりできます。

●MsgBox関数のボタンの例

組み込み定数	内容	値	ボタン
vbOKOnly	《OK》を表示	0	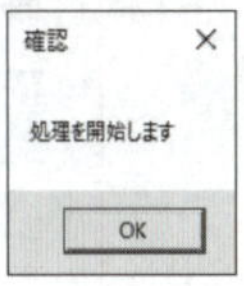
vbOKCancel	《OK》と《キャンセル》を表示	1	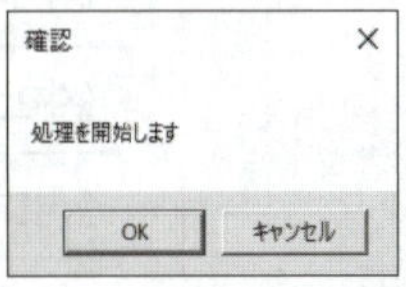
vbAbortRetryIgnore	《中止》と《再試行》と《無視》を表示	2	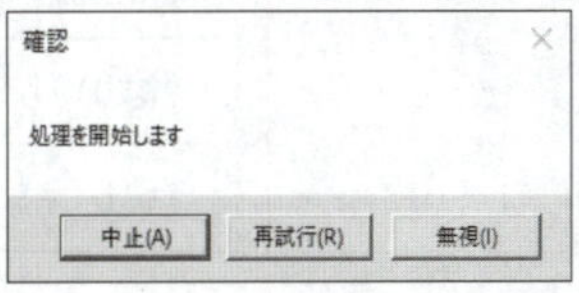
vbYesNoCancel	《はい》と《いいえ》と《キャンセル》を表示	3	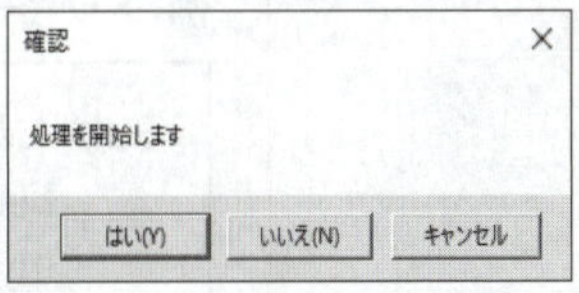
vbYesNo	《はい》と《いいえ》を表示	4	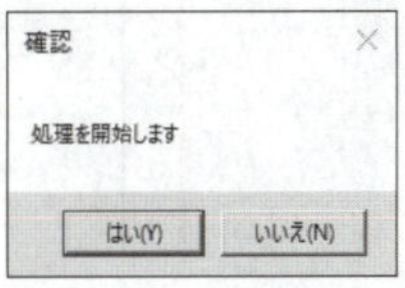

●MsgBox関数のアイコンの例

組み込み定数	内容	値	アイコン
vbCritical	警告のアイコンを表示	16	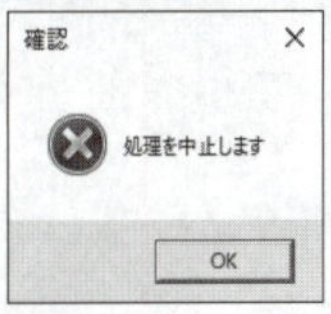
vbQuestion	問い合わせのアイコンを表示	32	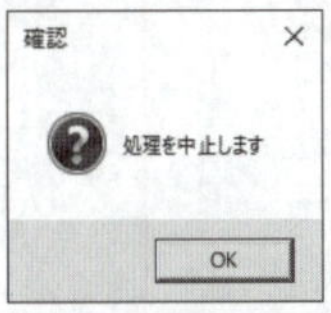
vbExclamation	注意のアイコンを表示	48	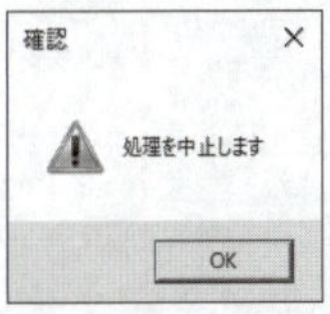
vbInformation	情報のアイコンを表示	64	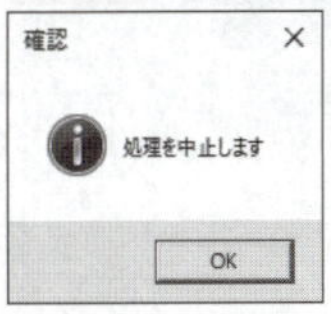

👆 POINT　戻り値を使った分岐処理

MsgBox関数では、《OK》や《キャンセル》などのボタンをクリックしたときに、クリックされたボタンに応じた値を返します。これを「戻り値」といいます。戻り値を使うことで、クリックしたボタンに応じた処理を分岐させることができます。戻り値を必要とする場合は、引数を（）で囲む必要があります。また、戻り値を受け取るには変数を使います。

戻り値を使う必要がなく、単にメッセージだけを表示する場合は、MsgBox関数の引数を（）で囲まず記述することもできます。

●MsgBox関数の戻り値

ボタン	組み込み定数	戻り値
《OK》	vbOK	1
《キャンセル》	vbCancel	2
《中止》	vbAbort	3
《再試行》	vbRetry	4
《無視》	vbIgnore	5
《はい》	vbYes	6
《いいえ》	vbNo	7

例：メッセージボックスの戻り値を使った処理の分岐

```
Sub セル削除 ()
    Dim mymsg As Integer
    mymsg = MsgBox("セルを削除しますか", vbOKCancel + vbExclamation, "削除確認")
    If mymsg = 1 Then
        ActiveCell.Delete
    Else
        MsgBox "削除をキャンセル"
    End If
End Sub
```

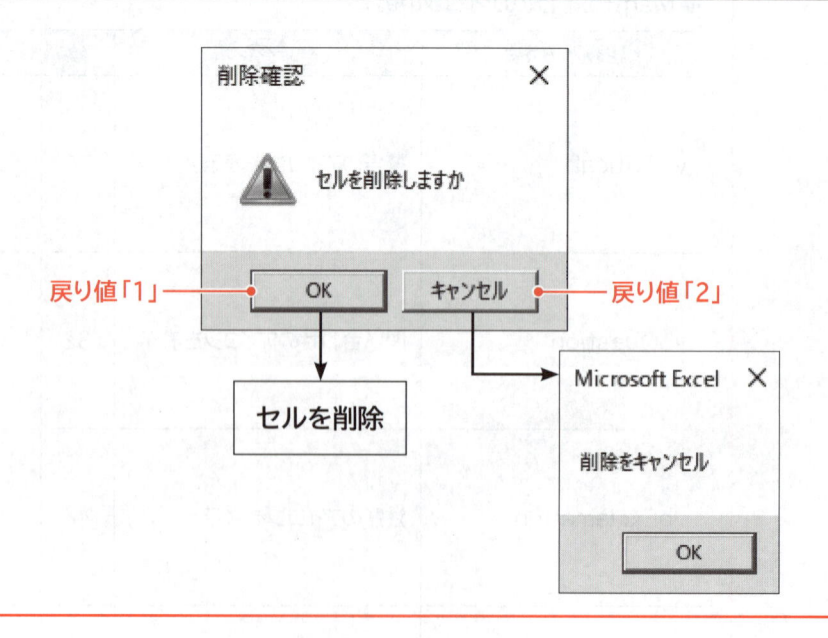

POINT 制御文字

文字コードの中の制御文字を使うと、メッセージボックスに表示するメッセージの中で改行したり、タブを入力したりすることができます。

■Chr関数

指定した文字コードに対応する文字を返します。引数には文字を特定するためのコード番号を入力します。

構文	Chr（文字コード）

●主な制御文字の例

内容	文字コード
タブを返す	9
改行を返す	10
半角スペースを返す	32

例：Chr（9）で文字列にタブを入力し、Chr（10）で文字列を改行

```
Sub 情報表示()
    MsgBox "社員番号" & Chr(9) & ":1001" & Chr(10) _
           & "社員名" & Chr(9) & ":山田一郎" & Chr(10) _
           & "所属" & Chr(9) & ":営業本部　第3営業課" & Chr(10) _
           & "内線" & Chr(9) & ":1111"
End Sub
```

※入力するコードが長くて読みづらい場合は、行継続文字「 _（半角スペース＋半角アンダースコア）」を行末に入力すると、行を複数に分割できます。行継続文字を使った行は1行の命令文と認識されます。

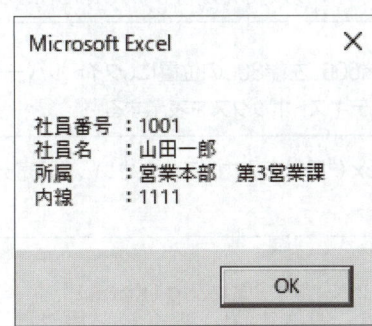

162

3 入力可能なダイアログボックスの表示

ユーザーに対して値の入力を促すダイアログボックスを表示するには、「InputBox関数」を使います。

■InputBox関数

ダイアログボックスにメッセージとテキストボックスを表示します。
テキストボックスに文字列を入力し《OK》をクリックすると、入力された文字列を戻り値として返します。また、《キャンセル》をクリックすると、長さ0の空文字列（""）を返します。

構 文	InputBox（prompt,title,default,xpos,ypos,helpfile,context）

引数	内容	省略
prompt	ダイアログボックスに表示するメッセージを設定する	省略できない
title	ダイアログボックスのタイトルを設定する	省略できる
default	テキストボックスに入力しておく既定値の文字列を設定する	省略できる
xpos	画面左端からダイアログボックスの左端までの距離を設定する 単位はtwip（1cmは約567twip） 省略すると画面中央に表示する	省略できる
ypos	画面上端からダイアログボックスの上端までの距離を設定する 単位はtwip（1cmは約567twip） 省略すると画面上端から約3分の1の位置に表示する	省略できる
helpfile	《ヘルプ》のボタンをクリックしたときに表示するヘルプのファイル名を設定する	省略できる
context	表示するヘルプの内容に対応したコンテキスト番号を設定する 設定した場合は引数helpfileの設定が必要	省略できる

例：画面上端500、左端300の位置に、タイトルバー「販売データ入力」、メッセージ「日付を入力してください」とテキストボックスを表示する

```
InputBox ("日付を入力してください", "販売データ入力", , 300, 500)
                                                xpos┘   └ypos
```

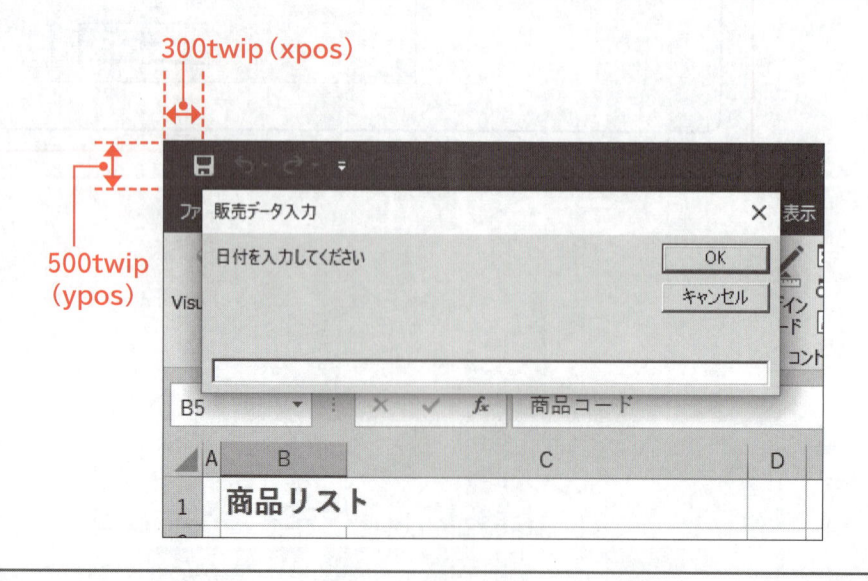

フィルターでデータを抽出する

1 フィルターの実行

フィルターを実行してデータを抽出するには、「AutoFilterメソッド」を使います。

■AutoFilterメソッド

フィルターを実行してリストから条件に一致したデータを抽出します。
オブジェクトには、セルまたはセル範囲を設定する必要があります。

構文	オブジェクト.AutoFilter Field,Criteria1,Operator ,Criteria2,VisibleDropDown

引数	内容	省略
Field	抽出条件の対象となる列番号を設定する 列番号には抽出範囲の左から何列目かを設定する	省略できる
Criteria1	抽出条件となる文字列を設定する 省略すると抽出条件はAllとなる	省略できる
Operator	フィルターの種類を組み込み定数で設定する	省略できる
Criteria2	2番目の抽出条件となる文字列を設定する 引数Criteria1と引数Operatorを組み合わせて複合抽出条件を設定することもできる	省略できる
VisibleDropDown	フィルターのドロップダウン矢印の表示（True）、非表示（False）を設定する 省略するとドロップダウン矢印を表示（True）する	省略できる

※すべての引数を省略すると、フィルターが適用されている場合はフィルターを解除します。

👆POINT Operatorの設定

引数Operatorで設定できるフィルターの種類は、組み込み定数を使って設定します。
設定できる組み込み定数は、次のとおりです。

組み込み定数	値	内容
xlAnd	1	引数Criteria1と引数Criteria2をAND条件で指定
xlOr	2	引数Criteria1と引数Criteria2をOR条件で指定
xlTop10Items	3	上位から引数Criteria1で指定した順位を表示
xlBottom10Items	4	下位から引数Criteria1で指定した順位を表示
xlTop10Percent	5	上位から引数Criteria1で指定した割合を表示
xlBottom10Percent	6	下位から引数Criteria1で指定した割合を表示
xlFilterValues	7	フィルターの値を指定
xlFilterCellColor	8	セルの色を指定
xlFilterFontColor	9	フォントの色を指定
xlFilterIcon	10	フィルターのアイコンを指定
xlFilterDynamic	11	動的フィルターを指定

※動的フィルターとは、再適用したときに結果が変わる可能性があるフィルターです。

1 作成するプロシージャの確認

シート「**商品リスト**」でフィルターを実行してデータを抽出するプロシージャを作成します。ダイアログボックスに「**赤**」、「**白**」、「**ロゼ**」のいずれかの色を入力して《**OK**》をクリックするとフィルターを実行し、それ以外の場合は注意を促すメッセージボックスが表示されるプロシージャを確認しましょう。

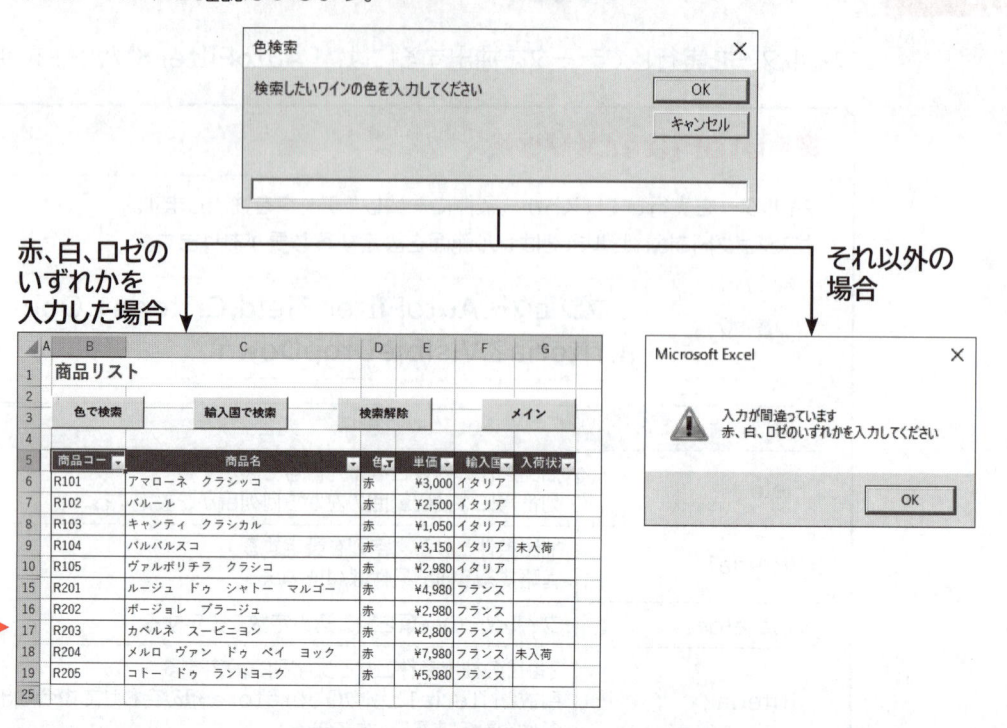

■「色検索」プロシージャ

```
1. Sub 色検索 ()
2.     Dim iro As String
3.     iro = InputBox ("検索したいワインの色を入力してください", "色検索", , 100, 100)
4.     If iro = "赤" Or iro = "白" Or iro = "ロゼ" Then
5.         Range ("B5").Select
6.         Selection.AutoFilter 3, iro
7.     Else
8.         MsgBox "入力が間違っています" & Chr (10) & _
9.             "赤、白、ロゼのいずれかを入力してください", vbOKOnly + vbExclamation
10.    End If
11. End Sub
```

※ 8〜9行目はコードが長いので、行継続文字「 _（半角スペース+半角アンダースコア）」を使って行を複数に分割しています。行継続文字を使わずに1行で記述してもかまいません。

■プロシージャの意味

1. 「色検索」プロシージャ開始
2. 文字列型の変数「iro」を使用することを宣言
3. 画面上端100、左端100の位置に、タイトルバー「色検索」、メッセージ「検索したいワインの色を入力してください」とテキストボックスを表示し、入力された値を変数「iro」に代入
4. 変数「iro」の値が「赤」または「白」または「ロゼ」の場合は
5. セル【B5】を選択
6. 表の3列目のフィールドの条件を変数「iro」の値で抽出
7. それ以外の場合は
8. 「入力が間違っています（改行）赤、白、ロゼのいずれかを入力してください」のメッセージ
9. と《OK》のボタンと注意のアイコンを表示
10. Ifステートメント終了
11. プロシージャ終了

第5章 販売管理プログラムの作成

2 プロシージャの作成

プロシージャを作成しましょう。

 Excelを起動し、ブック「第5章」のシート「商品リスト」を開いておきましょう。

※メッセージバーの《コンテンツの有効化》をクリックしておきましょう。

※VBEを起動しておきましょう。

①プロジェクトエクスプローラーの「**標準モジュール**」をダブルクリックします。

②モジュール「**商品リスト**」をダブルクリックします。

③次のようにプロシージャを入力します。

```
Sub 色検索()
    Dim iro As String
    iro = InputBox("検索したいワインの色を入力してください", "色検索", , 100, 100)
    If iro = "赤" Or iro = "白" Or iro = "ロゼ" Then
        Range("B5").Select
        Selection.AutoFilter 3, iro
    Else
        MsgBox "入力が間違っています" & Chr(10) & _
            "赤、白、ロゼのいずれかを入力してください", vbOKOnly + vbExclamation
    End If
End Sub
```

※コンパイルを実行し、上書き保存しておきましょう。

3 動作の確認

プロシージャの動作を確認しましょう。

※Excelに切り替えておきましょう。

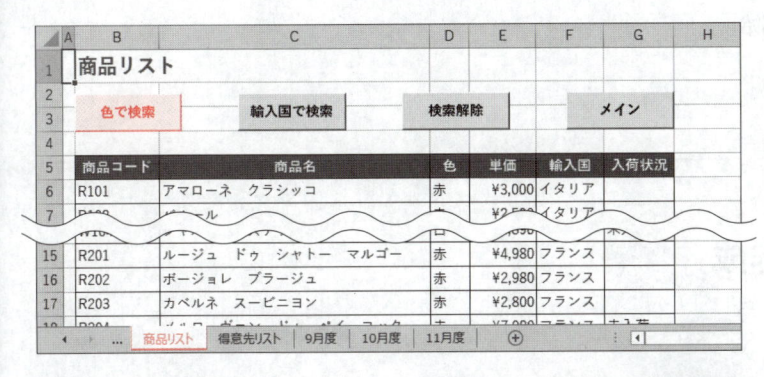

①シート「**商品リスト**」が選択されていることを確認します。

②「**色で検索**」ボタンをクリックします。

※ボタンにはあらかじめ「色検索」プロシージャが登録されています。

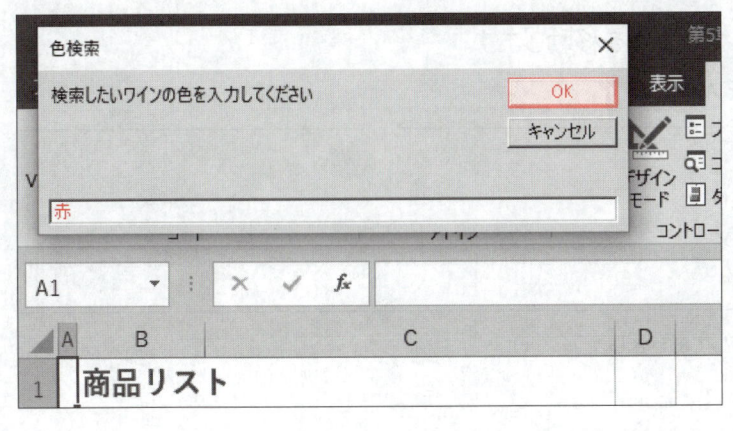

色を入力するダイアログボックスが表示されます。

③「**赤**」と入力します。

④《**OK**》をクリックします。

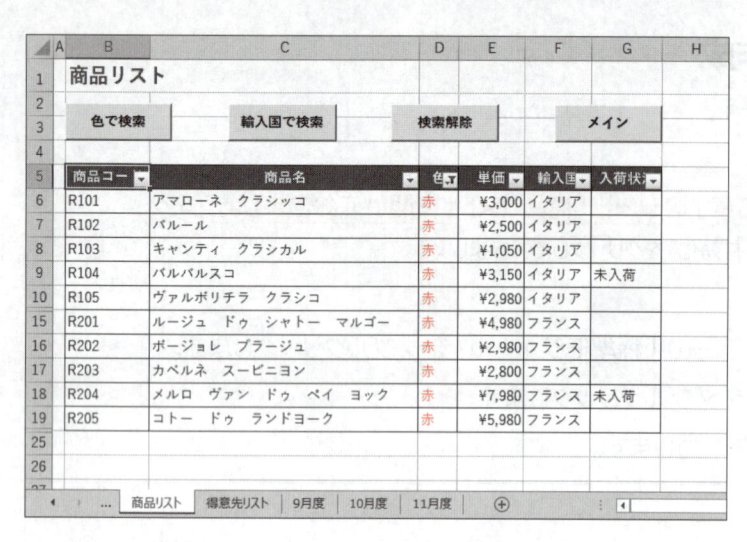

「色」フィールドが赤のデータだけが抽出されます。

⑤同様に、その他の条件を入力し、プロシージャの動作を確認します。

<table>
<tr><td colspan="2">2</td><td>フィルターの解除</td></tr>
</table>

AutoFilterメソッドを使って、フィルターを解除します。

1 作成するプロシージャの確認

フィルターを解除し、リストの全データを表示するプロシージャを確認しましょう。

■「検索解除」プロシージャ

1. Sub 検索解除 ()
2. 　　　Range ("B5").Select
3. 　　　Selection.AutoFilter
4. End Sub

■プロシージャの意味

1.「検索解除」プロシージャ開始
2. 　　　セル【B5】を選択
3. 　　　フィルターの解除
4. プロシージャ終了

2 プロシージャの作成

プロシージャを作成しましょう。
※VBEに切り替えておきましょう。

①「**End Sub**」の下の行にカーソルを移動します。

②次のようにプロシージャを入力します。

```
Sub 検索解除 ()
    Range ("B5").Select
    Selection.AutoFilter
End Sub
```

※コンパイルを実行し、上書き保存しておきましょう。

3 動作の確認

プロシージャの動作を確認しましょう。

※Excelに切り替えておきましょう。

	A	B	C	D	E	F	G	H
1		商品リスト						
2								
3		色で検索	輸入国で検索		検索解除		メイン	
4								
5		商品コー ▼	商品名 ▼	色 ▼	単価 ▼	輸入国 ▼	入荷状 ▼	
23		W204	タヴェル　ロゼ		ロゼ	¥3,580	フランス	
24		W205	コトープロヴァンス　ロゼ		ロゼ	¥4,980	フランス	
25								
26								
27								
28								
29								
30								

① 「**検索解除**」ボタンをクリックします。

※ボタンにはあらかじめ「検索解除」プロシージャが
　登録されています。

	A	B	C	D	E	F	G	H
1		商品リスト						
2								
3		色で検索	輸入国で検索		検索解除		メイン	
4								
5		商品コード	商品名	色	単価	輸入国	入荷状況	
6		R101	アマローネ　クラシッコ	赤	¥3,000	イタリア		
7		R102	バルール	赤	¥2,500	イタリア		
8		R103	キャンティ　クラシカル	赤	¥1,050	イタリア		
9		R104	バルバルスコ	赤	¥3,150	イタリア	未入荷	
10		R105	ヴァルポリチラ　クラシコ	赤	¥2,980	イタリア		
11		W101	ガベガベ	白	¥1,800	イタリア		
12		W102	オリブエート　クラシッコ	白	¥800	イタリア		
13		W103	スアーヴェ　クラシコ	白	¥2,500	イタリア		
14		W104	シャルドネ　ステリア	白	¥3,890	イタリア	未入荷	
15		R201	ルージュ　ドゥ　シャトー　マルゴー	赤	¥4,980	フランス		
16		R202	ボージョレ　ブラージュ	赤	¥2,980	フランス		
17		R203	カベルネ　スービニヨン	赤	¥2,800	フランス		

抽出結果が解除されます。

Let's Try ためしてみよう

「色検索」プロシージャと同様に、「輸入国」フィールドで抽出する「輸入国検索」プロシージャを作成しましょう。

※ コンパイルを実行して上書き保存し、「輸入国検索」プロシージャを実行しましょう。

※ 「検索解除」プロシージャを実行し、モジュールを閉じておきましょう。

① VBEに切り替える

② 「色検索」プロシージャを選択

③ ▣ (コピー) をクリック

④ 最終行の「End Sub」の下の行にカーソルを移動

⑤ ▣ (貼り付け) をクリック

⑥ 次のようにプロシージャを編集

```
Sub 輸入国検索()
    Dim kuni As String
    kuni = InputBox("検索したいワインの輸入国を入力してください", "輸入国検索", , 100, 100)
    If kuni = "イタリア" Or kuni = "フランス" Then
        Range("B5").Select
        Selection.AutoFilter 5, kuni
    Else
        MsgBox "入力が間違っています" & Chr(10) & _
            "イタリア、フランスのいずれかを入力してください", vbOKOnly + vbExclamation
    End If
End Sub
```

Step4 データを印刷する

1 ページレイアウトの設定

印刷のページレイアウトを設定するには、「PageSetupプロパティ」を使います。

■PageSetupプロパティ

印刷のページレイアウトを設定します。

構　文	オブジェクト.PageSetup

---

2 ページ属性の設定

印刷の向き、拡大縮小率、縦横何ページに収めて印刷するか、水平・垂直方向の中央に印刷するかなど、ページ属性を設定するには、「Orientationプロパティ」、「Zoomプロパティ」、「FitToPagesWideプロパティ」、「FitToPagesTallプロパティ」、「CenterHorizontallyプロパティ」、「CenterVerticallyプロパティ」を使います。

■Orientationプロパティ

印刷の向きを、組み込み定数を使って設定します。通常、印刷の向きは縦になります。

構　文	オブジェクト.PageSetup.Orientation ＝ 向き

組み込み定数	向き
xlPortrait	縦
xlLandscape	横

例：アクティブシートの印刷の向きを「横」に設定する

```
ActiveSheet.PageSetup.Orientation = xlLandscape
```

■Zoomプロパティ

印刷の拡大縮小を10〜400の値で設定します。拡大縮小率をなしにするには、設定値に「False」を設定します。

構　文	オブジェクト.PageSetup.Zoom ＝ 設定値

例：アクティブシートの印刷の拡大縮小率を「50」％に設定する

```
ActiveSheet.PageSetup.Zoom = 50
```

■FitToPagesWideプロパティ

横何ページに収めて印刷するかを設定します。Zoomプロパティをオフ（False）に設定する必要があります。

構 文	オブジェクト.PageSetup.FitToPagesWide ＝ 設定値

例：アクティブシートを横「1」ページに収めて印刷する

```
ActiveSheet.PageSetup.Zoom = False
ActiveSheet.PageSetup.FitToPagesWide = 1
```

■FitToPagesTallプロパティ

縦何ページに収めて印刷するかを設定します。Zoomプロパティをオフ（False）に設定する必要があります。

構 文	オブジェクト.PageSetup.FitToPagesTall ＝ 設定値

例：アクティブシートを縦「1」ページに収めて印刷する

```
ActiveSheet.PageSetup.Zoom = False
ActiveSheet.PageSetup.FitToPagesTall = 1
```

■CenterHorizontallyプロパティ

水平方向の中央に印刷するかどうかを設定します。

構 文	オブジェクト.PageSetup.CenterHorizontally ＝ 設定値

設定値	内容
True	水平方向の中央に印刷する
False	水平方向の中央に印刷しない

例：アクティブシートを水平方向の中央に印刷する

```
ActiveSheet.PageSetup.CenterHorizontally = True
```

■CenterVerticallyプロパティ

垂直方向の中央に印刷するかどうかを設定します。

構 文	オブジェクト.PageSetup.CenterVertically = 設定値

設定値	内容
True	垂直方向の中央に印刷する
False	垂直方向の中央に印刷しない

例：アクティブシートを垂直方向の中央に印刷する

ActiveSheet.PageSetup.CenterVertically = True

3　複数のプロパティを同時に設定

複数のプロパティを同時に設定するには、「Withステートメント」を使います。

■Withステートメント

指定したオブジェクトに対して、複数の異なるプロパティを設定します。

構 文	With オブジェクト名 　　.プロパティ = 設定値 　　.プロパティ = 設定値 　　　　　： End With

例：選択した場所のフォントのサイズを「20」、色を「赤」に設定する

```
With Selection.Font
    .Size = 20
    .Color = vbRed
End With
```

4 ページレイアウトを設定して印刷プレビューを表示

ページレイアウトを設定して印刷プレビューを表示しましょう。

 シート「得意先リスト」に切り替えておきましょう。

1 作成するプロシージャの確認

シート「**得意先リスト**」で印刷プレビューを表示するプロシージャを作成します。

入力されたデータ範囲を認識して罫線を引いたあとでページレイアウトを設定し、印刷プレビューを全画面で表示するプロシージャを確認しましょう。

ページ属性では、「**拡大縮小率なし**」、「**縦横1ページに収める**」、「**水平方向の中央に印刷**」を設定します。

	B	C	D	E	F	G	H
1	得意先リスト						
2-3		印刷プレビュー		印刷実行		メイン	
5	得意先コード	得意先名	フリガナ	郵便番号	住所	TEL	
6	1001	たかむらデパート	タカムラデパート	150-0041	東京都渋谷区神南X-X-X	03-3465-XXXX	
7	1002	スターマーケット	スターマーケット	101-0021	東京都千代田区外神田X-X-X	03-3581-XXXX	
8	1003	中原商店	ナカハラショウテン	150-0031	東京都渋谷区桜丘町X-X-X	03-5458-XXXX	
9	1004	ワインショップ	ワインショップ	162-0835	東京都新宿区中町X-X-X	03-3267-XXXX	
10	1005	大田商店	オオタショウテン	105-0022	東京都港区海岸X-X-X	03-5401-XXXX	
11	1006	北丸デパート	キタマルデパート	104-0061	東京都中央区銀座X-X-X	03-3562-XXXX	
12	1007	ヘルシーストアー	ヘルシーストアー	102-0072	東京都千代田区飯田橋X-X-X	03-3261-XXXX	
13	1008	ワイン マーケット	ワイン マーケット	104-0045	東京都中央区築地X-X-X	03-3543-XXXX	
14	1009	スーパー大原	スーパーダイハラ	151-0053	東京都渋谷区代々木X-X-X	03-3376-XXXX	
15	1010	スーパー八巻	スーパーハチカン	162-0061	東京都新宿区市谷柳町X-X-X	03-5367-XXXX	
16	1011	白山デパート	シラヤマデパート	106-0041	東京都港区麻布台X-X-X	03-3585-XXXX	
17	1012	藤山デパート	フジヤマデパート	151-0051	東京都渋谷区千駄ヶ谷X-X-X	03-5361-XXXX	
18	1013	鈴木商店	スズキショウテン	160-0023	東京都新宿区西新宿X-X-X	03-3369-XXXX	
19	1014	森河商店	モリカワショウテン	103-0027	東京都中央区日本橋X-X-X	03-3211-XXXX	
20	1015	スーパー上原	スーパーウエハラ	105-0021	東京都港区東新橋X-X-X	03-5537-XXXX	
21	1016	島原商店	シマバラショウテン	101-0021	東京都千代田区外神田X-X-X	03-3581-XXXX	
22	1017	キタガワマーケット	キタガワマーケット	104-0061	東京都中央区銀座X-X-X	03-3562-XXXX	
23	1018	田村商店	タムラショウテン	101-0021	東京都千代田区外神田X-X-X	03-3253-XXXX	
24	1019	山田商店	ヤマダショウテン	101-0021	東京都千代田区外神田X-X-X	03-3257-XXXX	

メイン　商品リスト　得意先リスト　9月度

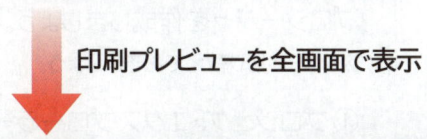

印刷プレビューを全画面で表示

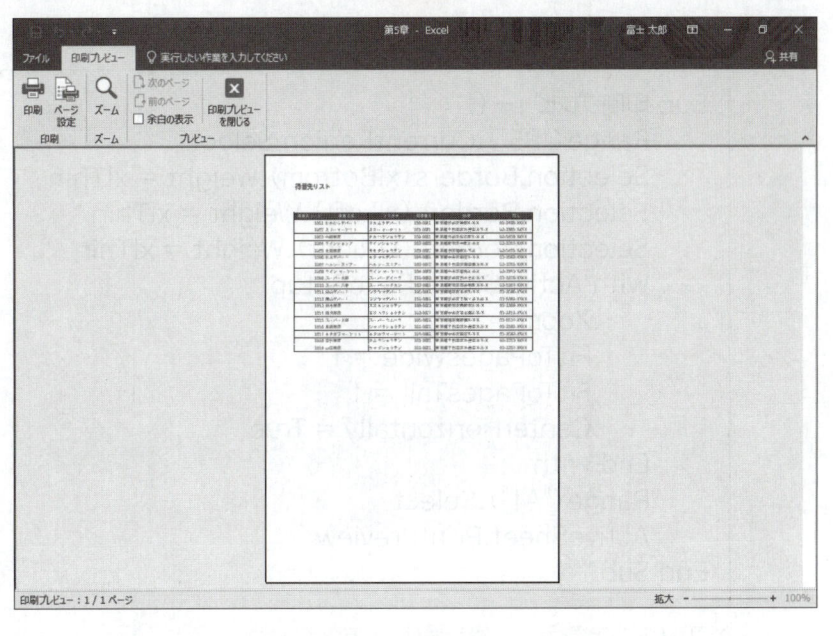

■「印刷プレビュー」プロシージャ

```
1. Sub 印刷プレビュー ()
2.      Range ("B5").CurrentRegion.Select
3.      Selection.Borders (xlBottom).Weight = xlThin
4.      Selection.Borders (xlLeft).Weight = xlThin
5.      Selection.Borders (xlRight).Weight = xlThin
6.      With ActiveSheet.PageSetup
7.          .Zoom = False
8.          .FitToPagesWide = 1
9.          .FitToPagesTall = 1
10.         .CenterHorizontally = True
11.     End With
12.     Range ("A1").Select
13.     Activesheet.PrintPreview
14. End Sub
```

■プロシージャの意味

```
1. 「印刷プレビュー」プロシージャ開始
2.      セル【B5】から上下左右に連続する範囲を選択
3.      選択したセルの下に細線を引く
4.      選択したセルの左に細線を引く
5.      選択したセルの右に細線を引く
6.      アクティブシートのページレイアウトを設定
7.          印刷の拡大縮小率の設定をオフにする
8.          横1ページに収める
9.          縦1ページに収める
10.         水平方向の中央に印刷
11.     Withステートメント終了
12.     セル【A1】を選択
13.     アクティブシートの印刷プレビューを表示
14. プロシージャ終了
```

2 プロシージャの作成

プロシージャを作成しましょう。

※VBEに切り替えておきましょう。

①プロジェクトエクスプローラーのモジュール **「得意先リスト」** をダブルクリックします。

②次のようにプロシージャを入力します。

```
Sub 印刷プレビュー ()
    Range ("B5").CurrentRegion.Select
    Selection.Borders (xlBottom).Weight = xlThin
    Selection.Borders (xlLeft).Weight = xlThin
    Selection.Borders (xlRight).Weight = xlThin
    With ActiveSheet.PageSetup
        .Zoom = False
        .FitToPagesWide = 1
        .FitToPagesTall = 1
        .CenterHorizontally = True
    End With
    Range ("A1").Select
    ActiveSheet.PrintPreview
End Sub
```

※コンパイルを実行し、上書き保存しておきましょう。

3 動作の確認

プロシージャの動作を確認しましょう。

※Excelに切り替えておきましょう。

① シート「**得意先リスト**」が選択されていることを確認します。

② 24行目に次のデータを入力します。

得意先コード	1019
得意先名	山田商店
フリガナ	（自動入力されます）
郵便番号	101-0021
住所	東京都千代田区外神田X-X-X
TEL	03-3257-XXXX

③ 「**印刷プレビュー**」ボタンをクリックします。

※ボタンにはあらかじめ「印刷プレビュー」プロシージャが登録されています。

入力したデータに罫線が引かれ、印刷プレビューが表示されます。

④ 《**印刷プレビュー**》タブを選択します。

⑤ 《**プレビュー**》グループの （印刷プレビューを閉じる）をクリックします。

ダイアログボックスに印刷部数を入力して印刷を実行できるようにします。

「PrintOutメソッド」を使うと、オブジェクトを印刷できます。

■PrintOutメソッド

選択されたブック、シート、グラフなどのオブジェクトを印刷します。

構　文	オブジェクト.PrintOut From,To,Copies,Preview,ActivePrinter,PrintToFile,Collate,PrToFileName,IgnorePrintAreas

引数	内容	省略
From	印刷開始ページ番号を設定する 省略すると先頭のページから印刷が開始される	省略できる
To	印刷終了ページ番号を設定する 省略すると最後のページで印刷が終了する	省略できる
Copies	印刷部数を設定する 省略すると印刷部数は1部になる	省略できる
Preview	プレビューあり（True）、なし（False）を設定する 省略するとプレビューなし（False）になる	省略できる
ActivePrinter	プリンター名を設定する 省略すると通常使うプリンターに設定されているプリンター名が設定される	省略できる
PrintToFile	ファイルへ出力する（True）、しない（False）を設定する	省略できる
Collate	部単位で印刷（True）するか、ページ単位で印刷（False）するかを設定する	省略できる
PrToFileName	引数PrintToFileがTrueの場合に出力ファイル名を設定する 省略するとファイル名を設定するダイアログボックスが表示される	省略できる
IgnorePrintAreas	設定されている印刷範囲を無視して印刷（True）するか、印刷範囲で印刷（False）するかを設定する 省略すると印刷範囲で印刷（False）される	省略できる

例：アクティブシートの3ページ目から10ページ目を印刷する

```
ActiveSheet.PrintOut 3, 10
```

1 作成するプロシージャの確認

ダイアログボックスに印刷部数を入力して《OK》をクリックすると印刷を実行し、それ以外の場合はキャンセルするメッセージボックスが表示されるプロシージャを確認しましょう。

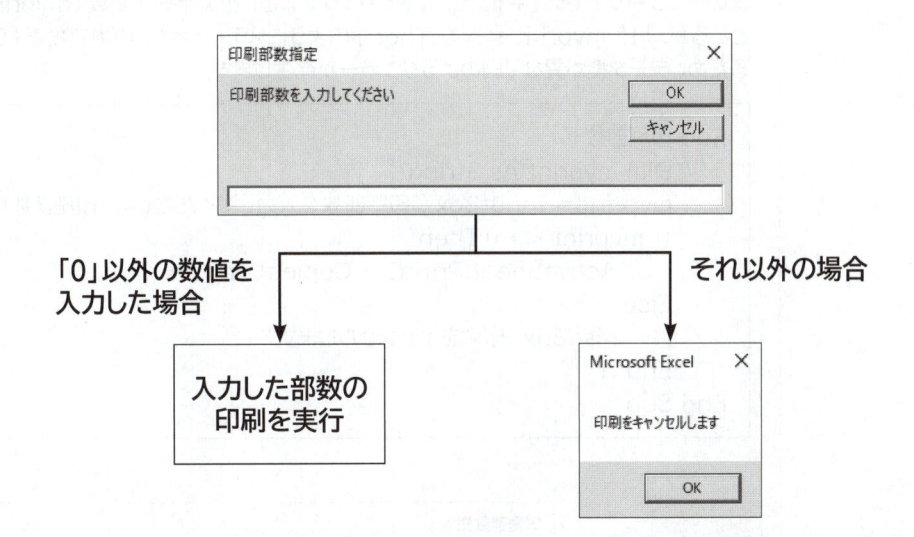

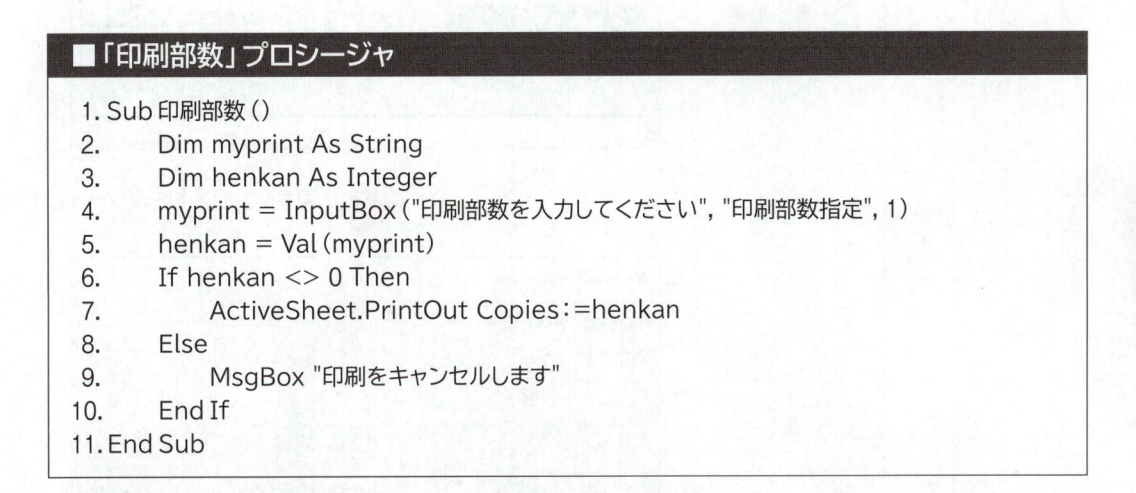

「0」以外の数値を入力した場合 → 入力した部数の印刷を実行

それ以外の場合 → 印刷をキャンセルします

■「印刷部数」プロシージャ

```
1. Sub 印刷部数 ()
2.      Dim myprint As String
3.      Dim henkan As Integer
4.      myprint = InputBox ("印刷部数を入力してください", "印刷部数指定", 1)
5.      henkan = Val (myprint)
6.      If henkan <> 0 Then
7.          ActiveSheet.PrintOut Copies：=henkan
8.      Else
9.          MsgBox "印刷をキャンセルします"
10.     End If
11. End Sub
```

■プロシージャの意味

1. 「印刷部数」プロシージャ開始
2. 文字列型の変数「myprint」を使用することを宣言
3. 整数型の変数「henkan」を使用することを宣言
4. タイトルバー「印刷部数指定」、メッセージ「印刷部数を入力してください」、既定値「1」が入力されたテキストボックスを表示し、入力された値を変数「myprint」に代入
5. 変数「myprint」の値をVal関数で数値に変換し変数「henkan」に代入
6. 変数「henkan」が「0」以外の場合は
7. 変数「henkan」の値を部数として印刷を実行
8. それ以外の場合は
9. 「印刷をキャンセルします」のメッセージを表示
10. Ifステートメント終了
11. プロシージャ終了

POINT　InputBox関数の戻り値の変換

InputBox関数で扱うことができるのは文字列です。ダイアログボックスで《キャンセル》をクリックした場合は、長さ0の空文字列("")が返ります。
次のプロシージャでは《キャンセル》をクリックすると、空文字列が変数「myprint」に代入されます。
ところが、「If myprint <> 0 Then」のようにステートメントの中で数値「0」を条件として使っているため、データ型が異なり図のようなエラーが発生します。

```
Sub 印刷部数 ()
    Dim myprint As String
    myprint = InputBox ("印刷部数を入力してください", "印刷部数指定")
    If myprint <> 0 Then
        ActiveSheet.PrintOut Copies：=myprint
    Else
        MsgBox "印刷をキャンセルします"
    End If
End Sub
```

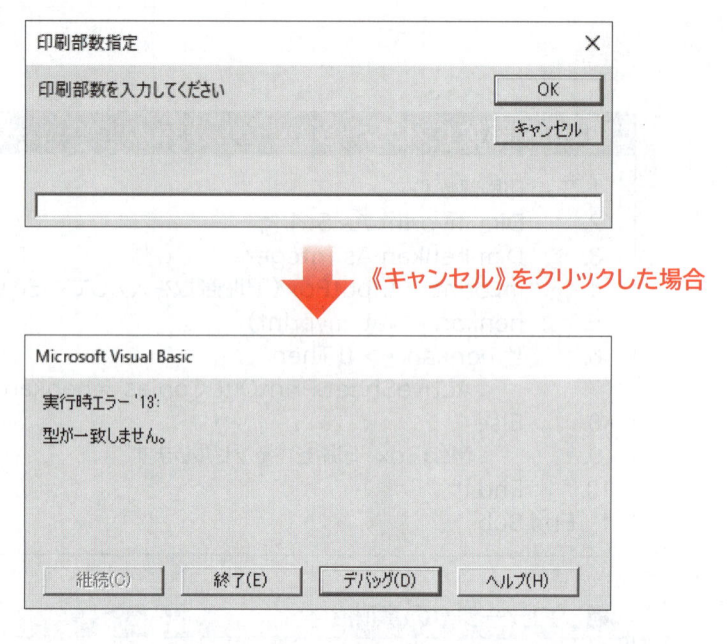

《キャンセル》をクリックした場合

このような場合は、InputBox関数で返す文字列を、いったんVal関数で数値に変換することで、エラーを回避できます。

■Val関数

文字列を数値に変換します。

構　文	**Val（文字列）**

2 プロシージャの作成

プロシージャを作成しましょう。

※VBEに切り替えておきましょう。

①最終行の「**End Sub**」の下の行にカーソルを移動します。

②次のようにプロシージャを入力します。

```
Sub 印刷部数()
    Dim myprint As String
    Dim henkan As Integer
    myprint = InputBox("印刷部数を入力してください", "印刷部数指定", 1)
    henkan = Val(myprint)
    If henkan <> 0 Then
        ActiveSheet.PrintOut Copies:=henkan
    Else
        MsgBox "印刷をキャンセルします"
    End If
End Sub
```

※コンパイルを実行して上書き保存し、モジュールを閉じておきましょう。

3 動作の確認

プロシージャの動作を確認しましょう。

※Excelに切り替えておきましょう。

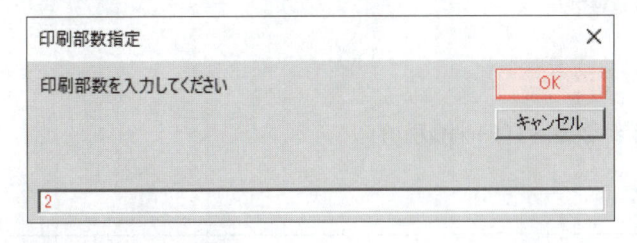

①「**印刷実行**」ボタンをクリックします。

※ボタンにはあらかじめ「印刷部数」プロシージャが登録されています。

印刷部数を入力するダイアログボックスが表示されます。

②「**2**」と入力します。

※半角で入力します。

③《**OK**》をクリックします。

印刷が実行されます。

※パソコンにプリンターが設定されていない場合は、《キャンセル》をクリックします。

※《キャンセル》をクリックした場合は、印刷をキャンセルするメッセージが表示されます。

1　ユーザー定義関数

ユーザーで独自の関数を作成できます。この関数を**「ユーザー定義関数」**といいます。
ユーザー定義関数を作成するには、**「Functionプロシージャ」**を使います。
ユーザー定義関数は、Excelにあらかじめ用意されている組み込み関数と同様に、シート上で使うことができます。

■Functionプロシージャ

ユーザー定義関数を作成します。処理を実行したあとに値を返すプロシージャです。

構　文	Function 関数名 (引数1,引数2,引数3・・・) 　　　関数名 ＝ 計算式 End Function

例：2つの引数の値を足した値を返すユーザー定義関数「売上合計」を作成する

```
Function 売上合計 (A,B)
    売上合計 ＝ A + B
End Function
```

1　作成するプロシージャの確認

引数を**「単価」**、**「数量」**、**「消費税」**とし、税込金額を求めるユーザー定義関数を確認しましょう。ここでは数量が未入力の場合、税込金額のセルは空白を返すように設定します。関数名は**「税込金額」**とし、税込金額を整数で表示するため**「Int関数」**を使って**「単価×数量×(1+消費税)」**を求めます。

※「Int関数」は、小数点以下を切り捨てて整数で表示する関数です。

■「税込金額」プロシージャ

```
1. Function 税込金額 (単価,数量,消費税)
2.     If 数量 = "" Then
3.         税込金額 = ""
4.     Else
5.         税込金額 = Int (単価 ＊ 数量 ＊ (1+消費税))
6.     End If
7. End Function
```

■プロシージャの意味

```
1.「税込金額」プロシージャ開始 (引数に「単価」と「数量」と「消費税」を指定)
2.     数量が空白の場合は
3.         空白を「税込金額」に代入
4.     それ以外の場合は
5.         「単価×数量×(1+消費税)」の小数点以下を切り捨てた結果を「税込金額」に代入
6.     Ifステートメント終了
7. プロシージャ終了
```

2 プロシージャの作成

プロシージャを作成しましょう。
※VBEに切り替えておきましょう。

①プロジェクトエクスプローラーのモジュール「**ユーザー定義関数**」をダブルクリックします。
②次のようにプロシージャを入力します。

```
Function 税込金額(単価, 数量, 消費税)
    If 数量 = "" Then
        税込金額 = ""
    Else
        税込金額 = Int(単価 * 数量 * (1+消費税))
    End If
End Function
```

※コンパイルを実行して上書き保存し、モジュールを閉じておきましょう。

3 ユーザー定義関数「税込金額」の利用

作成したユーザー定義関数をシートで使用しましょう。
※Excelに切り替えておきましょう。

①シート「**9月度**」を選択します。
②セル【**K5**】をクリックします。
③ f_x (関数の挿入)をクリックします。

《**関数の挿入**》ダイアログボックスが表示されます。

④《**関数の分類**》の∨をクリックし、一覧から《**ユーザー定義**》を選択します。

⑤《**関数名**》の一覧から「**税込金額**」を選択します。

⑥《**OK**》をクリックします。

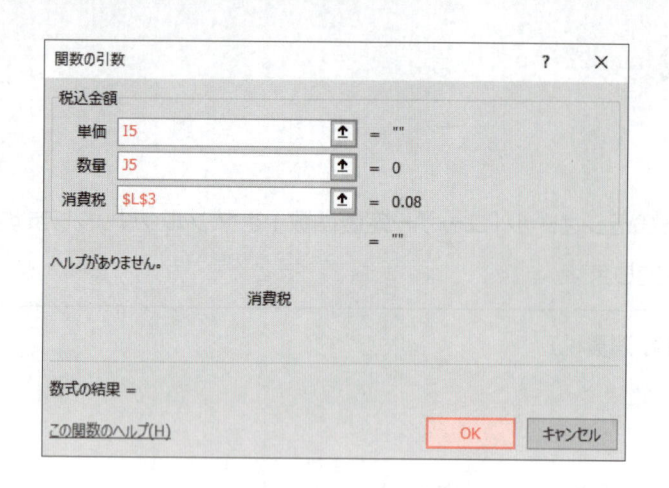

《関数の引数》ダイアログボックスが表示されます。

⑦《単価》のテキストボックスにカーソルがあることを確認します。

⑧セル【I5】をクリックします。

⑨《数量》のテキストボックスをクリックします。

⑩セル【J5】をクリックします。

⑪《消費税》のテキストボックスをクリックします。

⑫セル【L3】をクリックします。

⑬ F4 を押します。

⑭《OK》をクリックします。

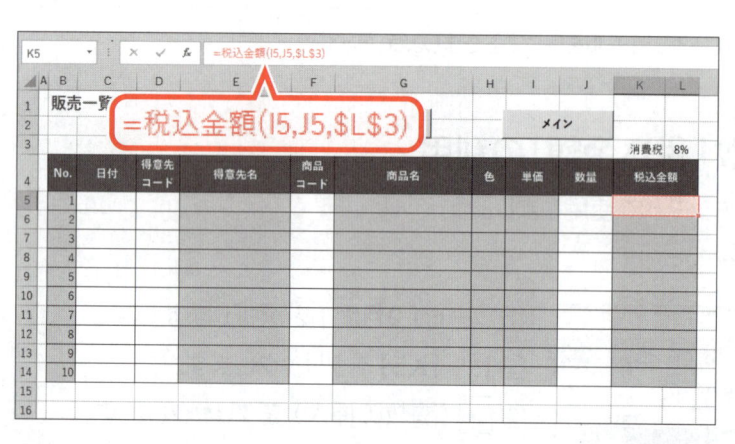

セル【K5】に計算式が入力され、数式バーに「=税込金額(I5,J5,$L$3)」と表示されます。

※ここではデータが入力されていないので、セルは空白で表示されます。

計算式をコピーします。

⑮セル【K5】の右下の■(フィルハンドル)をダブルクリックします。

※動作確認は、P.184「第5章 Step7 データ入力処理を作成する」で確認します。

※ブックを上書き保存しておきましょう。

STEP UP 消費税率

2019年7月現在、8%の消費税が課されています。消費税率は、変更される可能性があるため、変更時には消費税率が入力されているセル(セル【L3】)の内容を変更します。

STEP UP イミディエイトウィンドウ

作成したユーザー定義関数が正しく動作するかどうかをテストするには、「イミディエイトウィンドウ」を使うと効率的です。イミディエイトウィンドウで「?ユーザー定義関数名(引数の値)」と入力して Enter を押すと、ユーザー定義関数の実行結果が表示されます。

イミディエイトウィンドウを表示する方法は、次のとおりです。

◆VBEの《表示》→《イミディエイトウィンドウ》

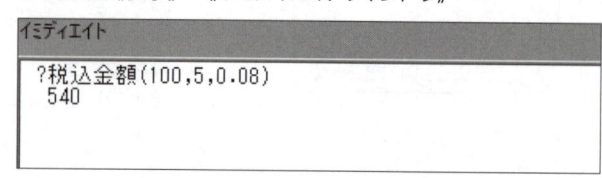

モジュールをインポートする

1 モジュールのインポート

インポートとエクスポートの機能を使用すると、既存のモジュールを別のブックで利用できます。

モジュールを独立したファイルとして保存することを「エクスポート」といい、逆にモジュールを取り込むことを「インポート」といいます。

エクスポートされたモジュールをブック内にインポートしましょう。

※VBEに切り替えておきましょう。

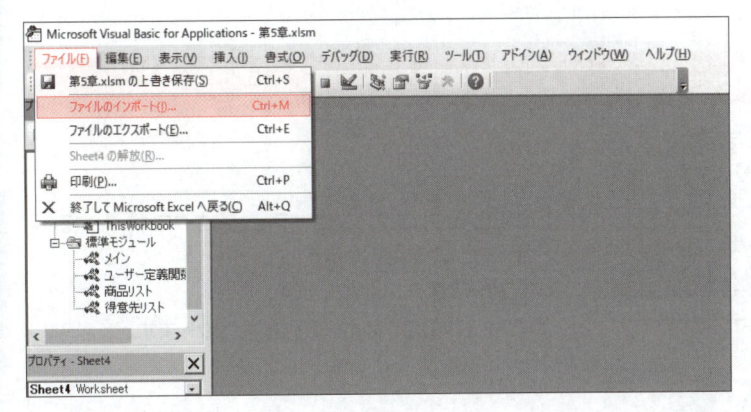

①《ファイル》をクリックします。

②《ファイルのインポート》をクリックします。

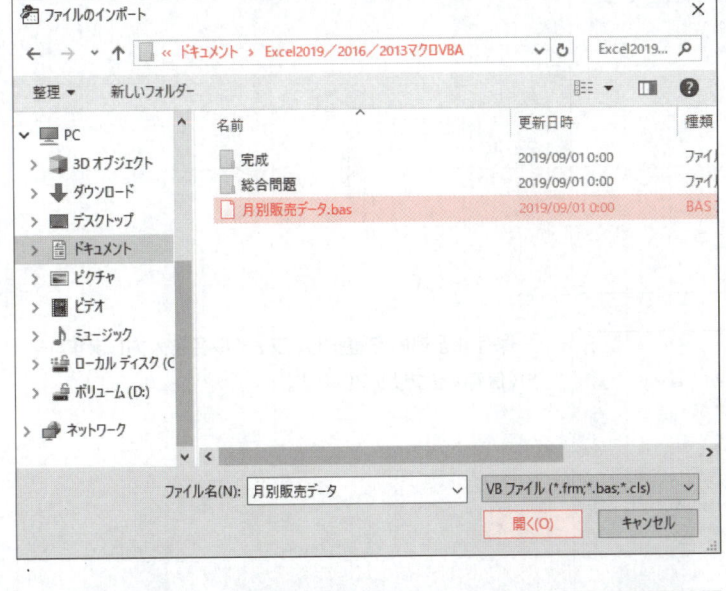

《ファイルのインポート》ダイアログボックスが表示されます。

③《ドキュメント》が開かれていることを確認します。

※《ドキュメント》が開かれていない場合は、《PC》→《ドキュメント》を選択します。

④フォルダー「Excel2019／2016／2013マクロVBA」を選択します。

⑤《開く》をクリックします。

⑥一覧から「月別販売データ.bas」を選択します。

⑦《開く》をクリックします。

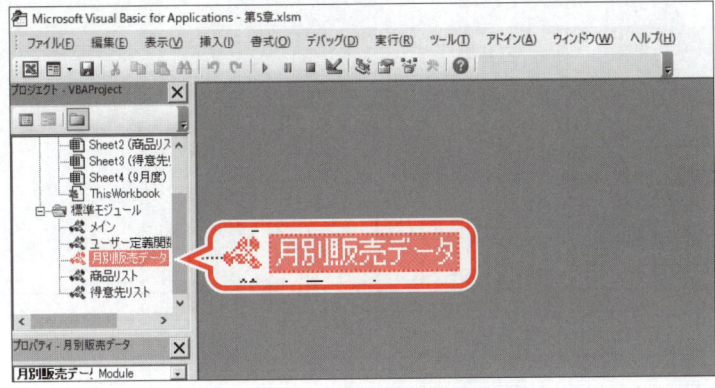

プロジェクトエクスプローラーの《標準モジュール》に「月別販売データ」が追加されます。

⑧モジュール「月別販売データ」をダブルクリックします。

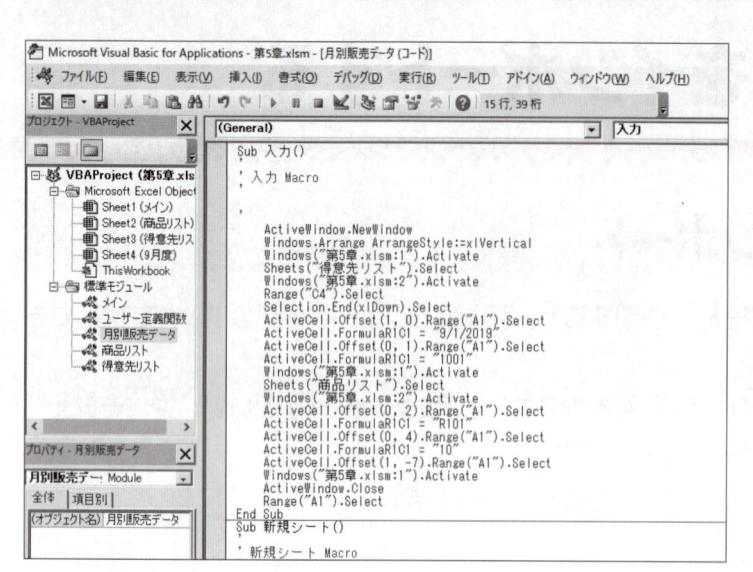

コードウィンドウが表示されます。

👆POINT モジュールのエクスポート

ブックに作成されたモジュールをファイルとして保存します。
エクスポートされたファイルは拡張子が「.bas」になります。

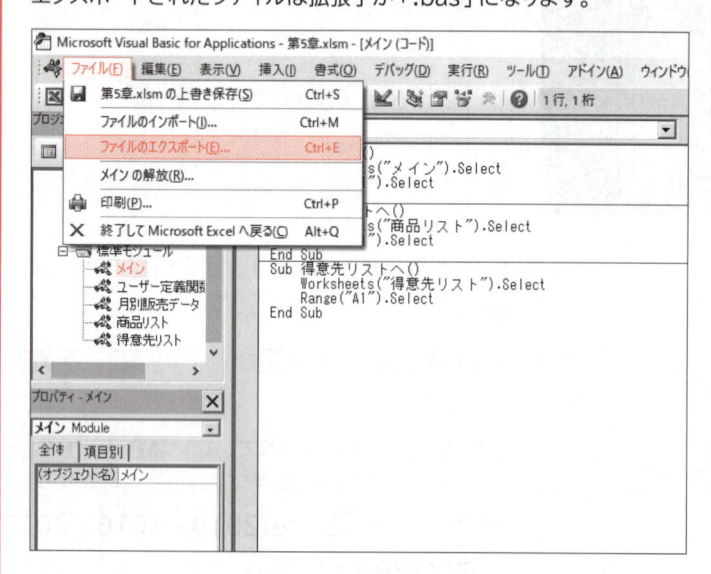

① プロジェクトエクスプローラーからエクスポートする
　 モジュールを選択します。
②《ファイル》をクリックします。
③《ファイルのエクスポート》をクリックします。

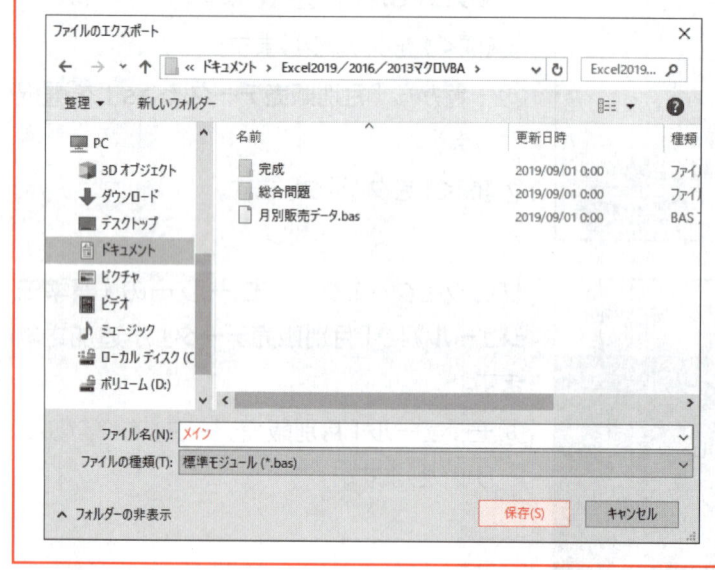

④ 保存する場所を選択し、ファイル名を入力します。
⑤《保存》をクリックします。

データ入力処理を作成する

1 販売データの入力

販売一覧にデータを入力するプロシージャを作成します。

1 作成するプロシージャの確認

販売データを入力する際に、「**日付**」、「**得意先コード**」、「**商品コード**」、「**数量**」を入力するダイアログボックスが表示されるプロシージャを確認しましょう。このときデータ入力範囲を認識し、終端セルからデータが入力できるようにします。

また、「**得意先コード**」や「**商品コード**」を参照できるように、「**得意先コード**」を入力する場合はシート「**得意先リスト**」を、「**商品コード**」を入力する場合はシート「**商品リスト**」を新しいウィンドウで開き、処理が終了するとウィンドウを閉じるようにします。

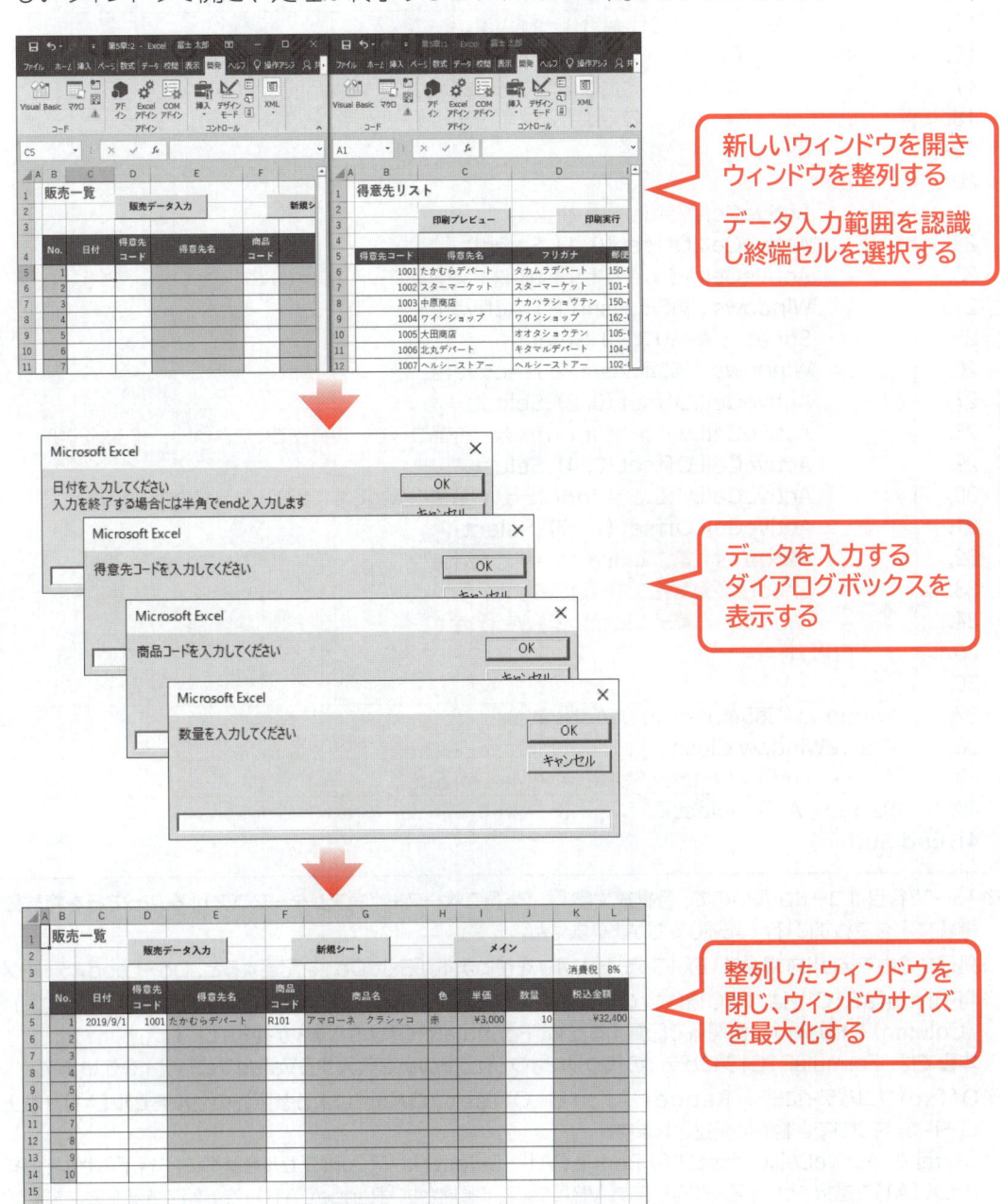

新しいウィンドウを開きウィンドウを整列する

データ入力範囲を認識し終端セルを選択する

データを入力するダイアログボックスを表示する

整列したウィンドウを閉じ、ウィンドウサイズを最大化する

インポートしたモジュール「**月別販売データ**」の「**入力**」プロシージャには、あらかじめウィンドウを整列したりデータを入力したりする操作がマクロで記述されています。

条件分岐や繰り返し処理、InputBox関数などを追加して、プロシージャを編集します。

■「入力」プロシージャ

```
1. Sub 入力()
2.     Dim hiduke As String
3.     ActiveWindow.NewWindow
4.     Windows.Arrange ArrangeStyle:=xlVertical
5.     Windows("第5章.xlsm:1").Activate
6.     Sheets("得意先リスト").Select
7.     Windows("第5章.xlsm:2").Activate
8.     If Range("C5").Value = "" Then
9.         Range("C5").Select
10.    Else
11.        Range("C4").Select
12.        Selection.End(xlDown).Select
13.        ActiveCell.Offset(1, 0).Select
14.    End If
15.    Do While ActiveCell.Offset(0, -1).Value <> ""
16.        hiduke = InputBox("日付を入力してください" & Chr(10) & _
17.            "入力を終了する場合には半角でendと入力します", , , 200, 200)
18.        If hiduke = "end" Then
19.            Exit Do
20.        Else
21.            ActiveCell.Value = hiduke
22.            ActiveCell.Offset(0, 1).Select
23.            ActiveCell.Value = InputBox("得意先コードを入力してください", , , 200, 200)
24.            Windows("第5章.xlsm:1").Activate
25.            Sheets("商品リスト").Select
26.            Windows("第5章.xlsm:2").Activate
27.            ActiveCell.Offset(0, 2).Select
28.            ActiveCell.Value = InputBox("商品コードを入力してください", , , 200, 200)
29.            ActiveCell.Offset(0, 4).Select
30.            ActiveCell.Value = InputBox("数量を入力してください", , , 200, 200)
31.            ActiveCell.Offset(1, -7).Select
32.            Windows("第5章.xlsm:1").Activate
33.            Sheets("得意先リスト").Select
34.            Windows("第5章.xlsm:2").Activate
35.        End If
36.    Loop
37.    Windows("第5章.xlsm:1").Activate
38.    ActiveWindow.Close
39.    ActiveWindow.WindowState = xlMaximized
40.    Range("A1").Select
41. End Sub
```

右側注記:
- 新しいウィンドウを開き、ウィンドウを整列する（3～7行目）
- データ入力範囲を認識し終端セルを選択する（8～14行目）
- データを入力するダイアログボックスを表示し、参照するシートを切り替える（15～36行目）
- 整列したウィンドウを閉じ、ウィンドウサイズを最大化する（37～39行目）

※16～17行目はコードが長いので、行継続文字「_（半角スペース＋半角アンダースコア）」を使って行を複数に分割しています。行継続文字を使わずに1行で記述してもかまいません。

※処理を途中で抜け出す場合は「Exitステートメント」を使います。「Exit Do」を記述すると、Do～Loopステートメントを抜け出します。

※「FormulaR1C1」は「R1C1形式」の数式を受け取るプロパティです。マクロで自動的に記述されたコードは、行（Row）と列（Column）を相対的な位置関係で記録するため、FormulaR1C1プロパティが使われます。

本書では、FormulaR1C1プロパティの代わりにオブジェクトの値を代入するValueプロパティを使います。

※Offsetプロパティに続く「Range("A1")」は、Offsetプロパティによる参照先のセルをセル【A1】（左上端）とみなすためのコードで、マクロで自動的に記述されます。

13行目の「ActiveCell.Offset(1,0).Range("A1").Select」は「アクティブセルを基準に、1行下のセルを基準セル【A1】として、そのセル【A1】を選択」という意味になります。VBAで記述する場合は「Range("A1")」を省略できるため、本書では省略しています。

※ウィンドウサイズを最大化するには、「ActiveWindow.WindowState = xlMaximized」を記述します。

■プロシージャの意味

1. 「入力」プロシージャ開始
2. 文字列型の変数「hiduke」を使用することを宣言
3. 選択されているウィンドウを新しいウィンドウで開く
4. 開かれているウィンドウを並べて表示する
5. 「第5章.xlsm：1」ウィンドウをアクティブにし
6. シート「得意先リスト」を選択
7. 「第5章.xlsm：2」ウィンドウをアクティブにする
8. セル【C5】が空白の場合は
9. 　セル【C5】を選択
10. それ以外の場合は
11. 　セル【C4】を選択し
12. 　Ctrl + ↓ でデータの下端のセルを選択
13. 　1行下のセルにアクティブセルを移動
14. 8行目からのIfステートメント終了
15. 1列左のセルが空白でない間は以下の処理を繰り返す
16. 　画面上端200、左端200の位置に、メッセージ「日付を入力してください（改行）
17. 　入力を終了する場合には半角でendと入力します」とテキストボックスを表示し、入力された値を変数「hiduke」に代入
18. 　変数「hiduke」が「end」の場合は
19. 　　Do～Loopステートメントを抜けて37行目へ
20. 　それ以外の場合は
21. 　　変数「hiduke」の値をアクティブセルに代入
22. 　　1列右のセルにアクティブセルを移動
23. 　　画面上端200、左端200の位置に、メッセージ「得意先コードを入力してください」とテキストボックスを表示し、入力された値をアクティブセルに代入
24. 　　「第5章.xlsm：1」ウィンドウをアクティブにし
25. 　　シート「商品リスト」を選択
26. 　　「第5章.xlsm：2」ウィンドウをアクティブにする
27. 　　2列右のセルにアクティブセルを移動
28. 　　画面上端200、左端200の位置に、メッセージ「商品コードを入力してください」とテキストボックスを表示し、入力された値をアクティブセルに代入
29. 　　4列右のセルにアクティブセルを移動
30. 　　画面上端200、左端200の位置に、メッセージ「数量を入力してください」とテキストボックスを表示し、入力された値をアクティブセルに代入
31. 　　1行下、7列左のセルにアクティブセルを移動
32. 　　「第5章.xlsm：1」ウィンドウをアクティブにし
33. 　　シート「得意先リスト」を選択
34. 　　「第5章.xlsm：2」ウィンドウをアクティブにする
35. 　18行目からのIfステートメント終了
36. 15行目に戻る
37. 「第5章.xlsm：1」ウィンドウをアクティブにし
38. 選択されているウィンドウを閉じる
39. 選択されているウィンドウを最大化する
40. セル【A1】を選択
41. プロシージャ終了

2 プロシージャの編集

プロシージャを編集しましょう。

①プロジェクトエクスプローラーのモジュール「**月別販売データ**」が表示されていることを確認します。

②次のようにプロシージャを編集します。

```
Sub 入力()
    Dim hiduke As String
    ActiveWindow.NewWindow
    Windows.Arrange ArrangeStyle:=xlVertical
    Windows("第5章.xlsm:1").Activate
    Sheets("得意先リスト").Select
    Windows("第5章.xlsm:2").Activate
    If Range("C5").Value = "" Then
        Range("C5").Select
    Else
        Range("C4").Select
        Selection.End(xlDown).Select
        ActiveCell.Offset(1, 0).Select
    End If
    Do While ActiveCell.Offset(0, -1).Value <> ""
        hiduke = InputBox("日付を入力してください" & Chr(10) & _
            "入力を終了する場合には半角でendと入力します", , , 200, 200)
        If hiduke = "end" Then
            Exit Do
        Else
            ActiveCell.Value = hiduke
            ActiveCell.Offset(0, 1).Select
            ActiveCell.Value = InputBox("得意先コードを入力してください", , , 200, 200)
            Windows("第5章.xlsm:1").Activate
            Sheets("商品リスト").Select
            Windows("第5章.xlsm:2").Activate
            ActiveCell.Offset(0, 2).Select
            ActiveCell.Value = InputBox("商品コードを入力してください", , , 200, 200)
            ActiveCell.Offset(0, 4).Select
            ActiveCell.Value = InputBox("数量を入力してください", , , 200, 200)
            ActiveCell.Offset(1, -7).Select
            Windows("第5章.xlsm:1").Activate
            Sheets("得意先リスト").Select
            Windows("第5章.xlsm:2").Activate
        End If
    Loop
    Windows("第5章.xlsm:1").Activate
    ActiveWindow.Close
    ActiveWindow.WindowState = xlMaximized
    Range("A1").Select
End Sub
```

※コンパイルを実行し、上書き保存しておきましょう。

3 動作の確認

プロシージャの動作を確認しましょう。

※Excelに切り替えておきましょう。

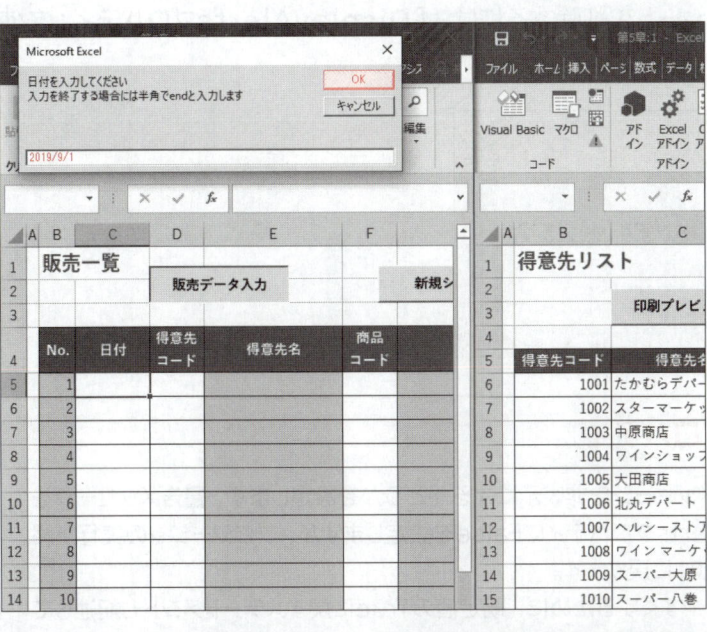

① シート「**9月度**」を選択します。

② 「**販売データ入力**」ボタンをクリックします。

※ボタンにはあらかじめ「入力」プロシージャが登録されています。

データを入力するダイアログボックスが表示され、シート「**得意先リスト**」が新しいウィンドウとして開かれます。

③ 任意の「**日付**」、「**得意先コード**」、「**商品コード**」、「**数量**」を入力します。

※得意先コードを入力し《OK》をクリックすると、新しいウィンドウがシート「商品リスト」に切り替わります。

※商品コードは半角で入力します。

※数量を入力すると、セル【K5】にユーザー定義関数「税込金額」の結果が表示されます。

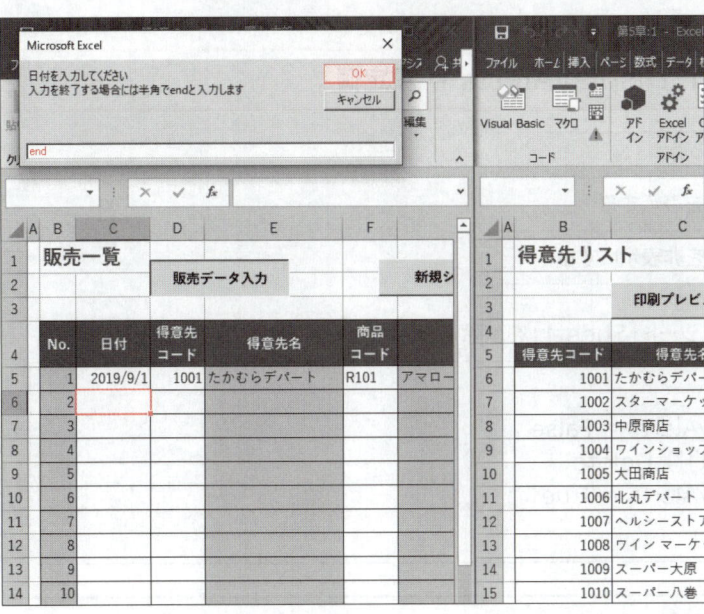

データを1件入力すると、日付の列にアクティブセルが移動し、日付を入力するダイアログボックスが表示されます。

④ 「**end**」と入力します。

※半角小文字で入力します。

⑤ 《**OK**》をクリックします。

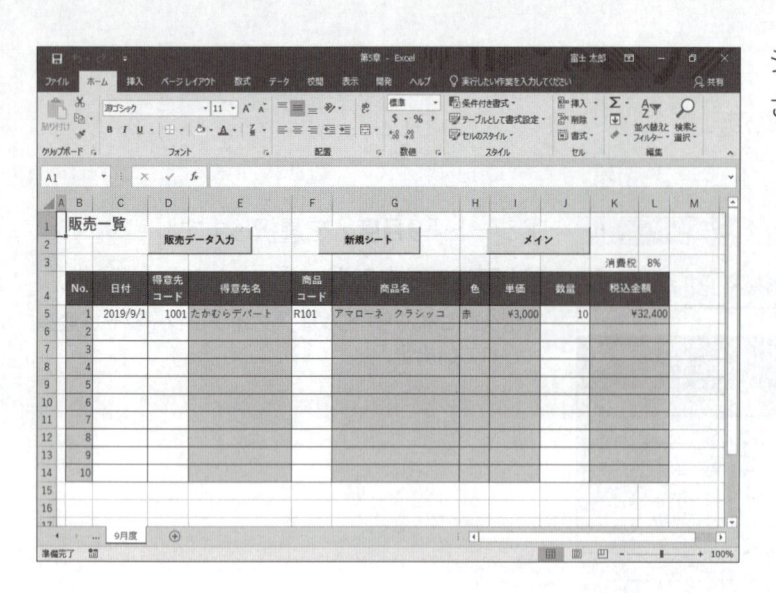

シート「**9月度**」のウィンドウサイズが最大化
され、プロシージャが終了します。

2 警告メッセージの非表示

Excelでは、シートを削除するときに次のような警告メッセージが表示されます。
警告メッセージを表示せずにシートを削除するには、「**DisplayAlertsプロパティ**」を使
います。

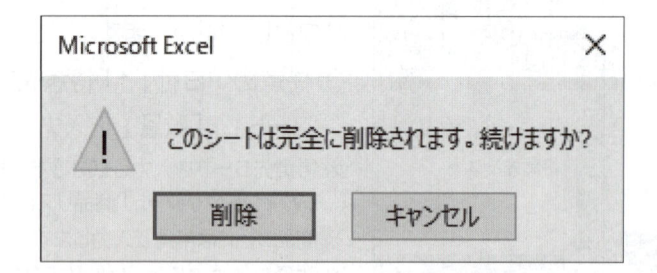

■DisplayAlertsプロパティ

プロシージャの実行中に警告メッセージを非表示にするかどうかを設定します。警告メッセージを
非表示にするにはDisplayAlertsプロパティにFalseを設定しますが、プロシージャの実行が終
了したら自動的にTrue（既定値）に戻ります。
ただし、プロシージャをわかりやすくするために、既定値のTrueに戻すステートメントも記述して
おくとよいでしょう。

構　文	オブジェクト.DisplayAlerts ＝ 設定値

設定値	内容
True	警告メッセージを表示する
False	警告メッセージを非表示にする

例：警告メッセージを表示せずにシート「Sheet1」を削除する

```
Sub 警告メッセージ非表示 ()
    Application.DisplayAlerts = False
    Worksheets ("Sheet1") .Delete
    Application.DisplayAlerts = True
End Sub
```

エラー処理

プロシージャの実行中に実行不可能な処理があった場合、実行時エラーが発生します。例えば、別のシートに切り替えるときに該当するシートが存在しない場合や、新しいシートを挿入しようとしてすでに重複したシート名が存在した場合などは、エラーの原因になります。これらのエラーによってプログラムが中断しないように、プロシージャ内にエラー処理のステートメントを記述します。

エラーが発生した場合に、発生したエラーを無視して次のステートメントを実行するには、「**On Error Resume Nextステートメント**」を使います。

また、発生したエラー情報やエラー番号は「**Errオブジェクト**」と「**Numberプロパティ**」を使って取得できます。

■On Error Resume Nextステートメント

プロシージャの実行中にエラーが発生しても処理を中断せずに、エラーが発生した次のステートメントから処理を実行します。

構 文	処理 On Error Resume Next エラーを無視して実行する処理

■Numberプロパティ

発生したエラー情報を格納する「Errオブジェクト」を使って、エラー番号を返します。エラーが発生していない場合は0を返します。

構 文	Errオブジェクト.Number

●エラー番号の例

エラー番号	メッセージ
5	プロシージャの呼び出し、または引数が不正です。
6	オーバーフローしました。
7	メモリが不足しています。
9	インデックスが有効範囲にありません。
13	型が一致しません。
35	SubまたはFunctionが定義されていません。
53	ファイルが見つかりません。
419	オブジェクトを利用できません。
422	プロパティが見つかりません。
423	プロパティまたはメソッドが見つかりません。
424	オブジェクトが必要です。
449	引数は省略できません。または不正なプロパティを指定しています。
1004	メソッドやプロパティの実行に失敗した場合のメッセージが表示されます。

例：発生したエラー番号を返す

```
Err.Number
```

4　新規シートの作成

月別の販売データを入力する新規シートを作成します。

1　作成するプロシージャの確認

シート「9月度」をコピーし、新しくデータが入力できるシートを追加するプロシージャを確認しましょう。

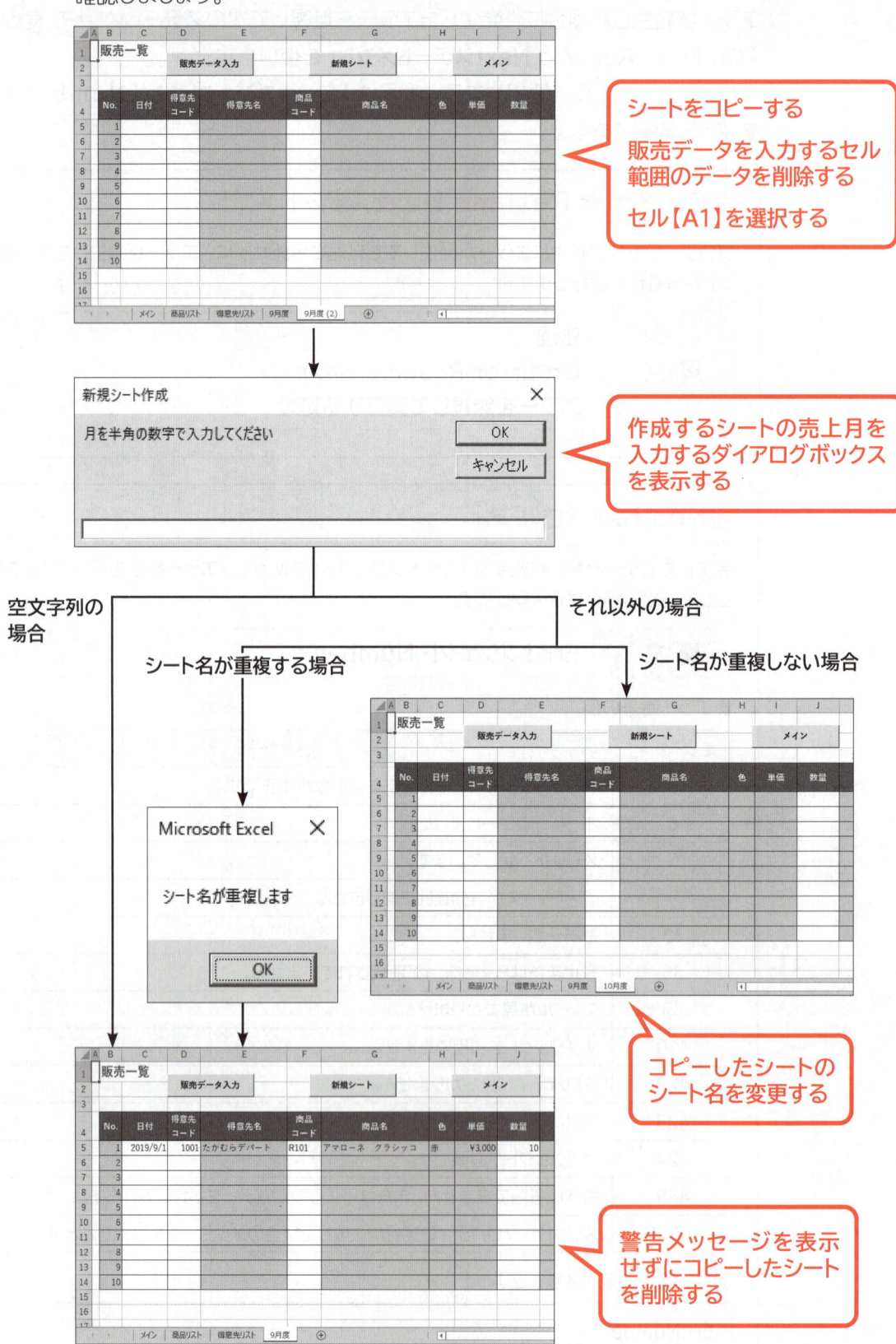

シートをコピーする

販売データを入力するセル範囲のデータを削除する

セル【A1】を選択する

作成するシートの売上月を入力するダイアログボックスを表示する

空文字列の場合

それ以外の場合

シート名が重複する場合

シート名が重複しない場合

コピーしたシートのシート名を変更する

警告メッセージを表示せずにコピーしたシートを削除する

「**新規シート**」プロシージャには、あらかじめシートをコピーしたりデータを削除したりする操作がマクロで記述されています。

InputBox関数や条件分岐、エラー処理などを追加して、プロシージャを編集します。

■「新規シート」プロシージャ

```
 1. Sub 新規シート ()
 2.     Dim tuki As String
 3.     ActiveSheet.Copy After:=ActiveSheet
 4.     Range ("C5:D14,F5:F14,J5:J14").Select
 5.     Selection.ClearContents
 6.     Range ("A1").Select
 7.     tuki = InputBox ("月を半角の数字で入力してください", "新規シート作成")
 8.     If tuki = "" Then
 9.         Application.DisplayAlerts = False
10.         ActiveSheet.Delete
11.         Application.DisplayAlerts = True
12.     Else
13.         On Error Resume Next
14.         ActiveSheet.Name = tuki & "月度"
15.         If Err.Number = 1004 Then
16.             MsgBox "シート名が重複します"
17.             Application.DisplayAlerts = False
18.             ActiveSheet.Delete
19.             Application.DisplayAlerts = True
20.         End If
21.     End If
22. End Sub
```

※「On Error Resume Next」は、エラーが発生する箇所を想定し、その箇所の直前に記述します。

■プロシージャの意味

```
 1. 「新規シート」プロシージャ開始
 2.     文字列型の変数「tuki」を使用することを宣言
 3.     アクティブシートの後ろにシートをコピー
 4.     セル範囲【C5:D14】【F5:F14】【J5:J14】を選択
 5.     選択したセル範囲のデータを削除
 6.     セル【A1】を選択
 7.     タイトルバー「新規シート作成」、メッセージ「月を半角の数字で入力してください」とテキスト
        ボックスを表示し、入力された値を変数「tuki」に代入
 8.     変数「tuki」が空文字列の場合は
 9.         警告メッセージを非表示
10.         アクティブシートを削除
11.         警告メッセージを既定に戻す
12.     それ以外の場合は
13.         エラー処理を開始
14.         変数「tuki」の値に文字列「月度」を結合し、アクティブシートのシート名に設定
15.         エラーが発生しエラー番号が「1004」の場合は
16.             「シート名が重複します」のメッセージを表示
17.             警告メッセージを非表示
18.             アクティブシートを削除
19.             警告メッセージを既定に戻す
20.         15行目からのIfステートメント終了
21.     8行目からのIfステートメント終了
22. プロシージャ終了
```

2 プロシージャの編集

プロシージャを編集しましょう。

※VBEに切り替えておきましょう。

①プロジェクトエクスプローラーのモジュール**「月別販売データ」**が表示されていることを確認します。

②次のようにプロシージャを編集します。

```
Sub 新規シート()
    Dim tuki As String
    ActiveSheet.Copy After:=ActiveSheet
    Range("C5:D14,F5:F14,J5:J14").Select
    Selection.ClearContents
    Range("A1").Select
    tuki = InputBox("月を半角の数字で入力してください", "新規シート作成")
    If tuki = "" Then
        Application.DisplayAlerts = False
        ActiveSheet.Delete
        Application.DisplayAlerts = True
    Else
        On Error Resume Next
        ActiveSheet.Name = tuki & "月度"
        If Err.Number = 1004 Then
            MsgBox "シート名が重複します"
            Application.DisplayAlerts = False
            ActiveSheet.Delete
            Application.DisplayAlerts = True
        End If
    End If
End Sub
```

※「&」の前のスペースは直接入力します。

※コンパイルを実行して上書き保存し、モジュールを閉じておきましょう。

3 動作の確認

プロシージャの動作を確認しましょう。

※Excelに切り替えておきましょう。

①シート**「9月度」**を選択します。

②**「新規シート」**ボタンをクリックします。

※ボタンにはあらかじめ「新規シート」プロシージャが登録されています。

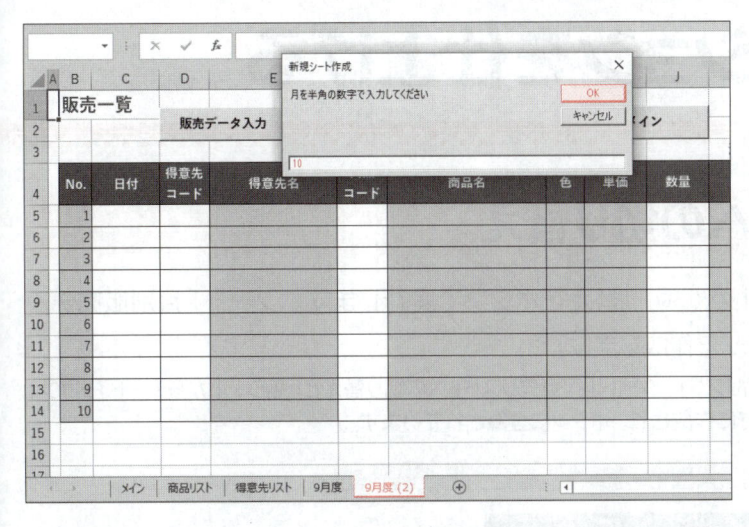

シート「**9月度**」のシートがコピーされ、作成するシートの売上月を入力するダイアログボックスが表示されます。

③「**10**」と入力します。

※半角で入力します。

④《**OK**》をクリックします。

※《キャンセル》をクリックすると、警告メッセージを表示せずにコピーされたシートが削除されます。

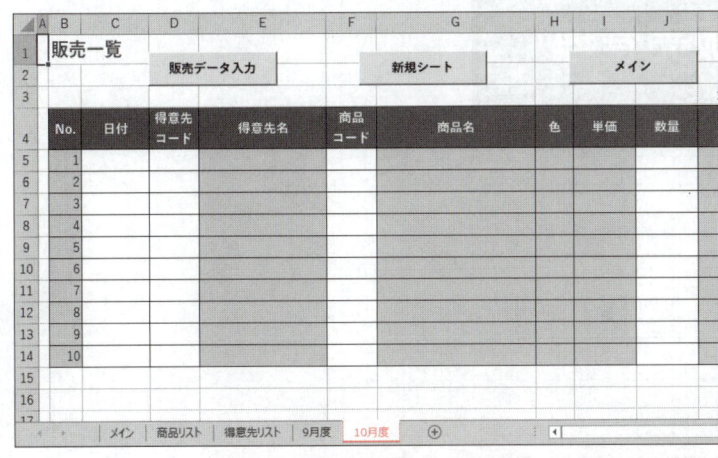

シート「**10月度**」が追加されます。

1
2
3
4
5
6
総合問題
付録
索引

POINT 《キャンセル》をクリックした場合

作成するシートの売上月を入力するダイアログボックスで《キャンセル》をクリックした場合、InputBox 関数の戻り値として空文字列("")が返ります。この戻り値を使って、条件分岐でコピーされたシートが警告メッセージを表示せずに削除されます。

戻り値を使って条件分岐をしなければ、月数のない「月度」というシート名が作成されます。

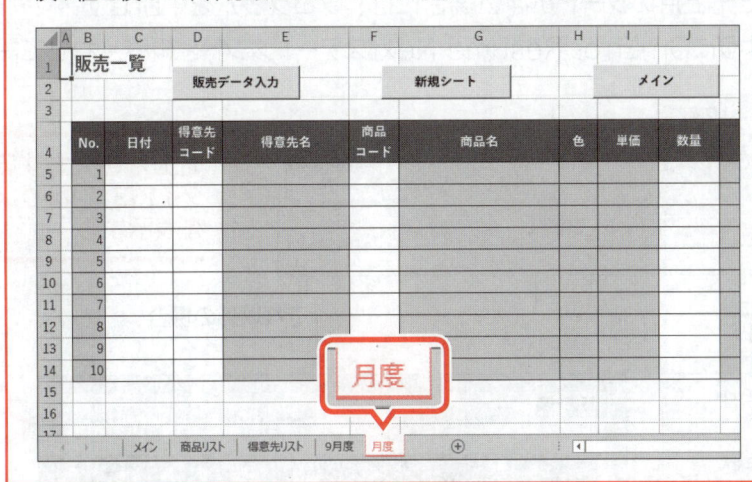

アプリケーションを仕上げる

1 月別販売データへの切り替え

シート「**メイン**」から各シートへの切り替えをボタンで実行します。シート「**月別販売デー タ**」へ切り替えるプロシージャを作成しましょう。

※シート「**メイン**」からシート「**商品リスト**」、シート「**得意先リスト**」への切り替えと、各シートからシート「**メイン**」へ切り替えるプロシージャはすでに作成され、ボタンに登録されています。

1 作成するプロシージャの確認

シート「**メイン**」の「**月別販売データ**」ボタンをクリックすると、売上月を入力するダイアログボックスを表示し、指定した売上月のシートを表示するプロシージャを確認しましょう。指定した売上月のシートがない場合には、プログラムを中断せずメッセージボックスを表示するようにOn Error Resume Nextステートメントを組み合わせて設定します。

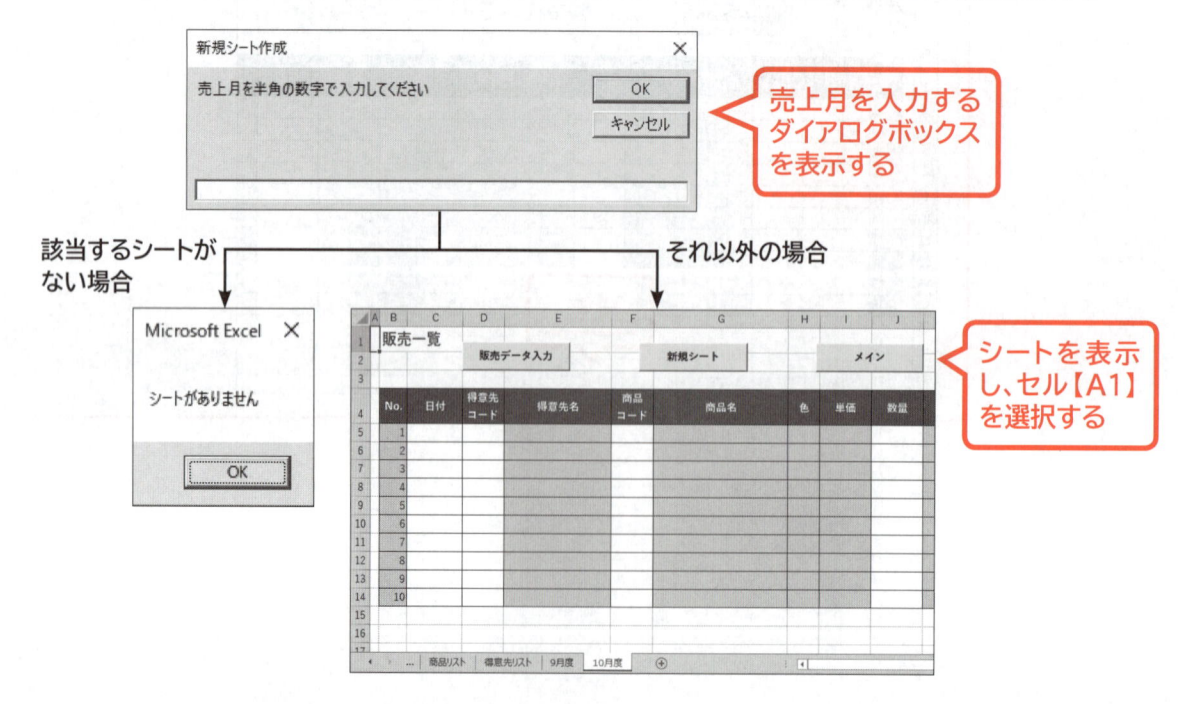

■「月別販売データへ」プロシージャ

```
 1. Sub 月別販売データへ ()
 2.     Dim mysheet As String
 3.     mysheet = InputBox ("売上月を半角の数字で入力してください")
 4.     On Error Resume Next
 5.     Worksheets (mysheet & "月度") .Select
 6.     Range ("A1") .Select
 7.     If Err.Number = 9 Then
 8.         MsgBox "シートがありません"
 9.     End If
10. End Sub
```

■プロシージャの意味

```
 1.「月別販売データへ」プロシージャ開始
 2.     文字列型の変数「mysheet」を使用することを宣言
 3.     メッセージ「売上月を半角の数字で入力してください」とテキストボックスを表示し、入力された
        値を変数「mysheet」に代入
 4.     エラー処理を開始
 5.     変数「mysheet」と「月度」を結合したシート名のシートを選択
 6.     セル【A1】を選択
 7.     該当するシートがない場合は
 8.         「シートがありません」のメッセージを表示
 9.     Ifステートメント終了
10. プロシージャ終了
```

2 プロシージャの作成

プロシージャを作成しましょう。

※VBEに切り替えておきましょう。

① プロジェクトエクスプローラーのモジュール**「メイン」**をダブルクリックします。

② 最終行の**「End Sub」**の下の行にカーソルを移動します。

③ 次のようにプロシージャを入力します。

```
Sub 月別販売データへ ()
    Dim mysheet As String
    mysheet = InputBox ("売上月を半角の数字で入力してください")
    On Error Resume Next
    Worksheets (mysheet & "月度") .Select
    Range ("A1") .Select
    If Err.Number = 9 Then
        MsgBox "シートがありません"
    End If
End Sub
```

※「&」の前のスペースは直接入力します。
※コンパイルを実行し、上書き保存しておきましょう。

3 動作の確認

プロシージャの動作を確認しましょう。

※Excelに切り替えておきましょう。

①シート「**メイン**」を選択します。

②「**月別販売データ**」ボタンをクリックします。

※ボタンにはあらかじめ「月別販売データへ」プロシージャが登録されています。

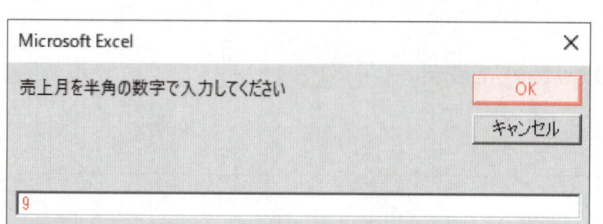

表示するシートの売上月を入力するダイアログボックスが表示されます。

③「**9**」と入力します。

※半角で入力します。

④《**OK**》をクリックします。

シート「**9月度**」が表示されます。

※「9」、「10」以外を入力して、メッセージが表示されることを確認しておきましょう。

No.	日付	得意先コード	得意先名	商品コード	商品名	色	単価	数量
1	2019/9/1	1001	たかむらデパート	R101	アマローネ　クラシッコ	赤	¥3,000	10
2								
3								
4								
5								
6								
7								
8								
9								
10								

Excelの終了

「Quitメソッド」を使うと、Excelを終了できます。

■Quitメソッド

Excelを終了します。

構　文	Applicationオブジェクト.Quit

---

1 作成するプロシージャの確認

Excelを終了するプロシージャを確認しましょう。

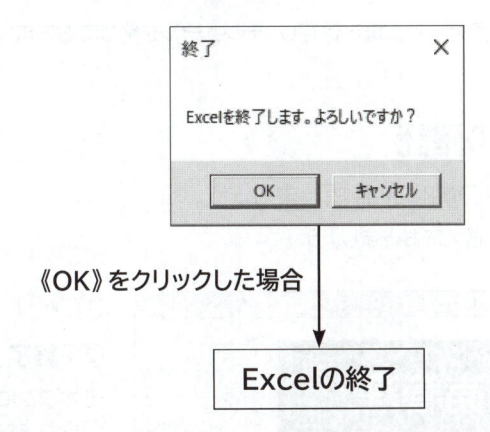

《OK》をクリックした場合

Excelの終了

■「終了」プロシージャ

```
1. Sub 終了()
2.     Dim endex As Integer
3.     endex = MsgBox("Excelを終了します。よろしいですか?", vbOKCancel, "終了")
4.     If endex = vbOK Then
5.         Application.Quit
6.     End If
7. End Sub
```

※4行目の「If endex = vbOK Then」は、組み込み定数「vbOK」の戻り値を使って「If endex = 1 Then」と入力してもかまいません。

■プロシージャの意味

1. 「終了」プロシージャ開始
2. 　　　整数型の変数「endex」を宣言
3. 　　　タイトルバー「終了」、メッセージ「Excelを終了します。よろしいですか?」と《OK》ボタンと《キャンセル》ボタンを表示し、ボタンがクリックされた戻り値を変数「endex」に代入
4. 　　　変数「endex」の値が「vbOK」の場合は
5. 　　　　　Excelを終了
6. 　　　Ifステートメント終了
7. プロシージャ終了

2 プロシージャの作成

プロシージャを作成しましょう。

※VBEに切り替えておきましょう。

①最終行の「**End Sub**」の下の行にカーソルを移動します。

②次のようにプロシージャを入力します。

```
Sub 終了()
    Dim endex As Integer
    endex = MsgBox("Excelを終了します。よろしいですか?", vbOKCancel, "終了")
    If endex = vbOK Then
        Application.Quit
    End If
End Sub
```

※コンパイルを実行して上書き保存し、モジュールを閉じておきましょう。

3 動作の確認

プロシージャの動作を確認しましょう。

※Excelに切り替えておきましょう。

①シート「**メイン**」を選択します。

②「**終了**」ボタンをクリックします。

※ボタンにはあらかじめ「終了」プロシージャが登録されています。

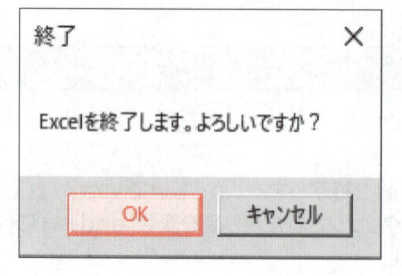

③《**OK**》をクリックします。

Excelが終了します。

※《キャンセル》をクリックして、Excelが終了しないことを確認しておきましょう。

練習問題

解答 ▶ P.8

練習問題1

 **Excelを起動し、ブック「第5章練習問題」のシート「アンケート」を開いておきましょう。**

※メッセージバーの《コンテンツの有効化》をクリックしておきましょう。

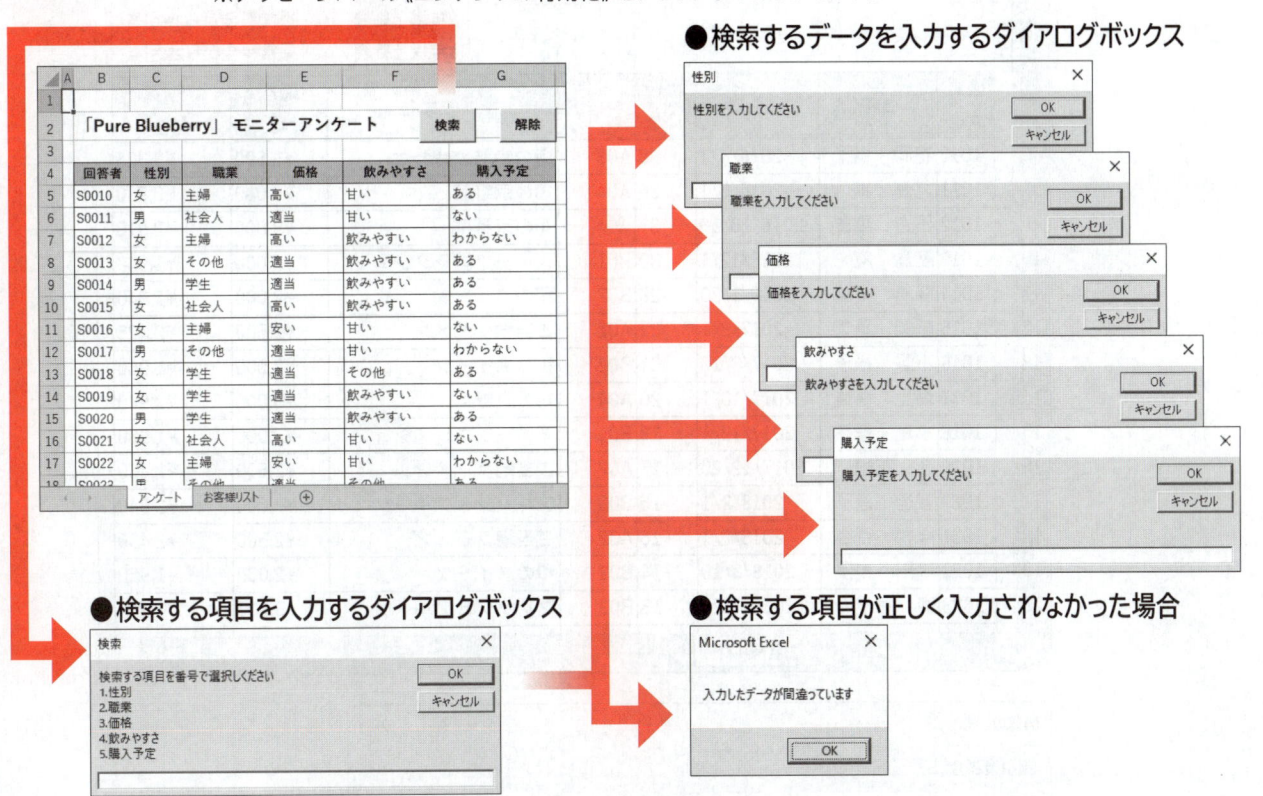

① アンケートを抽出する**「検索」**プロシージャを作成し、実行しましょう。

「検索」 ボタンをクリックすると、検索する項目を入力するダイアログボックスが表示され、項目を番号で入力します。

検索する項目が正しい番号で入力された場合には、さらに検索するデータを入力するダイアログボックスが表示され、フィルターで抽出を実行します。

それ以外の場合はメッセージボックスを表示します。

※プロシージャはモジュール「アンケート」に作成します。

※「解除」ボタンにはあらかじめ「解除」プロシージャが登録されています。

Hint! 1. 変数は次の3つを使用します。

①検索する項目として入力された番号を代入するための変数「koumoku」

②検索するデータとして入力された条件を代入するための変数「jyouken」

③検索する列番号を代入するための変数「retu」

→AutoFilterメソッドの引数Fieldに変数の値を指定します。

2. Select〜Caseステートメントを使用します。それぞれの場合に応じた検索条件とフィールド名を変数「jyouken」と変数「retu」に代入します。

```
Case 1
    変数「jyouken」= InputBox ("性別を入力してください","性別")
    変数「retu」= 2
```

3. Ifステートメントを使って、検索条件が空白以外の場合に、InputBoxで代入された条件で抽出を実行します。

 シート「お客様リスト」に切り替えておきましょう。

グルメ宅配サービスお客様リスト

3年以上継続・・・通常料金から5％引き
2年以上継続・・・通常料金から3％引き
1年以上継続・・・通常料金から2％引き

会員No.	氏名	入会日	継続月数	コード	コース名	通常料金	割引後料金
1010	花岡　桐子	2016/4/1	38	A03	海の幸詰め合わせ	¥3,500	¥3,325
1011	北島　薫	2016/6/1	36	A04	旬の京野菜	¥3,000	¥2,850
1012	田辺　里佳	2016/10/10	31	A04	旬の京野菜	¥3,000	¥2,910
1013	藤島　純	2016/12/1	30	B01	スイーツコレクション	¥2,000	¥1,940
1014	森嶋　晴美	2017/1/20	28	B02	和のスイーツ	¥2,000	¥1,940
1015	盛岡　勇気	2017/3/1	27	A02	ご当地ラーメン	¥2,500	¥2,425
1016	小野　祥子	2017/8/10	21	B02	和のスイーツ	¥2,000	¥1,960
1017	塩見　博美	2017/10/1	20	A04	旬の京野菜	¥3,000	¥2,940
1018	小島　理恵	2017/12/1	18	B01	スイーツコレクション	¥2,000	¥1,960
1019	辻　花帆	2017/12/20	17	A02	ご当地ラーメン	¥2,500	¥2,450
1020	安達　直子	2018/2/1	16	B03	フレッシュフルーツ	¥3,000	¥2,940
1021	今村　百合	2018/2/1	16	A02	ご当地ラーメン	¥2,500	¥2,450
1022	浅田　美優	2018/3/10	14	B02	和のスイーツ	¥2,000	¥1,960
1023	東　祐子	2018/4/20	13	B03	フレッシュフルーツ	¥3,000	¥2,940

アンケート　お客様リスト

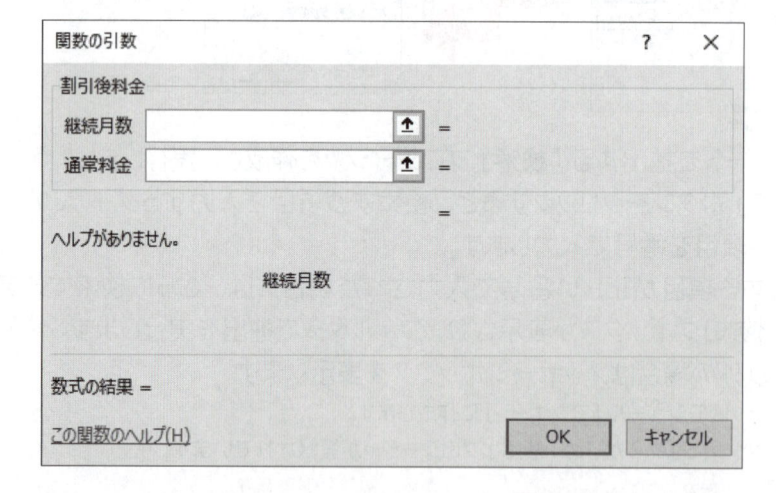

① 継続期間が3年以上の場合は5％引き、2年以上の場合は3％引き、1年以上の場合は2％引きの割引料金を計算するユーザー定義関数「**割引後料金**」を作成しましょう。

　割引後料金を整数で表示するため、割引料金は「**Int関数**」を使って求めます。

※プロシージャはモジュール「お客様リスト」に作成します。

※本書では、本日の日付を「2019年9月1日」としています。

② ユーザー定義関数「**割引後料金**」をセル範囲【I7：I27】に入力しましょう。

※ブックを上書き保存し、閉じておきましょう。

第6章

デバッグ

S_{tep}1　エラーを修正する

1　デバッグ

複雑なプログラムを一度で完璧に仕上げることは困難です。作成中にVBEの自動構文チェックでエラーを指摘されたり、作成したプログラムの実行時にエラーが発生したり、思ったとおりに動作しなかったりすることがあります。このようなプログラム上の不具合のことを「**バグ**」といい、バグを修正する作業を「**デバッグ**」といいます。
エラーは次のような場合に発生することがあります。

●自動構文チェックが実行されたとき
「**自動構文チェック**」とは、自動的に構文をチェックし、誤っている場合はメッセージを表示する機能です。
プロシージャの入力中は、1行ごとに自動構文チェックが実行されます。該当する行に構文エラーがある場合、カーソルが別の行に移動する時点でエラーメッセージが表示されます。例えば、「**,（カンマ）**」を記述すべき位置に誤って「**.（ピリオド）**」を記述した場合や、一部のスペルミスなど、行単位でのミスをチェックします。

●コンパイルを実行したとき
VBEで記述したモジュールを、コンピューターが実行できる形に変換することを「**コンパイル**」といいます。コンパイルが行われると、モジュール全体の構文エラーなどがチェックできます。
コンパイル時には、すべてのモジュールの構文や構成を確認し、エラーがある場合はエラーメッセージが表示されます。例えば、「**If**」に対する「**End If**」がない場合や、ステートメントの記述を間違えた場合などにエラーメッセージが表示されます。

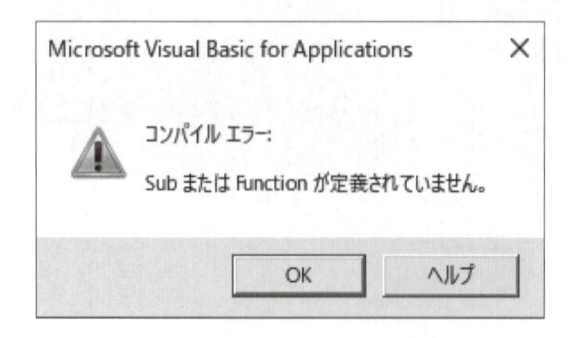

●プロシージャを実行したとき

構文自体は間違っていなくてもプロシージャ実行時にエラーが発生したり、実行した結果が正しくなかったりする場合があります。例えば、シートを選択するプロシージャで、シート名を間違えて入力した場合は、構文は間違っていなくても実行対象がないためにエラーが発生します。

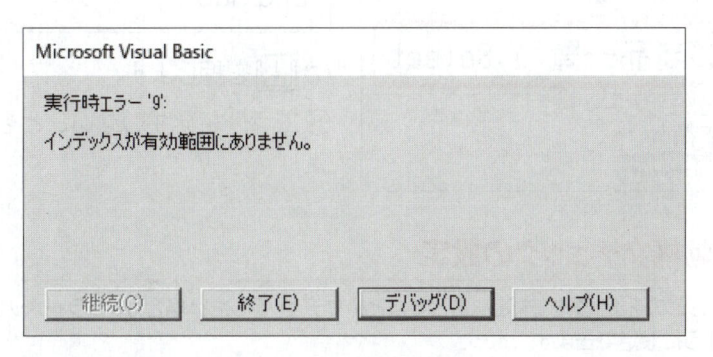

2 自動構文チェック

「**商品一覧へ**」プロシージャに間違ったステートメントを追加し、自動構文チェックで確認しましょう。

 **File OPEN** ブック「**第6章**」を開いて、VBEを起動しておきましょう。

※メッセージバーの《コンテンツの有効化》をクリックしておきましょう。

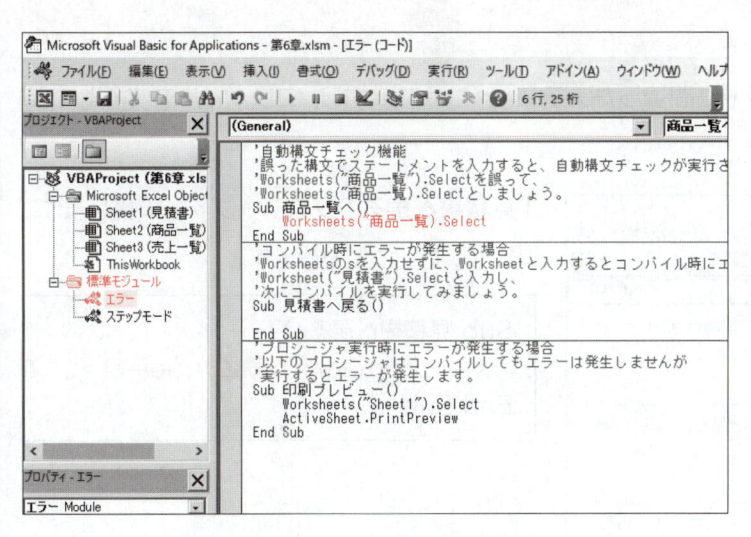

① プロジェクトエクスプローラーの《**標準モジュール**》をダブルクリックします。

② モジュール「**エラー**」をダブルクリックします。

「**商品一覧へ**」プロシージャを編集します。

③ 次のように入力します。

```
Sub 商品一覧へ()
    Worksheets("商品一覧).Select
End Sub
```

④ ↓ を押します。

コンパイルエラーのエラーメッセージが表示されます。

⑤《**OK**》をクリックします。

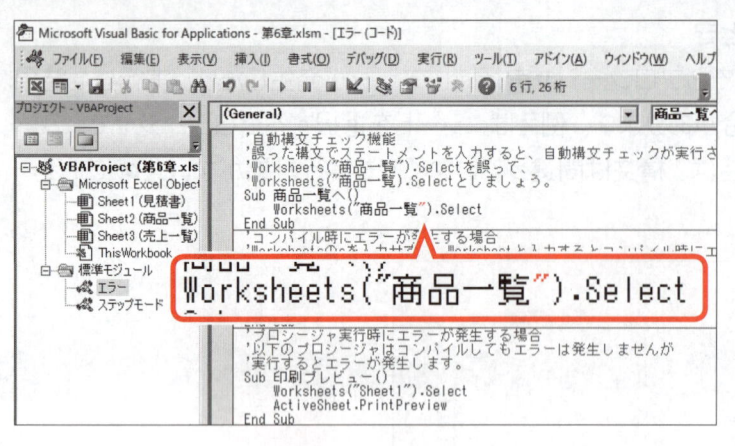

エラーのある箇所が赤字に変わります。

⑥次のように修正します。

```
Sub 商品一覧へ()
    Worksheets("商品一覧").Select
End Sub
```

⑦⬇を押します。

⑧エラーが発生しないことを確認します。

🚩 **STEP UP** 自動構文チェックの設定

1行ごとのチェックを省略し、あとでまとめてチェックしたい場合は、エラーメッセージが表示されないように設定できます。
1行ごとにエラーメッセージが表示されないように設定する方法は、次のとおりです。

◆VBEの《ツール》→《オプション》→《編集》タブ→《☐自動構文チェック》

🚩 **STEP UP** コメントの設定

プロシージャ内のコードの行頭にコメント「'（シングルクォーテーション）」を設定すると、コードの文字色が緑色に変わります。
コメントを設定した行は処理が実行されないため、補足情報を書いたり、コードの一部分だけをテストして確認したりする場合に便利です。

---

3 コンパイル

「見積書へ戻る」プロシージャに間違ったステートメントを追加し、コンパイルを実行して確認しましょう。

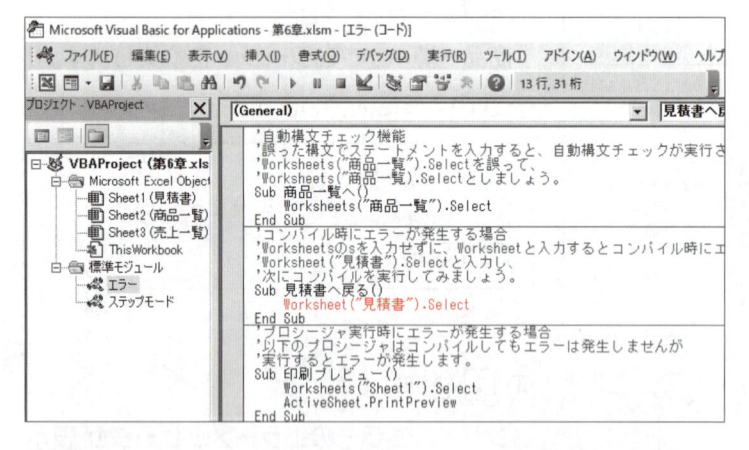

「見積書へ戻る」プロシージャを編集します。

①次のように入力します。

```
Sub 見積書へ戻る()
    Worksheet("見積書").Select
End Sub
```

②《デバッグ》をクリックします。

③《VBAProjectのコンパイル》をクリックします。

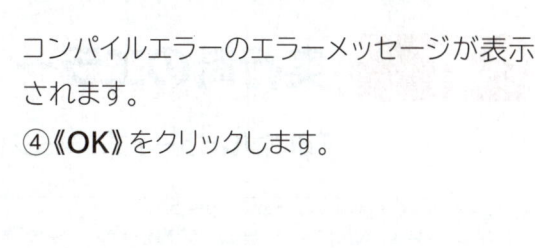

コンパイルエラーのエラーメッセージが表示されます。

④《OK》をクリックします。

エラーのある箇所が反転表示されます。

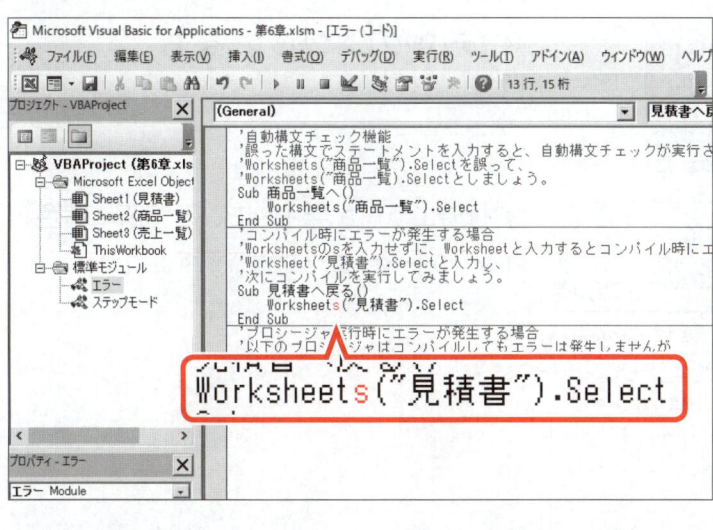

⑤次のように修正します。

```
Sub 見積書へ戻る()
    Worksheets("見積書").Select
End Sub
```

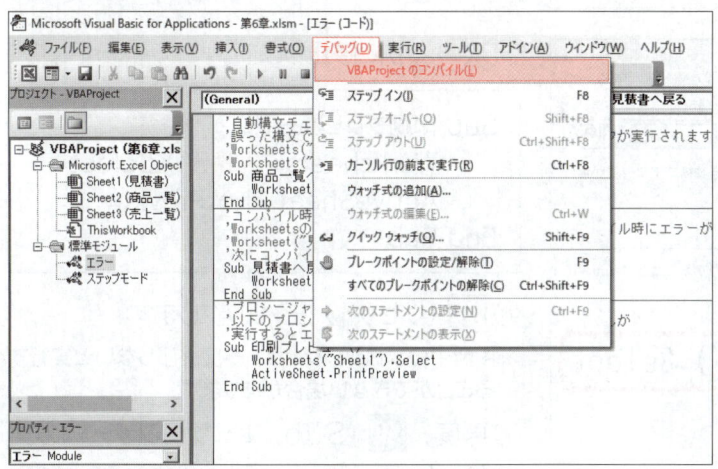

⑥《デバッグ》をクリックします。

⑦《VBAProjectのコンパイル》をクリックします。

⑧エラーが発生しないことを確認します。

4 実行時のエラー

「印刷プレビュー」プロシージャの間違っている箇所を、プロシージャを実行して確認しましょう。

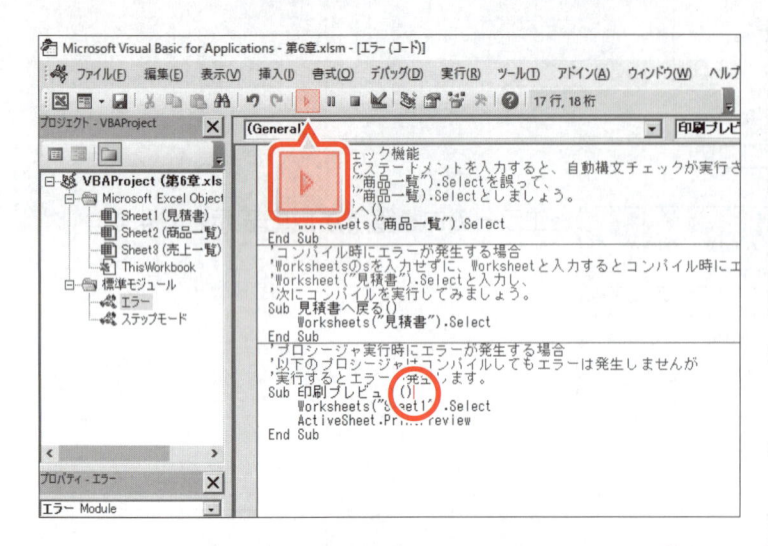

① 「印刷プレビュー」プロシージャが次のように入力されていることを確認します。

```
Sub 印刷プレビュー()
    Worksheets("Sheet1").Select
    ActiveSheet.PrintPreview
End Sub
```

② 「印刷プレビュー」プロシージャ内をクリックします。

③ ▶ (Sub/ユーザーフォームの実行) をクリックします。

※ ▶ (Sub/ユーザーフォームの実行) をクリックすると、Excelに切り替えることなく、プロシージャを実行できます。

実行時エラーのエラーメッセージが表示されます。

④ 《デバッグ》をクリックします。

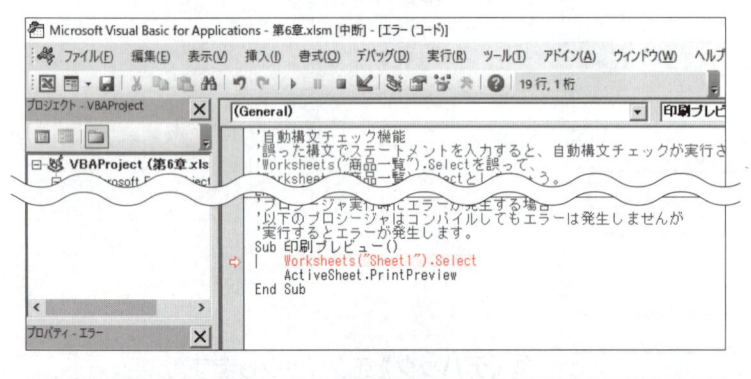

実行時エラーが発生している箇所に黄色のインデントマーカーが付きます。

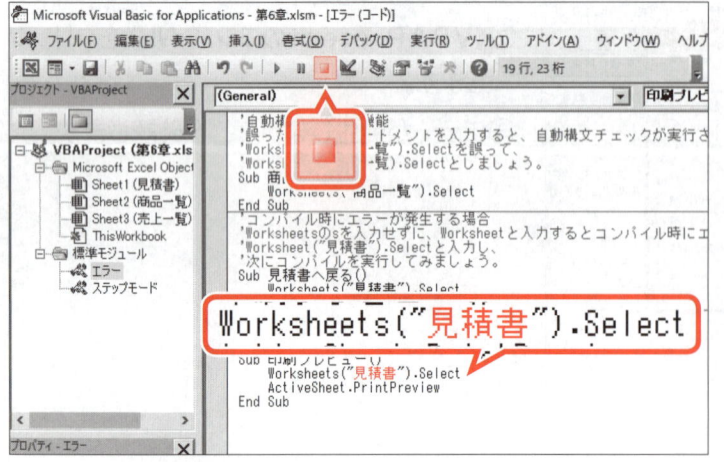

⑤ 次のように修正します。

```
Sub 印刷プレビュー()
    Worksheets("見積書").Select
    ActiveSheet.PrintPreview
End Sub
```

⑥ ■ (リセット) をクリックします。

※中断中のプロシージャは、一度終了しないと実行することができない場合があります。

⑦ 再度、▶ (Sub/ユーザーフォームの実行) をクリックし、プロシージャが実行されることを確認します。

※印刷プレビューを終了し、モジュールを閉じておきましょう。

1 ステップモード

「ステップモード」を使用すると、プロシージャを1行ずつ実行できるため、エラーが発生している箇所やエラーの原因が判明しやすくなります。ステップモードでプロシージャを実行するには [F8] を使います。

「商品別集計」プロシージャをステップモードで実行しましょう。

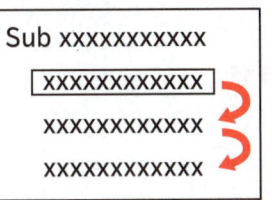

File OPEN シート「売上一覧」に切り替えておきましょう。

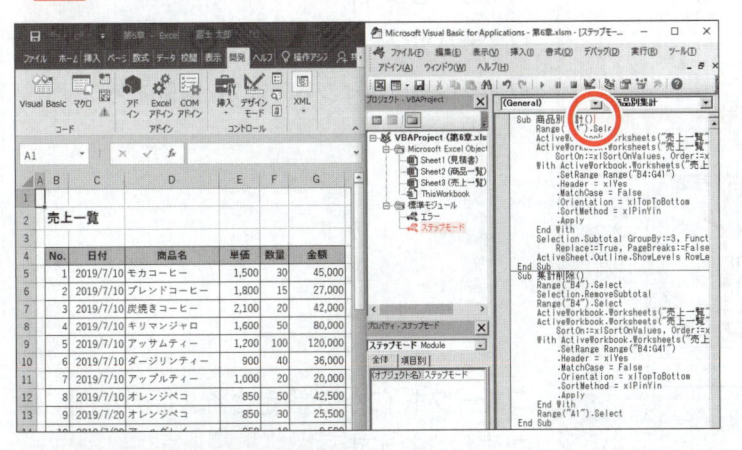

①VBEウィンドウとExcelウィンドウをサイズを調整して左右に並べます。
②プロジェクトエクスプローラーのモジュール「ステップモード」をダブルクリックします。
③「商品別集計」プロシージャ内をクリックします。
④[F8] を押します。

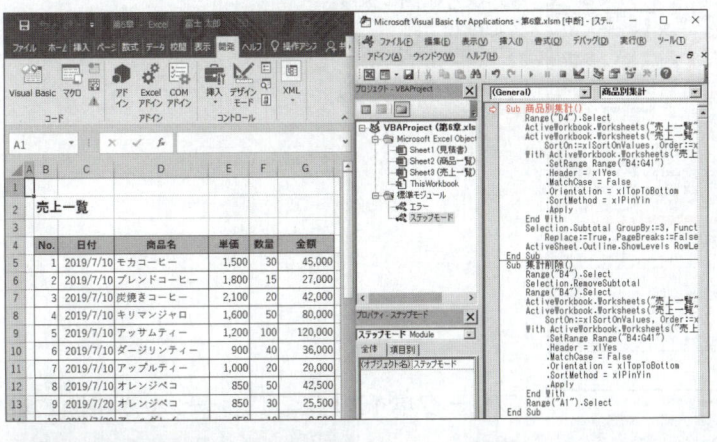

「Sub 商品別集計()」に黄色のインデントマーカーが付きます。

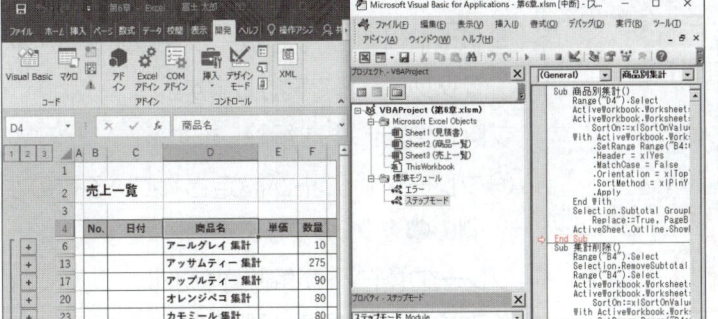

⑤[F8] を押します。
⑥再度[F8] を押し、1行ずつ実行しながら結果を確認します。

プロシージャの実行が終了すると、インデントマーカーが消えます。

2 ブレークポイント

プロシージャの途中で「**ブレークポイント**」を設定すると、ブレークポイントまでプロシージャを実行し、ブレークポイントからはステップモードで実行します。

ブレークポイントを設定すると、エラーが発生している可能性の低い箇所は通常どおり実行し、エラーがありそうな箇所はステップモードで実行できます。

「**集計削除**」プロシージャにブレークポイントを設定し、プロシージャを実行しましょう。

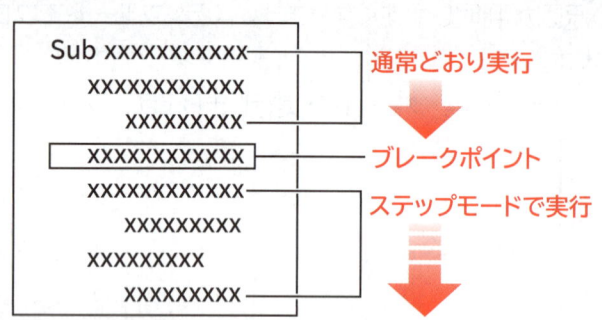

```
Sub xxxxxxxxxxx ─────── 通常どおり実行
    xxxxxxxxxxxx
     xxxxxxxxx
    xxxxxxxxxxxx ─────── ブレークポイント
    xxxxxxxxxxxx ─────── ステップモードで実行
     xxxxxxxxx
    xxxxxxxxx
      xxxxxxxxx
```

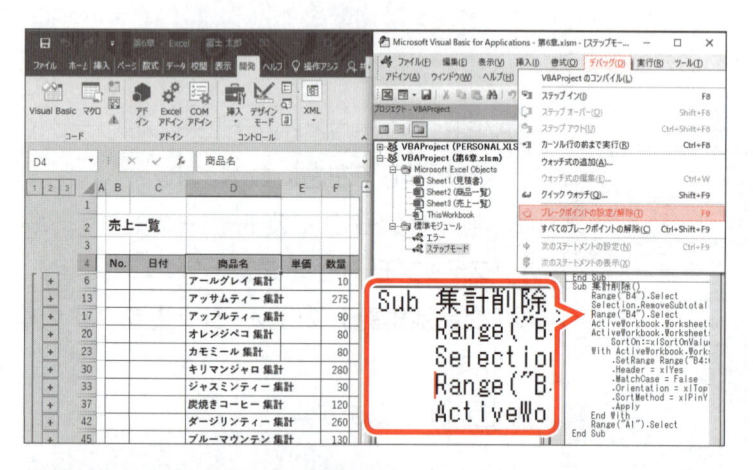

① 「**集計削除**」プロシージャの図の位置をクリックします。

② 《**デバッグ**》をクリックします。

③ 《**ブレークポイントの設定/解除**》をクリックします。

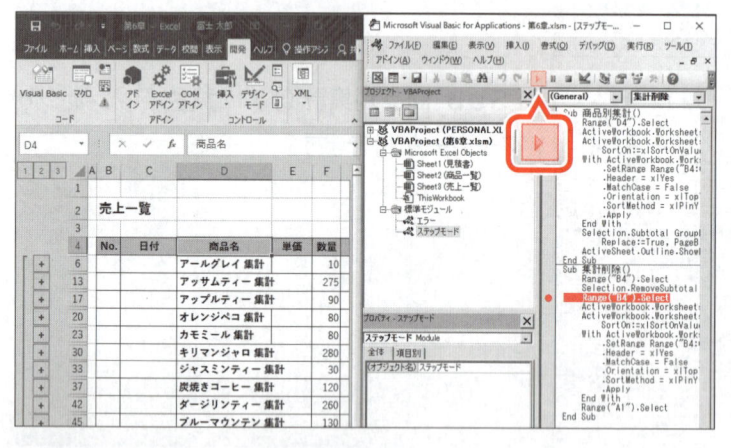

ブレークポイントが設定され、行の左側に●が表示されます。

④ ▶ (Sub/ユーザーフォームの実行)をクリックします。

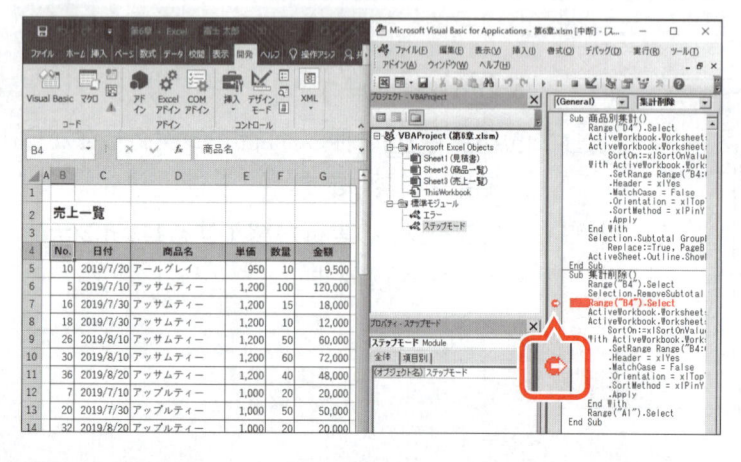

ブレークポイントでプロシージャが中断されます。

⑤ [F8]を押し、プロシージャの最後までステップモードで実行します。

ブレークポイントを解除します。

⑥ ブレークポイントが設定されている行の左側の●をクリックします。

ブレークポイントが解除されます。

※ブックを上書き保存し、閉じておきましょう。

総合問題

Exercise

総合問題1

 解答 ▶ P.11

 フォルダー「総合問題」のブック「総合問題1」を開いておきましょう。

※解答は、FOM出版のホームページで提供しています。P.3「4　学習ファイルと解答の提供について」を参照してください。

① モジュール「**Module1**」を挿入し、シート「**メニュー**」から各シートに切り替わる「**第1四半期へ**」プロシージャ、「**第2四半期へ**」プロシージャ、「**上半期計へ**」プロシージャ、各シートからシート「**メニュー**」に戻る「**メニューへ**」プロシージャを作成しましょう。また、それぞれのプロシージャをボタンに登録しましょう。

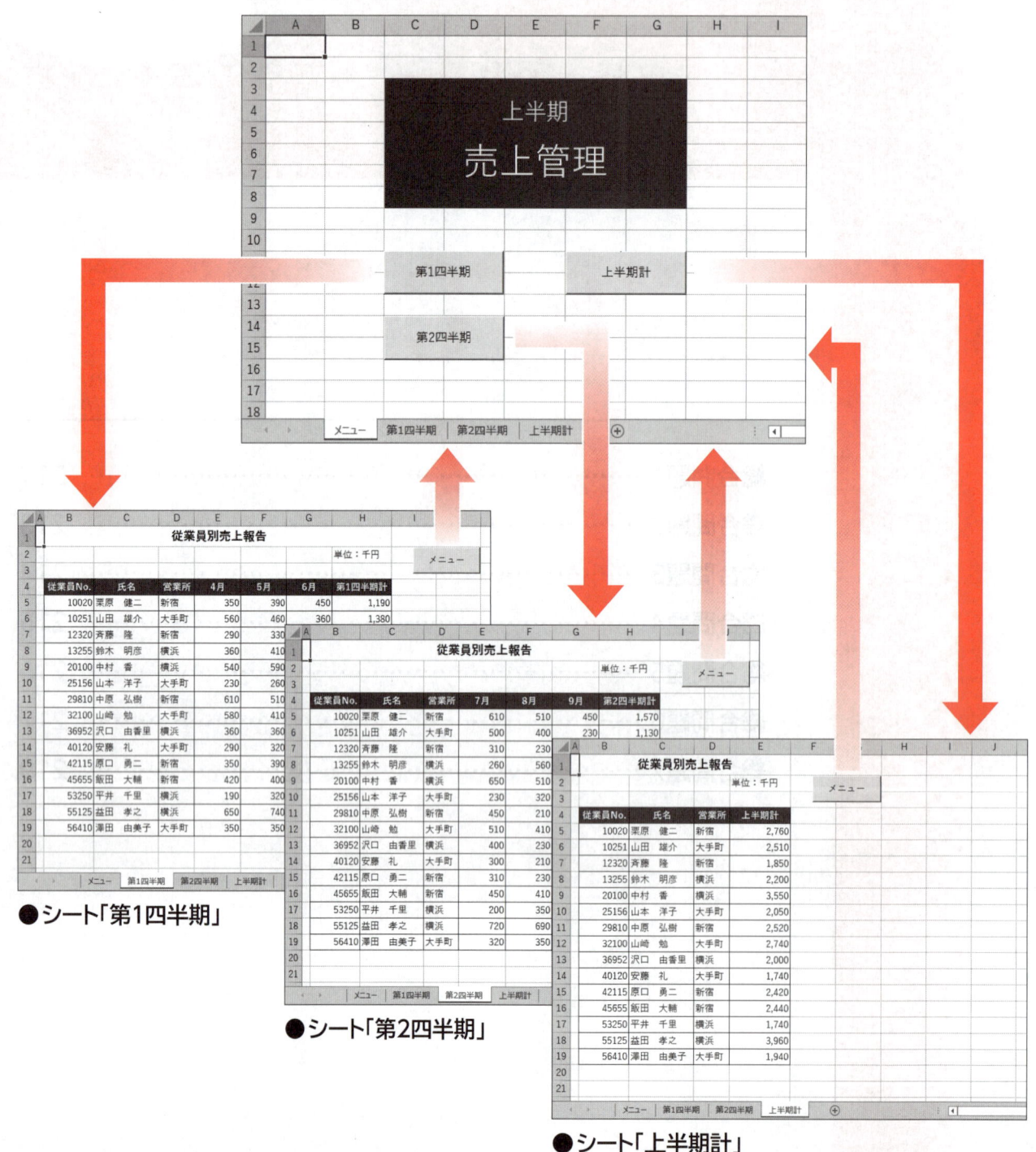

●シート「メニュー」

●シート「第1四半期」

●シート「第2四半期」

●シート「上半期計」

② 現在選択されているシートの印刷プレビューを実行する「**印刷プレビュー**」プロシージャを作成しましょう。また、シート「**上半期計**」に「**印刷プレビュー**」ボタンを作成し、プロシージャを登録しましょう。

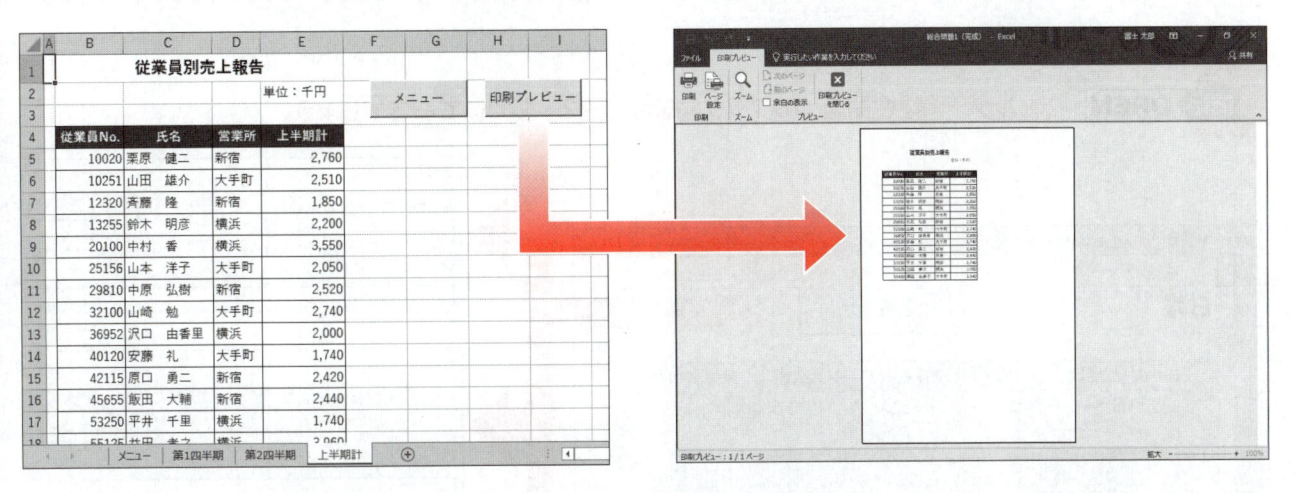

③ マクロの記録を使って、上半期の売上が高い上位3人を抽出し、集合縦棒グラフで表示するプロシージャを作成しましょう。マクロ名は「**トップ3**」、マクロの保存先は「**作業中のブック**」とします。また、シート「**上半期計**」に「**グラフ**」ボタンを作成し、プロシージャを登録しましょう。

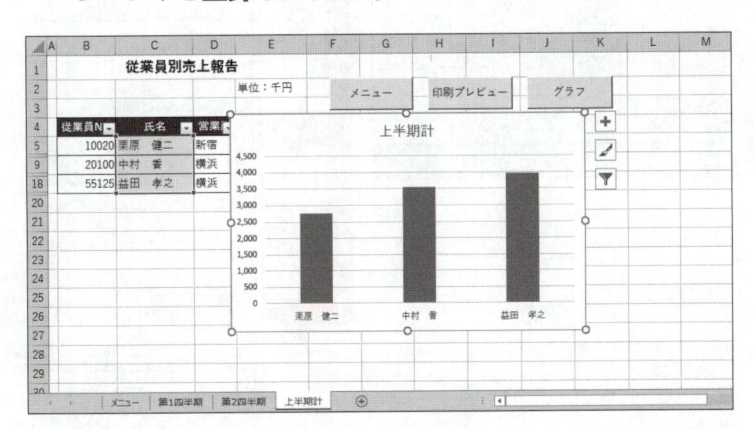

④ 作成したグラフ（ChartObjects）を削除してデータの抽出を解除し、アクティブセルをセル【A1】に戻す「**グラフ削除**」プロシージャを作成しましょう。また、シート「**上半期計**」に「**グラフ削除**」ボタンを作成し、プロシージャを登録しましょう。

※プロシージャはモジュール「Module2」に作成します。
※ブックを上書き保存し、閉じておきましょう。

総合問題2

 解答 ▶ P.14

 フォルダー「総合問題」のブック「総合問題2」を開いておきましょう。

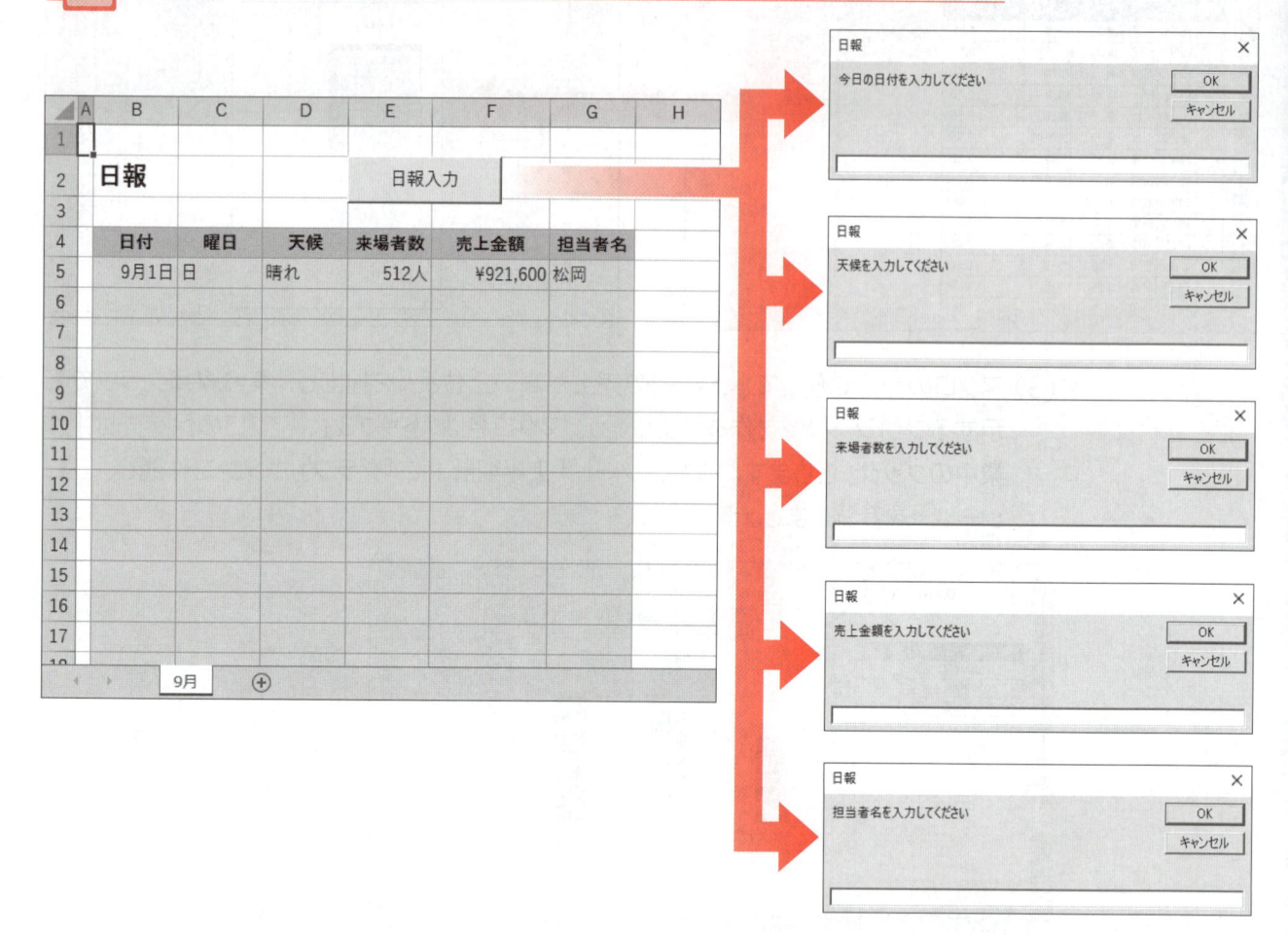

① 日付を入力するセルをアクティブにし「日付」、「天候」、「来場者数」、「売上金額」、「担当者名」を入力するためのダイアログボックスを表示させる「日報」プロシージャを作成しましょう。

1件のデータが入力されたら次の行の「日付」のセルを選択し、プロシージャを終了するものとします。マクロの記録を使って作成し、ダイアログボックスが表示されるようにVBEでプロシージャを編集します。

マクロの保存先は「作業中のブック」、ダイアログボックスの表示位置（xpos,ypos）はそれぞれ200とします。

Hint! マクロは相対参照で記録します。

② 作成したプロシージャを「日報入力」ボタンに登録しましょう。

※ブックを上書き保存し、閉じておきましょう。

総合問題3

PDF 解答 ▶ P.16

 **File OPEN** フォルダー「総合問題」のブック「総合問題3」を開いておきましょう。

●シート「商品リスト」　　　　　　　　●シート「入荷待ちリスト」

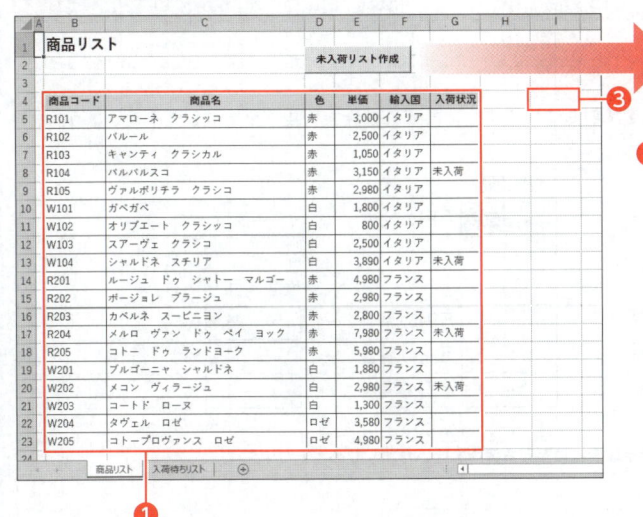

① マクロの記録を使って、シート「**商品リスト**」の「**入荷状況**」フィールドが「**未入荷**」になっているデータをシート「**入荷待ちリスト**」に抽出する「**未入荷リスト作成**」プロシージャを作成しましょう。

次の設定で抽出を行います。

❶リスト範囲

シート「**商品リスト**」のセル範囲【B4：G50】

※商品リストのデータ範囲は【B4：G23】までしか入力されていませんが、今後商品リストにデータが追加されることを想定し、セル範囲【B4：G50】に設定します。

❷検索条件範囲

シート「**入荷待ちリスト**」のセル範囲【B3：B4】

※検索条件範囲には条件として「未入荷」と入力されています。

❸抽出範囲

シート「**商品リスト**」のセル【I4】

※マクロ記録では、抽出範囲は同一のシートにしか設定できないため、同じシート「商品リスト」の空いている場所に抽出します。記録終了後、シート「商品リスト」に抽出したデータは削除します。

作成後、繰り返しデータ抽出を行うことを想定し、シート「**入荷待ちリスト**」に切り替えて前回抽出されているデータと書式の両方をクリアしてから、シート「**商品リスト**」に切り替えて抽出を実行するように編集しましょう。抽出範囲はシート「**入荷待ちリスト**」のセル【B7】に変更します。

Hint!
・検索条件範囲や抽出範囲を設定して抽出を行うには、《データ》タブ→《並べ替えとフィルター》グループの ▼詳細設定 （詳細設定）を使用します。
・CopyToRangeに設定されているセル【I4】をシート「入荷待ちリスト」のセル【B7】に変更します。
・データと書式の両方をクリアするには「Clearメソッド」を使用します。

※ブックを上書き保存し、閉じておきましょう。

フォルダー「総合問題」のブック「総合問題4」を開いておきましょう。

	A	B	C	D	E	F	G	H	I	J
1		**マンション収益の比較**								
2										
3		不動産投資のため賃貸マンションの購入を検討しています。それぞれの表面利回りを比較してみましょう。								
4										
5		販売価格				販売価格				
6		2000	万円の物件			3500	万円の物件			
7										
8		家賃		表面利回り		家賃		表面利回り		
9		7	万円の場合 →	4.2	%	11	万円の場合 →	3.8	%	
10		8	万円の場合 →	4.8	%	12	万円の場合 →	4.1	%	
11		9	万円の場合 →	5.4	%	13	万円の場合 →	4.5	%	
12										
13		※表面利回りとは、不動産購入時にかかる費用や購入後にかかる費用を除いた利回りのことです。								
14										
15										
16										
17										

収益比較 ⊕

① モジュール「Module1」を挿入し、マンションの表面利回りを計算するユーザー定義関数「**表面利回り**」を作成しましょう。

なお、家賃が空白の場合は表面利回りを空白で表示し、そうでない場合は「**年間家賃÷販売価格**」を、小数第2位を四捨五入した％で表面利回りを表示します。

Hint! 表面利回りを計算する数式は次のとおりです。

> Round（家賃＊12/販売価格＊100,1）

② ユーザー定義関数「**表面利回り**」をセル範囲【D9：D11】、セル範囲【H9：H11】に入力しましょう。

※ブックを上書き保存し、閉じておきましょう。

総合問題5

解答 ▶ P.18

 フォルダー「総合問題」のブック「総合問題5」を開いておきましょう。

	A	B	C	D	E	F	G	H	I	J	K	L	M
1		金種計算											
2													
3		No.	氏名	金額	10000	5000	1000	500	100	50	10	5	1
4		1	真田博美	546,862	54	1	1	1	3	1	1	0	2
5		2	藤木美和	943,254	94	0	3	0	2	1	0	0	4
6		3	山崎良子	598,434	59	1	3	0	4	0	3	0	4
7		4	梅山和美	871,316	87	0	1	0	3	0	1	1	1
8		5	青木真由美	834,584	83	0	4	1	0	1	3	0	4
9				3,794,450	377	2	12	2	12	3	8	1	15
10				3,794,450	3,770,000	10,000	12,000	1,000	1,200	150	80	5	15
11													
12													
13													
14													
15													
16													
17													

 金種計算 ⊕

① モジュール「Module1」を挿入し、金額の単位ごとに必要枚数を求めるユーザー定
義関数「金種計算」を作成しましょう。

Hint!
・「Select～Caseステートメント」を使用します。
・金種計算を行う数式は次のとおりです。
　例：5000の場合

> Int ((金額 Mod 10000) / 5000)

・Modは、除算し余りを返します。

② ユーザー定義関数「金種計算」をセル範囲【E4：M8】に入力しましょう。

※ブックを上書き保存し、閉じておきましょう。

総合問題6

解答 ▶ P.20

File OPEN フォルダー「総合問題」のブック「総合問題6」を開いておきましょう。

総合問題

●シート「見積書」

●シート「リスト」

VLOOKUP関数でテキスト名、単価を参照するための表

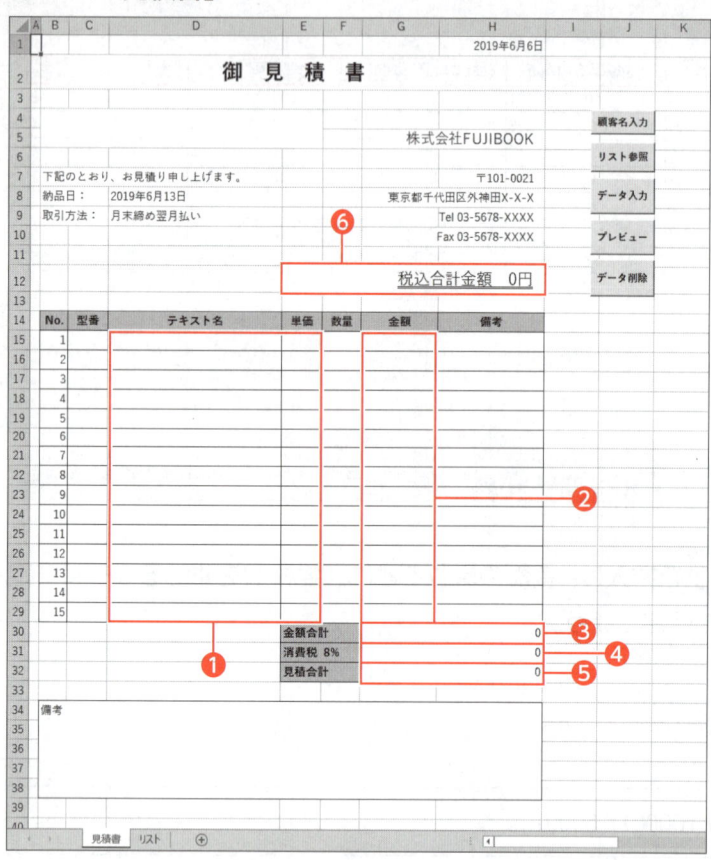

シート「**見積書**」には、次の数式が入力されています。

❶「型番」を入力するとシート「リスト」の表を参照し、「テキスト名」、「単価」を表示する
・セル【D15】の数式：=IF(C15="","",VLOOKUP(C15,リスト!$B$5:$D$18,2,FALSE))
・セル【E15】の数式：=IF(C15="","",VLOOKUP(C15,リスト!$B$5:$D$18,3,FALSE))

❷「単価」が空白または「-」でなければ、金額を表示する
・セル【G15】の数式：=IF(E15="","",IF(E15="-","",E15*F15))

❸金額合計を表示する
・セル【G30】の数式：=SUM(G15:G29)

❹金額合計の消費税を表示する
・セル【G31】の数式：=INT(G30*F31)

❺見積合計を表示する
・セル【G32】の数式：=G30+G31

❻見積合計を参照し、税込合計金額を表示する
・セル【E12】の数式：=G32

① モジュール「**Module1**」を挿入し、シート「**見積書**」でダイアログボックスを表示して、「**顧客名**」データを入力する「**顧客名入力**」プロシージャを作成しましょう。ダイアログボックスに何も入力しなかったり、《**キャンセル**》をクリックしたりした場合は、セル【B4】に空白を表示し、それ以外の場合は顧客名の後ろに「　御中」を付けてセル【B4】に入力します。

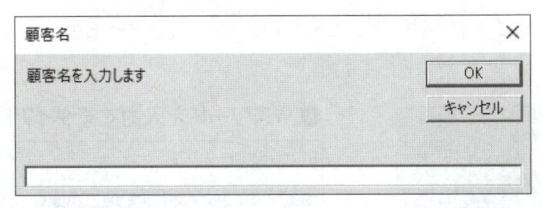

② モジュール「**リスト.bas**」をインポートしましょう。

※シート「見積書」の「リスト参照」ボタンに登録されている「リスト参照」プロシージャと、シート「リスト」の「リストを閉じる」ボタンに登録されている「参照リストを閉じる」プロシージャが記述されています。

③ シート「**見積書**」で、次のような内容の「**データ入力**」プロシージャを作成しましょう。

・セル【C15】を選択する
・「No.」が空白でない間はダイアログボックスを表示し、「型番」、「数量」を繰り返し入力する
・「型番」を入力するダイアログボックスで＊（アスタリスク）を入力すると、アクティブセルに＊を入力して終了する

※プロシージャはモジュール「Module1」に作成します。

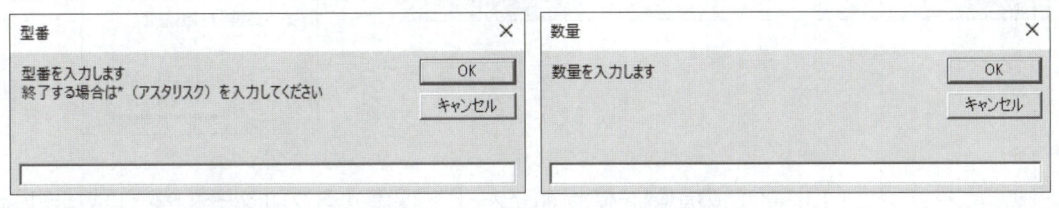

④ シート「**見積書**」で、印刷確認のメッセージボックスを表示して印刷プレビューを実行する「**プレビュー**」プロシージャを作成しましょう。

※プロシージャはモジュール「Module1」に作成します。

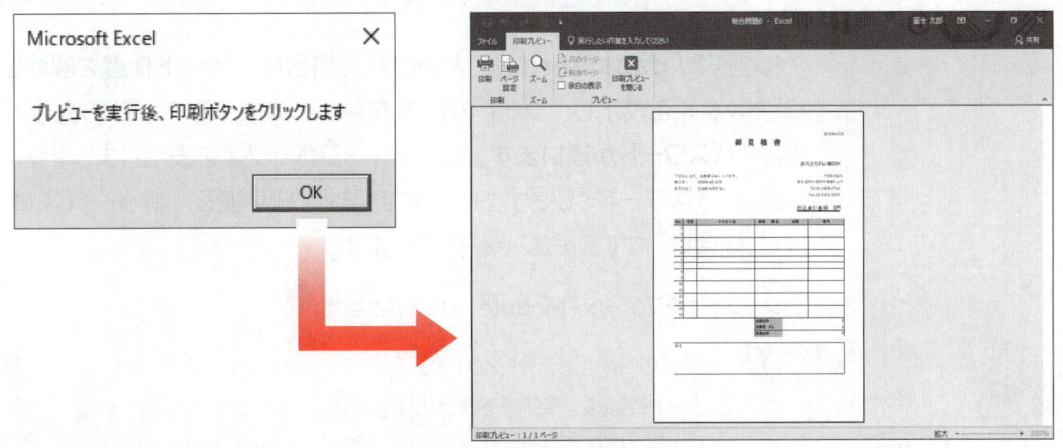

⑤ シート「**見積書**」で、次のような内容の「**データ削除**」プロシージャを作成しましょう。

・セル範囲【B4:E5】、セル範囲【C15:C29】、セル範囲【F15:F29】のデータを削除する
・セル【A1】を選択する

※プロシージャはモジュール「Module1」に作成します。

Hint！ データを削除するには「ClearContentsメソッド」を使用します。

※ブックを上書き保存し、閉じておきましょう。

解答 ▶ P.23

総合問題7

File OPEN フォルダー「総合問題」のブック「総合問題7」を開いておきましょう。

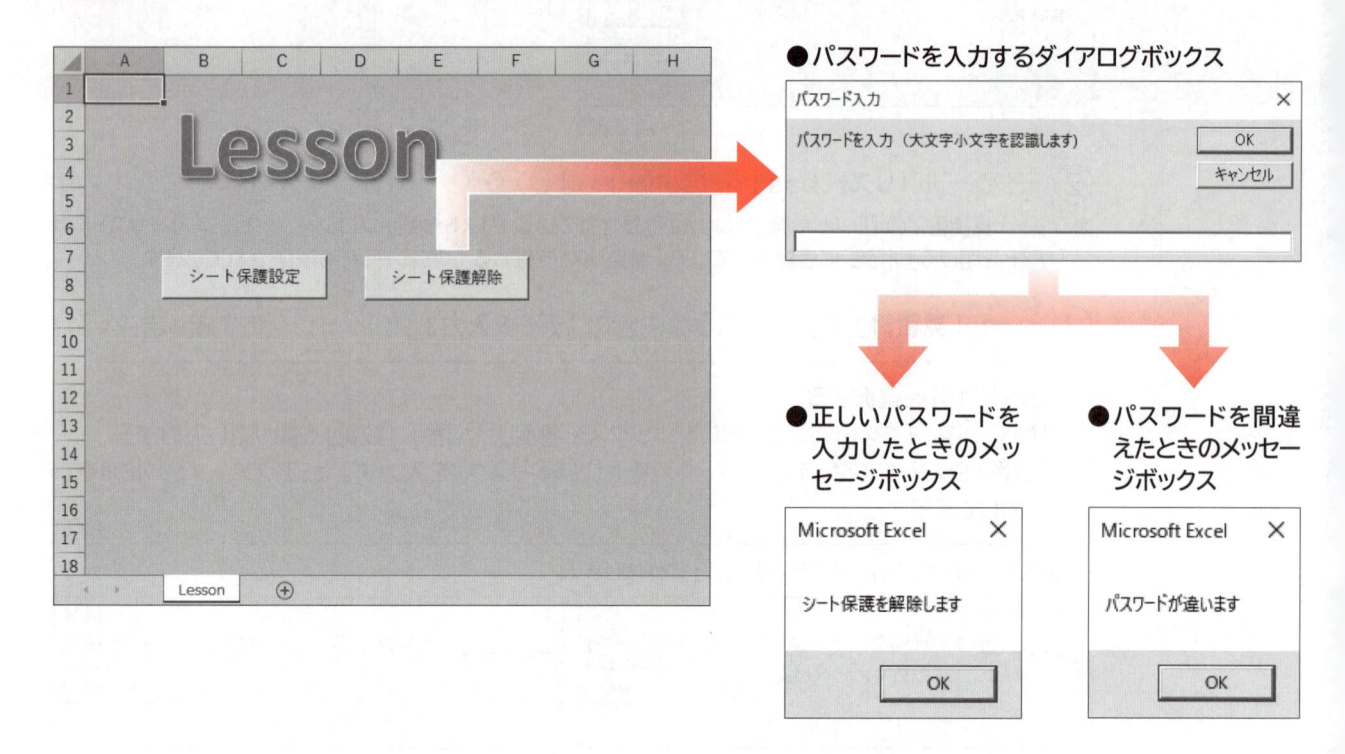

● パスワードを入力するダイアログボックス

● 正しいパスワードを入力したときのメッセージボックス

● パスワードを間違えたときのメッセージボックス

① マクロの記録を使って、シートを保護するプロシージャを作成しましょう。
マクロ名は**「シート保護」**、マクロの保存先は**「作業中のブック」**とします。

② ダイアログボックスにパスワードを入力する**「シート保護解除」**プロシージャを作成しましょう。
小文字で**「password」**と入力された場合は、**「シート保護を解除します」**とメッセージボックスを表示し、シートの保護を解除します。それ以外の文字が入力された場合は、**「パスワードが違います」**とメッセージボックスを表示しましょう。
正しいパスワードが入力されるまで処理を繰り返し、誤ったパスワードが3回入力された場合は、プロシージャを終了します。

※プロシージャはモジュール「Module1」に作成します。

Hint! ・「For～Nextステートメント」と「If～Then～Elseステートメント」を使用します。
・シートの保護を解除するには「Unprotectメソッド」を使用します。
・繰り返し処理を抜ける場合は「Exit For」を使用します。

※ブックを上書き保存し、閉じておきましょう。
※《開発》タブを非表示にし、Excelを終了しておきましょう。

付録

Appendix

付録

本書で学習した主なステートメントやオブジェクト、プロパティ、メソッド、関数は、次のとおりです。

※ [ ]は省略可能な指定項目または引数を表します。

■ステートメント

ステートメント	内容
Constステートメント	定数を宣言し、データ型と値を指定します。 **構文** Const 定数名 As データ型 = 値
Dimステートメント	変数を宣言し、データ型を指定します。 **構文** Dim 変数名 As データ型
Do~Loop Untilステートメント	条件が成立するまで、処理を繰り返します。最後に条件を判断します。 **構文** Do 　　　処理 Loop Until 条件
Do~Loop Whileステートメント	条件が成立している間、処理を繰り返します。最後に条件を判断します。 **構文** Do 　　　処理 Loop While 条件
Do Until~Loopステートメント	条件が成立するまで、処理を繰り返します。最初に条件を判断します。 **構文** Do Until 条件 　　　処理 Loop
Do While~Loopステートメント	条件が成立している間、処理を繰り返します。最初に条件を判断します。 **構文** Do While 条件 　　　処理 Loop
For~Nextステートメント	カウンタ変数に初期値から最終値まで代入される間、処理を繰り返します。増減値によってカウンタ変数の値が変化し、最終値を超えると処理が終了します。 **構文** For カウンタ変数 = 初期値 To 最終値 [Step 増減値] 　　　処理 Next [カウンタ変数]
If~Thenステートメント	条件が成立した場合に処理を実行します。 **構文** If 条件 Then 　　　条件が成立した場合の処理 End If

If~Then~Elseステートメント	条件が成立した場合と成立しなかった場合に処理を分岐できます。
	
	構文 If 条件 Then
	　　　条件が成立した場合の処理
	Else
	　　　条件が成立しなかった場合の処理
	End If

ステートメント	内容

If~Then~ElseIfステートメント	条件が複数ある場合に、それぞれの条件に応じて別の処理を実行できます。
	
	構文 `If 条件1 Then`
	　　　`条件1が成立した場合の処理`
	　`ElseIf 条件2 Then`
	　　　`条件2が成立した場合の処理`
	　`Else`
	　　　`条件1と条件2が成立しなかった場合の処理`
	　`End If`

On Error Resume Next ステートメント	プロシージャの実行中にエラーが発生しても処理を中断せずに、エラーが発生した次のステートメントから処理を実行します。
	
	構文 `処理`
	　`On Error Resume Next`
	　`エラーを無視して実行する処理`

Select~Caseステートメント	条件をチェックし、Caseの中で条件に一致すると処理を実行します。条件に一致する処理を実行した時点で終了します。
	
	構文 `Select Case 条件`
	　　　`Case 条件A`
	　　　　　`処理A`
	　　　`Case 条件B`
	　　　　　`処理B`
	　　　`Case 条件C`
	　　　　　`処理C`
	　　　`Case Else`
	　　　　　`処理D`
	　`End Select`

Withステートメント	指定したオブジェクトに対して、複数の異なるプロパティを設定します。
	
	構文 `With オブジェクト名`
	　　　`.プロパティ = 設定値`
	　　　`.プロパティ = 設定値`
	　　　　　・
	　　　　　・
	　　　　　・
	　`End With`

付
録

■プロパティ

プロパティ	内容
ActiveSheetプロパティ	現在選択されているシートを返します。 構文 [Applicationオブジェクト.]ActiveSheet
Bordersプロパティ	罫線の位置を設定します。 構文 オブジェクト.Borders（罫線の位置）
Cellsプロパティ	ワークシート上のセルを返します。 行番号と列番号でセル番地を表します。行番号と列番号を設定しない場合は全セルを選択します。 構文 Cells（行番号,列番号）
CenterHorizontallyプロパティ	水平方向の中央に印刷するかどうかを設定します。 構文 オブジェクト.PageSetup.CenterHorizontally = 設定値
CenterVerticallyプロパティ	垂直方向の中央に印刷するかどうかを設定します。 構文 オブジェクト.PageSetup.CenterVertically = 設定値
ChartObjectsプロパティ	グラフを返します。 構文 ChartObjects（"オブジェクト名"）
Colorプロパティ	オブジェクトの色をRGB値または組み込み定数で設定します。 構文 オブジェクト.Color = RGB値 または 組み込み定数
ColorIndexプロパティ	オブジェクトの色をExcel 既定のカラーパレットのインデックス番号で設定します。 構文 オブジェクト.ColorIndex = インデックス番号
Countプロパティ	オブジェクトの数を返します。 構文 オブジェクト.Count
CurrentRegionプロパティ	アクティブセルから、上下左右に連続するセルすべてを返します。 オブジェクトには、RangeプロパティやCellsプロパティなど、セルを返すものだけを設定できます。 構文 オブジェクト.CurrentRegion
DisplayAlertsプロパティ	プロシージャの実行中に、警告メッセージを非表示にするかどうかを設定します。 構文 オブジェクト.DisplayAlerts = 設定値
Endプロパティ	終端のセルを返します。 Ctrl を押しながら ↑ ↓ → ← を押す操作に相当します。 構文 オブジェクト.End（方向）
FitToPagesTallプロパティ	縦何ページに収めて印刷するかを設定します。Zoomプロパティをオフ（False）に設定する必要があります。 構文 オブジェクト.PageSetup.FitToPagesTall = 設定値
FitToPagesWideプロパティ	横何ページに収めて印刷するかを設定します。Zoomプロパティをオフ（False）に設定する必要があります。 構文 オブジェクト.PageSetup.FitToPagesWide = 設定値

プロパティ	内容
Interiorプロパティ	オブジェクトの塗りつぶし属性を設定します。 構文 **オブジェクト.Interior**
Nameプロパティ	オブジェクトの名前を表す値を取得します。 構文 **オブジェクト.Name ＝ 設定値**
Numberプロパティ	発生したエラー情報を格納する「Errオブジェクト」を使って、エラー番号を返します。エラーが発生していない場合は0を返します。 構文 **Errオブジェクト.Number**
Offsetプロパティ	基準となるセルからの相対的なセルの位置を返します。 行番号、列番号を正の数にした場合は、それぞれ下、右方向のセルを返し、負の数にした場合は、それぞれ上、左方向のセルを返します。 構文 **オブジェクト.Offset（行番号,列番号）**
Orientationプロパティ	印刷の向きを、組み込み定数を使って設定します。 構文 **オブジェクト.PageSetup.Orientation ＝ 向き**
PageSetupプロパティ	印刷のページレイアウトを設定します。 構文 **オブジェクト.PageSetup**
Rangeプロパティ	セルまたはセル範囲を返します。 構文 **Range（"セル番地"）**
Shapesプロパティ	すべての図形や特定の図形を返します。 構文 **Shapes（"オブジェクト名"）**
Sheetsプロパティ	ブック内のワークシートやグラフシートを返します。 構文 **Sheets（"シート名"）**
Selectionプロパティ	アクティブウィンドウで現在選択されているオブジェクトを返します。 構文 **[Applicationオブジェクト.]Selection**
ThemeColorプロパティ	オブジェクトの色をテーマの色の値または組み込み定数で設定します。 構文 **オブジェクト.ThemeColor ＝ テーマの色の値 または 組み込み定数**
Valueプロパティ	セルに入力されている値を返します。また、セルに入力したい値を設定することもできます。 構文 **Rangeオブジェクト.Value**
Visibleプロパティ	オブジェクトの表示・非表示を切り替えます。 構文 **オブジェクト.Visible ＝ 設定値**
Worksheetsプロパティ	ブック内のすべてのワークシートや特定のワークシートを返します。 構文 **Worksheets（"シート名"）**
Zoomプロパティ	印刷の拡大縮小率を10〜400の値で設定します。 構文 **オブジェクト.PageSetup.Zoom ＝ 設定値**

■メソッド

メソッド	内容
Addメソッド	新しくオブジェクトを追加します。 構文 **オブジェクト.Add**
AutoFilterメソッド	フィルターを実行してリストから条件に一致したデータを抽出します。 構文 **オブジェクト.AutoFilter [Field] [,Criteria1] [,Operator] [,Criteria2] [,VisibleDropDown]**
BorderAroundメソッド	セルまたはセル範囲の周囲に罫線を引きます。 構文 **オブジェクト.BorderAround [LineStyle] [,Weight] [,ColorIndex] [,Color] [,ThemeColor]**
Deleteメソッド	オブジェクトを削除します。 構文 **オブジェクト.Delete**
PrintOutメソッド	選択されたブック、シート、グラフなどのオブジェクトを印刷します。 構文 **オブジェクト.PrintOut [From] [,To] [,Copies] [,Preview] [,ActivePrinter] [,PrintToFile] [,Collate] [,PrToFileName] [,IgnorePrintAreas]**
PrintPreviewメソッド	オブジェクトの印刷プレビューを全画面で表示します。 構文 **オブジェクト.PrintPreview**
Quitメソッド	Excelを終了します。 構文 **Applicationオブジェクト.Quit**
Selectメソッド	オブジェクトを選択します。 構文 **オブジェクト.Select**

■関数

関数	内容
Chr関数	指定した文字コードに対応する文字を返します。 引数には文字を特定するためのコード番号を入力します。 構文 **Chr（文字コード）**
InputBox関数	ダイアログボックスにメッセージとテキストボックスを表示します。 テキストボックスに文字列を入力し《OK》をクリックすると、入力された文字列を戻り値として返します。また、《キャンセル》をクリックすると、長さ0の空文字列（""）を返します。 構文 **InputBox（prompt[,title] [,default] [,xpos] [,ypos] [,helpfile] [,context]）**
MsgBox関数	メッセージボックスにメッセージを表示します。クリックされたボタンに応じた値を返します。 構文 **MsgBox（prompt[,buttons] [,title] [,helpfile] [,context]）**
RGB関数	赤、緑、青の割合で色を作成します。 構文 **RGB（red, green, blue）**
Val関数	文字列を数値に変換します。 構文 **Val（文字列）**

225

索 引

Index

索引

1

2

3

4

5

6

総合問題

付録

索引

索引

索 引

よくわかる
Microsoft® Excel® 2019/2016/2013
マクロ/VBA

（FPT1910）

2019年 9 月16日　初版発行
2020年 9 月24日　初版第 4 刷発行

著作／制作：富士通エフ・オー・エム株式会社

発行者：山下　秀二

発行所：FOM出版（富士通エフ・オー・エム株式会社）
　　　　〒105-6891　東京都港区海岸 1 -16- 1 ニューピア竹芝サウスタワー
　　　　https://www.fujitsu.com/jp/fom/

印刷／製本：株式会社サンヨー

表紙デザインシステム：株式会社アイロン・ママ

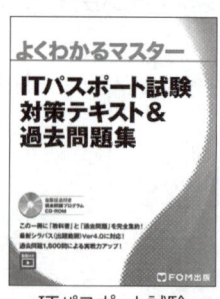